※ | KRÜGER

MAIKE VAN DEN BOOM

Acht
Stunden
mehr
Glück

**Warum Menschen in Skandinavien
glücklicher arbeiten und was wir
von ihnen lernen können**

❖ | KRÜGER

Erschienen bei FISCHER Krüger
2. Auflage Oktober 2018

© 2018 S. Fischer Verlag GmbH,
Hedderichstr. 114, D-60596 Frankfurt am Main

Satz: Pinkuin Satz und Datentechnik, Berlin
Druck und Bindung: CPI books GmbH, Leck
Printed in Germany
ISBN 978-3-8105-3050-9

Für Elisa
Sei frech und wild und wunderbar

Inhalt

Einleitung

Partys für Kinder gehen vor! :-)
Kaisa, Kommunikationsspezialistin,
Inter IKEA Systems

Nach einem Jahr baggern wie blöde ist es endlich soweit. Ich habe den Termin mit der Kommunikationsabteilung von IKEA-Schweden und endlich die Möglichkeit, meine Projektidee persönlich vorzustellen. Am Freitagnachmittag, 30. September, werde ich in Hubhult, dem nagelneuen IKEA-Hauptsitz in Malmö, erwartet. Direktflug von Köln/Bonn nach Kopenhagen, anschließend mit dem Zug über die knapp acht Kilometer lange Öresundbrücke nach Malmö, dann 15 Minuten mit dem Bus und schwups, da bin ich.

Theoretisch zumindest.

Wären da nicht die Eltern der Klasse meiner Tochter Elisa gewesen, die beinahe einstimmig befanden, Samstag, 1. Oktober, 14.30 Uhr wäre ein phantastischer Termin für ein allererstes Treffen. Keine Chance für mich, rechtzeitig aus Malmö zurück zu sein. Verdammt, als 100 Prozent alleinerziehende Freiberuflerin müsste ich mich mal wieder klonen können, um allen Erwartungen gerecht zu werden. Was nun?

Zerknirscht und gefühlt völlig unprofessionell schreibe ich

Kaisa, die den Termin für mich koordiniert hat: »Leider hat sich gestern Abend ergeben, dass die Klassenparty meiner Tochter Elisa am Samstagmittag stattfindet. Es ist für Elisa total wichtig, dass ich dabei sein kann. Ich müsste deshalb den Flieger am Freitag um 15.30 Uhr nehmen. Können wir den Termin vielleicht auf morgens verschieben?«

Wenig später die Antwort: »Hej! Klar! Partys für Kinder gehen immer vor! :-) Alle Teilnehmer haben zugestimmt. Passt dir zehn bis elf Uhr?«

Willkommen in der Arbeitswelt Skandinaviens. Välkommen im Leben.

»Ich glaube, dass das Glück der Schweden ganz sicher mit der Arbeit zu tun hat, denn wir verbringen ja sehr viel Zeit damit in Schweden, selbst wenn es dann immer heißt: *Ja, ihr geht ja früh nach Hause.*« Da hat Martin, ein Anästhesist aus Göteborg tatsächlich recht, denn die Skandinavier sind im Job glücklicher als die Deutschen. Und das ist wichtig für das Lebensglück, denn die meiste Wachzeit unseres Lebens verbringen wir dort. Wenn wir da nicht glücklich sind, wird's echt schwierig mit dem allumfassend glücklichen Leben. Denn schlechte Laune schwappt eindeutig in eine bestimmte Richtung, nämlich vom Job ins Wohnzimmer[1]. Das gilt für den Manager genauso wie für den Bauarbeiter Jasmin, den ich im Morgengrauen auf einer der Baustellen in Stockholm treffe: »Wenn ich auf der Arbeit nicht glücklich wäre, dann würde ich mich schlecht fühlen, einen schlechten Job machen und abends schlecht gelaunt nach Hause kommen. Und dann leidet meine ganze Familie.« Arbeit ist nun einmal nicht nur ein Job, sie ist ein Teil des gesamten Lebens.

Und im besten Fall, eines glücklichen. Nur, wie misst man, ob Menschen glücklich sind, werde ich oft gefragt. Messen kann man es nicht, Glücksforscher fragen einfach nach: »Auf einer Skala von 0, total unglücklich, bis 10, für überglücklich, wo würden Sie sich selbst sehen?« Und wenn Sie jetzt denken, Mensch, bei mir wäre es jetzt nur eine 8 oder 9, dann kann ich Sie beruhigen. Das ist großartig! Eine 10 auf der Glücksskala ist nämlich keineswegs erstrebenswert. Denn sie wäre vergleichbar mit dem Gefühl des Frisch-Verliebtseins, verklärter Blick auf Wolke 7. Das ist wahnsinnig schön, aber doch nicht ständig! 24 Stunden, ein ganzes Leben lang? Und so erklärt mir der Gründer des World Database of Happiness, Professor Ruut Veenhoven, schon während meiner ersten Forschungsreise: »Die Achter und die Neuner, das sind Menschen, die ein glückliches Leben führen, aber trotzdem noch bei Verstand sind.«

Zurück zur Arbeit. Der Unterschied in der Lebenszufriedenheit zwischen Menschen, die wenig Spaß an der Arbeit haben, und denen, die mit ihrer Arbeit sehr zufrieden sind, beläuft sich auf mehr als zwei Punkte auf der Glücksskala[2]. Und das ist eine Menge. So ist zum Beispiel ein frisch vermähltes Pärchen im Schnitt 0,4 Punkte glücklicher als ein Single.

Glück im Job hat einen erheblichen Einfluss auf das Lebensglück, viel mehr als der vermeintlich schönste Tag im Leben. Menschen, die keinen Spaß an ihrer Arbeit haben, verpassen Tag für Tag fünf Traumhochzeiten. Konkret heißt das in Björns Worten, der seinen Satz typisch schwedisch langsam mit einem »Åhhh« beginnt: »Wenn ich zur Arbeit komme, bin ich glücklich, denn ich weiß, das ist ein großer

Teil meines Lebens. Wenn ich hier schlecht gelaunt bin und mich die ganze Zeit beklage, dann zerstöre ich ein wenig mein eigenes Leben.« Tun Sie das nicht! Sie haben nur eines! Genau! Stimmt Mikael, blonder Schwede im IKEA-Polo-shirt, temperamentvoll zu: »Du musst nach einem Weg suchen, glücklich zu werden. Das hat absolut Vorrang, schließlich hast du nur dieses eine Leben.«

Was wir von den Skandinaviern lernen können, ist, dem Glück Vorfahrt zu gewähren, um als Mensch, als Unternehmen und als Land erfolgreich zu sein. Neel, eine resolute dänische Erfolgsfrau, die mich mit ihrer Energie in Kopenhagen beinahe vom Hocker pustet, erklärt das anhand ihres Unternehmens: »1986 hat Herr Rambøll, einer der zwei Gründer dieser Ingenieursfirma, in seiner Firmenphilosophie geschrieben: *In unserem Unternehmen sind die Mitarbeiter das Wichtigste. Und deren Glück und Zufriedenheit sorgen dafür, dass unser Unternehmen gedeiht.* Und alle sagten: *Jaja, haha, happy-hippie-Gelaber.* Aber unsere Mitarbeiterbefragung dieses Jahr zeigt, dass es genauso ist. Dass die Abteilungen der Manager, die es hinbekommen, glückliche Mitarbeiter zu haben, auch diejenigen sind, die das Geld verdienen.« Das Glück der Mitarbeiter sorgt für den finanziellen Erfolg der Firma. Glückliche Menschen sind nun einmal kreativer, produktiver und leisten gerne mehr. Auch die Schweden sehen das so, wie z. B. Catarina, Personalleiterin der eigenwilligen Optikerkette Smarteyes: »Wenn du glücklich bist, dann findest du die positiven Schwingungen in dir, die Hingabe und die Leidenschaft für alles, was du tust. Wenn du unglücklich bist, enttäuscht oder frustriert, dann verschließt du dich dieser Art der Energie, die sich in dir bewegt, um Gutes für

14

das Unternehmen zu kreieren. Um Zugang zum immensen Potential deiner Mitarbeiter zu bekommen, ist es am allerwichtigsten, dass sie glücklich sind.«

Was also machen sie dort oben anders, hoch im Norden, wo Wind, Dunkelheit und Eiseskälte den Menschen die Leichtigkeit des Lebens verwehrt? Wieso landen gerade alle Nordländer, Island und Finnland eingenommen, seit Jahren unter den ersten zehn der glücklichsten Länder der Welt? Und wieso schwappt deren Glück nicht einfach über die Ost- oder Nordsee zu uns herüber? Letztendlich sind die doch eigentlich ein bisschen wie wir, oder?

Nein. Also nein! Das nun wirklich nicht! So viel sei schon vorweggenommen: Skandinavier sind von allem, was Sie denken, das Gegenteil. Das werden Sie nach der Lektüre dieses Buches, hoffentlich schmunzelnd, feststellen.

Von Neugier geplagt, stellt sich mir also die Frage: Wie stecke ich meine Nase in das Berufsleben der Skandinavier, ohne nur das zu hören, was ich eh schon weiß oder meine zu wissen? Einfach blöd nachfragen hilft. Dank vieler netter Helfer, wie den deutsch-skandinavischen Handelskammern, Freunden und Bekannten aus dem Norden, die jemanden kennen, der wiederum jemanden kennt, finde ich begeisterte Unternehmen, die an meinem Projekt mitwirken wollen. Und bis heute bin ich über den Enthusiasmus erstaunt, einfach Ja zu sagen zu einem Projekt mit dem Titel »Glückliche skandinavische Arbeitswelt«, das sich irgendeine Maike aus Bonn ausgedacht hat. »Ah, das ist ja ein interessantes Projekt, da machen wir gerne mit!« Das Prinzip ist recht einfach: Wenn jemand Interesse zeigt, wollen Wikinger wissen, war-

15

um: »Ach, machen wir etwas anders? Was machen wir denn anders? Ach, sind wir so glücklich? Warum denkst du, ist das so?« Und schwups hast du sie am Haken, wie Christian, der ständig grinsende CEO des Ingenieurbüros MOE am Rande von Kopenhagen: »Wir freuen uns so, dass du da bist, Maike. Wir wissen selbst nicht, was wir richtig machen. Wir hoffen, dass du es uns erklären kannst.« Und diese Blondine, die selbst aussieht wie eine Schwedin, verlangt dafür so Einiges: Kann ich Leute aus der Produktion sprechen? Bauarbeiter, Krankenschwestern, Zimmermädchen und den CEO? Habt ihr weibliche Führungskräfte? Eltern? Papas in Elternzeit? Flüchtlinge? Deutsche im Unternehmen? Kann ich Familien zu Hause besuchen? Skandinavier scheinen eine Engelsgeduld zu haben. Meine Besuche werden perfekt organisiert! Tack så mycket und tusend tack dafür, liebe Eislochhüpfer.

Und auch das deutsche Fernsehen befindet meine Idee als durchaus sendenswert und hängt sich im September 2016 für zwei Wochen an meine Fersen. Der gut gelaunte Horst an der Kamera, Björn, der Kritische, für den Ton, sowie Udo und Philine, die zwei charmanten Produzenten. Ein ungeahnter Luxus, wo ich mich sonst während meiner Forschungsreisen alleine mit Kamera, Mikro und Lichtverhältnissen herumschlagen muss. Und sehr viel schneller, als ein Buch zu schreiben, geht es anscheinend auch, eine halbstündige Doku zu produzieren. Noch während ich wieder allein durch Norwegen weiterreise, wird der Film zum Buch bereits unter dem Titel »Tanzende Bauarbeiter – Arbeiten Schweden glücklicher?« gesendet. Ich hingegen habe noch beinahe ein Jahr und an die 300 besondere Begegnungen vor mir, die dem kalten Wort »Arbeit« einen unerwartet warmen Ton geben und mir zeigen, dass in den kühlen Ländern heiße Herzen brennen. Auch wenn ich mich dafür monatelang durch mehr oder weniger uninspirierende Besprechungsräume quäle und dankbar werde für jede laute Fabrikhalle und jede dreckige Baustelle. Auch die Mini-Kombüse im Flieger als Filmkulisse macht mich überglücklich! Hauptsache, mal sexy Bilder, auf denen mehr zu sehen ist als gläserne Trennwände, Tische in Birkenfurnier, Gummipflanzen, Beamer-Leinwände und integrierte Steckdosenleisten! Doch der Inhalt der Worte entschädigt für die fehlende Lust am Bild. Sobald der Mund aufgeht, erscheinen kraftvollere Bilder. Bilder und Visionen über ein glückliches Leben auf der Arbeit, Bilder, die ganz andere Farben kennen, als sie uns im Allgemeinen in den Sinn kommen, wenn wir an Arbeit, Beschäftigung oder Broterwerb denken. Arbeit, das sollte ein Ort sein, an dem wir glücklich sein können, wie an jedem anderen Ort oder zu jeder anderen Zeit im Leben auch.

Beinahe zwei Jahre lang besuchte ich, nebst Journalisten und Experten, 30 völlig unterschiedliche Unternehmen in Norwegen, Dänemark und Schweden. Von einem Zinkgusshersteller, über ein Ingenieurbüro, ein Bauunternehmen, eine Fluglinie, einen U-Bahn-Betreiber, eine Hotelkette, einen LKW-Hersteller, eine Optikerkette, einen Pflanzenernährungsmittelhersteller, ein Architekturbüro, einen Dachfensterhersteller, eine IT-Beraterfirma, ein Universitätsklinikum, ein Einrichtungshaus und viele, viele mehr.

Es sollte ein Buch über Arbeit werden, doch das Leben macht vor keinem Drehkreuz halt, und so ist dies vor allem ein Buch über Mütter, Väter, Opas, Töchter und Söhne, Freunde und Geliebte, die zufällig auch zusammenarbeiten. Menschen, die dies auf eine Art und Weise tun, die sie glücklich macht. Dieses Buch ist kein Buch nur über nüchterne Produktionsprozesse, kein fleischloses Managementbuch und auch nicht der soundsovielte Ratgeber. Bloß das nicht! Denn Sie können ja selbst denken. Ich nehme Sie huckepack mit auf meine Reise durch die Unternehmen des Nordens, auf der wir vor allem echte Menschen treffen, die leidenschaftlich arbeiten, aber auch leidenschaftlich leben wollen.

Den begeisterten Michael zum Beispiel, ein Produktionsmitarbeiter, der ständig alles verbessern möchte in einer kleinen Zinkgießerei in Dänemark, oder Gifti, das Zimmermädchen aus Ghana, die, wenn nötig, ihrem Chef in Stockholm die Leviten liest. Sie treffen auf Christian, ehemals Vorstand TUI Deutschland und Zentraleuropa, jetzt Geschäftsführer der schwedischen Fluggesellschaft BRA in Stockholm, der lieber Bus fährt als mit einem fetten SUV auf dem Vorstandsparkplatz zu parken. Sie werden sich zu Kirk, Marc und Søren an den Tisch setzen, dem leidenschaftlichen Forscherteam der dänischen Biotechfirma Novozymes, und über zugefrorene Straßen zu Kjetil schlittern, dem Gründer des etwas anderen Architekturbüros Snøhetta in Oslo, der Erfahrung übrigens tödlich findet. Und danach in aller Herrgottsfrühe mit mir den Flieger nach Ålesund nehmen, einer malerischen Insel im Westen Norwegens, gerade einmal so groß wie meine Geburtsstadt Heidelberg. Dort wartet die lustige Frauentruppe des Markendesignbüros ELLE mELLE auf uns. Nicht zu vergessen der emotionale Ib aus Aarhus in Dänemark, Besitzer eines Übersetzungsbüros. Vor Freude über die positiven Rückmeldungen seiner Mitarbeiter bricht er in Tränen aus. Viel Spaß mit Produktionsmitarbeitern, Flugbegleitern, Lokführern, Managern, Ingenieuren, IT-Entwicklern und Vorständen, die Ihnen ganz persönlich verraten, weshalb Arbeit in Skandinavien so viel mehr bedeutet als nur das Verrichten einer Tätigkeit. Sie werden Visionäre in der Fertigungshalle treffen, Manager mit Schwächen und dienende Vorstände. Sie hören von Menschen, die Veränderungen lieben, Fehler anbeten und die Zukunft umarmen. Willkommen in den Ländern, in denen das, was wir als normal empfinden, mit einem lässigen Schulterzucken einfach auf den Kopf gestellt wird. Weil unsere Zukunft der Arbeit dort schon längst die Gegenwart ist.

All diese Menschen zeigen uns, dass Arbeit vor allem eines sein sollte: Eine Sache des Herzens. Ein Tummelplatz des Lebens. Ein Ort für Sinn und Verstand. An dem es völlig okay ist, wie Pippi Langstrumpf grüne und orangefarbene Socken zu tragen, solange wir uns alle zusammen die Welt so machen, wie sie allen gefällt.

Dieses Buch ist schrecklich naiv. Es wirft nicht mit Studien um sich, suhlt sich nicht in Managementtheorien und redet weder von Empowerment noch von Agilität oder Change und all diesen modernen Wörtern, die jeder benutzt, während keiner so recht weiß, was sie wirklich bedeuten. Die Weisheit des Glücks steckt in den Menschen selber. Du musst einfach nur hingehen und sie fragen. Dann sprechen Menschen von Liebe und nicht von Empowerment. Von Neugierde, nicht von Change. Und das geht besonders gut, wenn man, wie ich, keine Ahnung hat von Managementtheorien, keinen

Personaler-Hintergrund und noch nicht einmal BWL studiert hat. Schlimmer noch, ich habe Kunsttherapie studiert. Aus nordischer Sicht sind das ideale Voraussetzungen. Denn keine Erfahrung oder vermeintliches Wissen versperrt mir den Blick auf das Wesentliche. Das Einzige, was mich führt, ist meine Neugier. Eines der Geheimnisse des nordischen Glücks und auch des nordischen Erfolgs jetzt und in der Zukunft. Aber dazu später mehr. Lesen Sie, reisen Sie, und pfeifen Sie auf alles, was Sie bisher meinten zu wissen.

Was macht eine Gesellschaft aus? Es ist die Summe unserer Entscheidungen. Jedes einzelnen. Wie Sie sich in dem Kontext, der Ihnen gegeben ist, benehmen, ist wichtig. Sie sind wichtig. Sie können zwar nicht als einzelne Person eine Kultur verändern, aber nur Sie können sich dafür entscheiden, Ihre Umgebung durch Ihre Denkweise und Ihr Handeln positiv zu beeinflussen. »Du musst selbst zu der Veränderung werden, die du in der Welt sehen willst«, sagt Mahatma Gandhi. Es ist nicht wichtig, in welcher Gesellschaft wir uns befinden, sondern in was für einer wir gemeinsam leben möchten.

Welche Prioritäten setzen Sie? Wie begegnen Sie Ihrem Nächsten? Welche Gedanken pflanzen Sie in diese Welt? Die jungen Generationen machen es uns vor und auch schon einige großartige Unternehmen in Deutschland. Die Skandinavier leben es seit Jahrzehnten. Ihre Haltung kann einen Teil der Kultur erweichen, so dass das erblühen wird, was wir uns für einander wünschen: Mitmenschlichkeit, Verständnis und Freiheit. Eine humane Haltung, die dafür sorgt, dass jeder seine Möglichkeiten entfalten kann, um die bestmögliche

Version seiner selbst zu werden. Damit wir alle gemeinsam das Beste sein können. Und dann umarmen Glück und Erfolg die Zukunft. So zumindest denken die Menschen im Norden darüber.

Und das hat seinen Preis. Denn wenn Sie nicht möchten, dass Ihnen Menschen ständig auf die Füße treten, dann sollten auch Sie selbst sorgfältig darauf achten, wohin Sie Ihre Schritte tun. Das ist auch in Skandinavien nicht anders, wie mir Matthias, deutscher Leiter der Rechtsabteilung bei Siemens in Norwegen, erklärt: »Besonders glücklich machen mich meine Kollegen, weil wir uns gut verstehen, und das ist kein Zufall. Wir verstehen uns gut, weil wir uns gut verstehen wollen. Alle strengen sich dafür an und achten sehr feinfühlig drauf, dass die Stimmung im Team gut ist.« Gut, und dann hattest du einen Horror-Morgen mit quengeligen Kindern, stößt dir den kleinen Zeh, lässt die Tüte mit den Kaffeebohnen fallen, und kommst mit unterirdischer Laune auf der Arbeit an? Matthias lacht: »Dann ist man froh, dass man auf der Arbeit ist, denn auf der Arbeit ist die Stimmung wieder gut!«

Das skandinavische Bild ist wunderschön. Und sehr zerbrechlich. Es funktioniert ausschließlich, weil alle es *wollen*. Weil alle täglich zusammen daran arbeiten. Manager, die Schwächen zeigen; Politiker, die Staatsbesuche wegen der Windpocken ihrer Kinder verschieben; weibliche CEOs mit vier Kindern ohne Rabenmuttergetuschel hinter vorgehaltener Hand; Männer, die auch nach der Trennung 50 Prozent ihrer Zeit mit ihren Kindern verbringen; Chefs, die das wissen und in der Woche keine Besprechung planen; Pfleger, die den Professor zurechtweisen, wenn er einen Fehler macht;

Frauen, die Vollzeit arbeiten; Kollegen, die helfen, wo immer es geht; Lehrer, die nicht urteilen; Arbeitgeber, die Gewerkschaften mögen, und Kinder, die beim Skype-Meeting im Hintergrund durchs Bild hüpfen – sie alle sitzen in einem großen Wikingerboot. Und dieses Boot lenken sie so erfolgreich in die Zukunft, weil alle zusammen anpacken und in eine Richtung rudern wollen. Das skandinavische Zauberwort heißt weder Wohlfahrtsstaat noch Kinderbetreuung oder flache Hierarchien. Das skandinavische Zauberwort lautet: gönnen. Nicht neiden. Geben und nehmen. Alle sind bereit, sich ein wenig zurückzunehmen, damit für alle genug übrigbleibt. Für ein vollständiges Leben. Doch es fängt beim Gönnen und beim Geben an. Und das können Sie bei anderen nicht erzwingen, das können Sie nur selbst tun.

»Acht Stunden mehr Glück« malt Bilder in Ihre Köpfe und Herzen. Und deshalb verwende ich kräftige Farben und kräftige Aussagen unterschiedlichster Menschen, die mir und Ihnen ihre Zeit, Gedanken und Emotionen geschenkt haben. Sie schauen also durch meine Augen, wenn ich Ihnen von Wunderwelten, Star-Wars-Unternehmen oder glucksenden Geschäftsführern erzähle. Von Pilzsuchern oder Wertehütern als Berufsbezeichnung. Dieses Buch ist subjektiv. Und deshalb wird aus Ib, dem wundervollen Geschäftsführer, ein Mitglied der Augsburger Puppenkiste, einfach, weil er so emotional und mit ausladenden Gesten spricht. Und aus dem sympathischen und äußerst erfolgreichen Schweden Christian, wird der Papa vom Fußballplatz. Und so treffen Sie auf die angenehme Anna, IKEA-HANNA, Kjetil, den Architekten-Bären, Jasmin, die Baulampe und viele mehr.

Reisen Sie mit mir durch die kalten Nordländer und – ja – lassen Sie diese Welt einfach auf sich wirken. Vielleicht wollen Sie das eine oder andere gerne selbst ausprobieren. Vielleicht leben Sie es auch schon. Deutschland ist ein schönes Land, und mitten im Umbruch leuchten schon tausend helle Sterne als strahlende Vorbilder einer anderen (Arbeits-)Welt. Auch bei uns.

Dieses Buch stiftet Sie an, rotznäsig zu sein. Eigensinnig, mutig. Es möchte sehen, dass Sie Arschbomben ins Eiswasser machen, dass Sie Mittelfinger hochstrecken und den Mund aufmachen, wenn Sie etwas zu sagen haben. Es möchte, dass Sie anderen zuhören, dass Sie die Menschen lieben und weiter schauen als ihre kleine Nase lang ist, dass Sie wild durcheinanderreden, zusammen mit anderen gewaltig werden und einfach nur sauviel Spaß haben. Ganz nach nordischem Vorbild.

Sie brauchen keinen Ratgeber. Sie wissen, was zu tun ist, wenn Sie dieses Buch zur Seite legen. Ihr Herz hat es Ihnen schon lange erzählt. Also kneifen Sie Nase und Augen zusammen, nehmen Sie Anlauf und dann springen Sie mitten rein ins Eiswasser. Und wehe, Sie fühlen erst vor, wie kalt das Wasser ist!

23

Erfolg ist Leben

Es geht um mehr, als nur darum,
ein gutes Resultat zu liefern.
Es geht um Menschen mit einem guten Leben,
die zusammen etwas Bedeutungsvolles erschaffen.
Hover, Ingenieur bei Snøhetta Architekten,
Oslo, Norwegen

Gischt schlägt mir ins Gesicht. »Alles in Ordnung?«, schreit mir Peter lachend vom Heck seines Motorbootes zu, das er geschickt durch zwei der über 30 000 Inseln des Stockholmer Schärengartens steuert, gerade mal zehn Kilometer von Schwedens Hauptstadt entfernt. Sein neon-orangefarbener Bodywarmer leuchtet vor der grau-lila Kulisse aus wildem Wasser und bewölktem Himmel. Es nieselt. Oktoberwetter in Schweden. Ich versuche zum gefühlt 17. Mal, die steife Kapuze meiner gelben Segeljacke zu richten und klammere mich an die Reling des kleinen weißen Bootes mit enorm PS-starkem Außenbordmotor. Mann, ist das kalt! Aber ich hab's ja so gewollt. Schon bei der Planung unseres Fernsehdrehs im letzten Herbst habe ich leidenschaftlich für den Winter plädiert. Wie können Menschen in den nordischen Ländern glücklich sein, wenn es kalt, nass und dunkel ist? Was für eine interessante Ausgangsposition für ein Buch über das glückliche Arbeitsleben in den skandinavischen Ländern. Optimal für mein

Buch: ja. Für mich hingegen gerade weniger. Ich friere wie ein Schneider.

So fühlt sich das also an, wenn sich ein Weichei aus der Stadt auf Forschungsreise in den Norden begibt. Dabei ist Stockholm mit seinen 950 000 Einwohnern ja nun auch nicht gerade ein Dorf. Doch irgendwie mag sich bei mir partout kein Großstadtgefühl einstellen. Ob es an den weiten Wasserflächen liegt, die ein Drittel der Stadtoberfläche bedecken? An den dümpelnden Segelbooten und den weiten Brückenbögen, die sich mitten in der Stadt von Schäre zu Schäre spreizen? Diesen für die schwedische Landschaft so typischen Eilanden in sanften, abgerundeten Formen? Wie ein Windhauch verflüchtigt sich dadurch das Gefühl der Enge und Hektik, das großen Städten oft anhaftet. Vielleicht liegt es aber auch an dem ganz eigenen Rhythmus der schwedischen Sprache, der mich hier überall begleitet. Langgezogene Vokale, die sich auf weichen Konsonanten heben und senken, wie eine Yacht auf den sanften Wogen der See ... wie eine Melodie – irgendwie. Vielleicht sollte ich jetzt aber auch einfach mal auf dem Teppich bleiben. Bei aller Romantik ist Stockholm die am schnellsten wachsende Stadt Europas und das zweiterfolgreichste Technologiezentrum der Welt, direkt nach Silicon Valley. Für 1600 Euro Miete pro Monat könnte man im Zentrum gerade mal eine 31-Quadratmeter-Wohnung bekommen, wenn man überhaupt das Glück hat, eine zu finden.»Ja, das ist ein Problem, dem sich die Stadt stellen muss!«, nickt Helmut nachdenklich. Seit 1996 ist er hier Korrespondent des Handelsblatts. Ich treffe ihn ein paar Tage später in einem Hotel auf der Humlegårdsgatan mitten in Stockholm. Groß, schlank und schlaksig schlängelt sich Helmut durch die Drehtür des Hotels. Er kommt ursprünglich aus Hamburg. »Spotify, als Weltmarktführer bei den Musik-streaming-Diensten …«, Helmut weist über meine Schulter die Straße hinunter, »die sitzen übrigens da hinten um die Ecke … haben angekündigt, dass sie Stockholm verlassen werden und lieber nach New York gehen. Sie wollen in den nächsten drei bis vier Jahren um die 1000 Leute einstellen und finden keinen Wohnraum.« Auch Schweden kennt das Pro-blem der Landflucht. 80 Prozent der Bevölkerung wohnen in Malmö, Göteborg oder Stockholm. Bei nur knapp zehn Millionen Menschen auf einer erheblich größeren Fläche als Deutschland herrscht im Rest des Landes gähnende Leere. Gerade deshalb hat Helmut sich entschlossen, in Schweden zu wohnen. »Was mir hier am besten gefällt, ist die Natur! Meiner Meinung nach sind die Schären das schönste Segel-gebiet der Welt.« Nur mit der Mentalität hat er so seine Pro-bleme. »Obwohl man den Hamburger Fischköpfen ja eine gewisse Kühle und Humorlosigkeit nachsagt, wird das hier noch dramatisch getoppt.« Mein romantisches Schweden-Bild aus Wasser, warmen Farben und Wortmelodien fällt klirrend zu Boden.

Gut, zurück zu Peter. Zurück aufs Boot im Schärengarten, nicht weit entfernt vom Hotel. Peter und ich sind unterwegs zur Arbeit. Es ist schon 9.30 Uhr. Noch 15 Minuten mit dem Auto liegen vor uns, vor zehn Uhr sind wir sicher nicht im Büro. Anscheinend kein Problem, denn Peter weist tiefenent-spannt mit einer breiten Geste zur kleinen Insel Storholmen, auf der er mit seiner Frau und 200 anderen Schweden wohnt. Im Winter, wenn die Schärenarme zugefroren sind, fährt er auch schon mal auf Schlittschuhen zur Arbeit. Ich höre förmlich das leise Kratzen der Kufen, sehe das rosa Morgenlicht auf weiß-blauem Schnee und die Atemwolken an seinen Lippen hängen. So würde ich auch gerne zur Arbeit schlittern! Besuche ich hier gerade einen alternativen Aussteiger? Nein, ich würde mal sagen, eher einen ganz normalen Schweden. Vertriebsmanager Asien für ein High-Tech-Unternehmen in Stockholm mit Namen »Tobii«. Dieses Unternehmen entwickelt sogenannte Eye-Tracking-Systeme, die der Bewegung von Augen folgen, damit Menschen besser von Geräten verstanden werden können. »Denn wenn wir sehen, wo du hinschaust, wissen wir, worauf du deine Aufmerksamkeit richtest. Smartphones, Laptops oder Autos wissen dann bereits, was du zu tun gedenkst, bevor du den Befehl dazu gibst«, erzählt er mir am Abend zuvor auf der Terrasse seines Hauses, während mein Blick mit meinen Gedanken im Schlepptau immer wieder abdriftet, hinunter zur Bucht, weit unten in den Felsen. Dort dümpelt sein kleines, weißes Segelboot langsam vor sich hin, während ein schlanker Schärenkreuzer von seinem wahrscheinlich letzten Ausflug vor der Winterpause heimkehrt. Was für ihn Erfolg bedeutet, frage ich ihn nervös mit der Hand wedelnd, als mich eine träge Spätherbst-Wespe an meinem Ohr wieder ins Hier und Jetzt befördert. Na, auf jeden Fall nichts Materielles, lerne ich von dem sympathischen Mittvierziger. »Wir haben einen alten Saab, mit dem wir sehr glücklich sind, und so lange der nicht zusammenkracht, behalten wir ihn. Für uns ist wichtig, wo wir leben. Für uns ist das der Himmel auf Erden. Jeden Abend, wenn wir mit dem Boot zu unserer Insel zurückkehren, ist es, als würden wir in den Urlaub fahren. Der ganze Stress fällt einfach von dir ab, und ich denke, das ist Erfolg.

Das macht uns glücklich. So zu leben …« Peter lächelt mich an. »Für mich und meine Frau ist das ein großer Erfolg, der hoffentlich so lange andauert, wie wir leben.«

Willkommen in Skandinavien, in Schweden, Norwegen und Dänemark, den Ländern, in denen Erfolg Leben ist. Und das heißt für die Schweden das Recht auf vier Wochen Sommerurlaub am Stück, für die Norweger Freitagmittag ab auf die Sommerhütte oder in den Schnee, und auch Dänemark ist im Sommer wenigstens drei Wochen lang wie ausgestorben, weil es sich gar nicht erst lohnt, zur Arbeit zu gehen, wenn rundherum eh kein anderer da ist. Wer sich fragt, wo die alle sind? Nun, sie machen sich die Welt, wie sie ihnen gefällt. Frank, der deutsche Controller bei Tobii und Kollege von Peter grinst breit, als er in die Herbstsonne blinzelt: »Die Norweger sagen, sie seien das faulste Land der Welt, und die Schweden sagen, sie seien das zweitfaulste. Und das stimmt, das Tempo ist hier schon ein wenig niedriger.« Wie auch in Dänemark, so erzählt mir der deutsche Unternehmensberater Jörg später. Die nenne man hier die Italiener des Nordens. Komme ich heute nicht, komme ich morgen.

Das kann ja kein gutes Ende nehmen! Sollte man meinen. Doch das Gegenteil ist der Fall: Wirtschaftlich stehen diese Länder sehr gut da. Ganz weit vorne im weltweiten Vergleich. Und da muss auch Jörg passen: »Die Dänen sind ja trotzdem unheimlich effektiv.« Konstantin, vor Jahren aus Deutschland nach Schweden eingewandert, zuckt nur kurz mit den Schultern: »Man lebt sein Leben, man kann seinen Sommer genießen, man hat Zeit für die Familie, und parallel ist man erfolgreich im Job.«

Und auch die Norweger heben nur kurz die Augenbrauen. Wo ist das Problem? Sie bekommen doch alles prima hin. Und zählt letztendlich nicht das Ergebnis? Darum geht's doch. Tatsächlich, wer in Skandinavien investiert, ist schlau und profitiert von wachsenden Kursen. Die Skandinavier haben stabile politische und wirtschaftliche Rahmenbedingungen, ein hohes Bildungsniveau und Zugang zu den neuesten Technologien. So rief z. B. das Weltwirtschaftsforum Schweden Anfang 2017 als bestes Land in, na ja, allem aus. Die Liste des Wirtschaftsmagazins Forbes »Best countries for doing business« wird weltweit von Schweden angeführt, aber auch Dänemark und Norwegen landen hier auf Platz 6 beziehungsweise auf Platz 9. Wir auf Platz 21. Im »Global Competitive Report« finden Sie alle nordischen Miniländer zusammen mit Deutschland auf den ersten zwölf Plätzen. Und beim Europäischen Innovationsanzeiger, der jährlich von der Europäischen Kommission veröffentlicht wird, nimmt Schweden erneut die Führungsposition in der EU ein. So, jetzt höre ich aber auf.

Denn dabei vergisst das nordische Trio vor allem eines nicht: das Leben in vollen Zügen zu genießen. Die Schweden, Dänen und Norweger leben in den Ländern mit der höchsten Lebensqualität und den glücklichsten Menschen der Welt. Ist das Magie? Nun, wenn man die Presse und den Büchermarkt anschaut, ganz klar: ja. Die erfolgsverwöhnten Wikinger stehen wie kein anderes Volk im Fokus der positiven Aufmerksamkeit. Und immer wieder fragt man sich: Verflixt! Wie machen die das nur?

Nun. Sie gleiten abends nach der Arbeit mit Kopflicht auf Langlaufskiern durch dunkle Wälder, schmieren morgens in Ruhe mit den Kindern braunen Käse oder Fisch-Ei-Paste aufs Smørrebrød, gehen in der Mittagspause eine Runde joggen und holen die kleine Lotta um drei aus der Kita ab – leben, das hat in diesen Ländern eindeutig Priorität und deshalb sollen Arbeitsplätze Orte sein, die dazu beitragen, ein glückliches Leben führen zu können.

Glück ist eine Lebensentscheidung

»HANNOVER. An der Spitze der TUI Deutschland bahnt sich ein Wechsel an: Christian Clemens, seit 2012 Vorsitzender der Geschäftsführung, hat mitgeteilt, dass er seinen Vertrag nicht verlängern wird.« So titeln die Zeitungen Ende 2014. Unter Christians schwedischer Führung waren die finanziellen Ergebnisse des Geschäftsjahres 2013/2014 so gut wie nie zuvor und sind auch nach seinem Weggang bisher nicht mehr erreicht worden. Warum also gehen? »Er möchte Ende 2015 mit seiner Familie nach Schweden zurückkehren, damit die Kinder dort zur Schule gehen können«, so die offizielle Erklärung, die so manchen fassungslos zurücklässt.

Christian hingegen lächelt nur sein liebenswertes Lächeln, als ich neben ihm auf den Stufen am Rande des Fußballplatzes auf der Insel Lidingö bei Stockholm sitze und in die Herbstsonne blinzle: »Ich denke, ein großer Unterschied zu Schweden ist, dass für den Deutschen die Arbeit und seine Position im Arbeitsprozess sehr wichtig sind. Ich bin eine Führungskraft, das ist ein bisschen meine Identität. In Schweden ist meine Position nicht meine Identität«, so sinniert der Mitte 50-Jährige im dunkelblauen Trainingsanzug in charmant unperfektem Schwedendeutsch während unserer Filmaufnahmen an einem diesigen Samstagmorgen. »Meine Identität ist, was ich als Christian bin, was ich hier mache beim Fußballtraining, was mich in der Freizeit interessiert, meine Familie *und* meine Arbeit. Es gibt so viel mehr Komponenten in Schweden, die mich glücklich machen!« Doch in Deutschland stehe der Erfolg oft über allem. »Und wenn du dann Karriere machst, dann bedeutet das unterwegs nur Arbeit und zu Hause nur schlafen.« Der ehemalige Vorstandsvorsitzende von TUI Deutschland und Zentraleuropa hat das selbst erlebt. »Ich habe drei Jahre lang kaum meine Familie gesehen. Ich glaube, hier in Schweden harmonieren Arbeit und Freizeit ein bisschen mehr als in Deutschland, wo es große Unterschiede zwischen dem Arbeitsmenschen Christian und dem Privatmenschen Christian gab.« Gedankenvolles Nicken. Wir verfolgen beide das Fußballspiel seiner kleinen Tochter Inez.

Es gibt also keine Work-Life-Balance, denn wer arbeitet, lebt auch. Das lässt sich nicht trennen. Und Christian ist Christian, der jetzt gerade den Ball prüft, den ihm ein kleiner blonder Engel mit Zöpfen und Knieschonern reicht. Und haargenau den gleichen Christian besuche ich nochmals Monate später zum offiziellen Interview für dieses Buch in seinem Büro in Bromma, wo er inzwischen der Geschäftsführer der schwedischen Fluglinie BRA geworden ist. Immer noch derselbe Christian. Wir führen nur ein Leben, wie wir auch nur *ein* Mensch sind, der sich einfach an unterschiedlichen Orten befindet. Mit seinen Ängsten, Stärken, Freuden, Unsicherheiten und Träumen. »Ich will authentisch sein als Führungskraft. Ich will nicht eine Rolle an meinem Arbeitsplatz spielen und eine andere zu Hause.« Im Norden bleiben Menschen heil, weil sie beides geschickt in Einklang bringen. Dann sind Work und Life keine Gegensätze mehr, sondern zwei Bereiche, die einander ergänzen. Und das gelingt den Skandinaviern recht gut, wie Sie später erfahren werden. Kein Wunder also, dass die Skandinavier die glücklichsten Menschen sind, denn dort *leben* auch die glücklichsten Mitarbeiter.

Hover und Robert, der eine Ingenieur, der andere Architekt, fläzen sich vor mir auf einer Sofakomposition mitten in der Fabrikhalle des Architekturbüros Snøhetta an einem Fjord am Rande Oslos. »Es geht darum, mit Menschen gemeinsam ein gutes Leben zu haben und zusammen etwas Bedeutungsvolles zu erschaffen. Und ein gutes Leben umfasst mehr als nur die Stunden, die du auf der Arbeit verbringst. Es zählen alle 24 Stunden.«

Und während dieses gesamten Lebens sollten Menschen glücklich sein. Nur, warum eigentlich? Ich gebe das mal weiter an meinen Architekten.

Robert lächelt mich etwas stutzig an, als ob er sich fragen würde, ob diese blonde Deutsche hinter der Kamera das jetzt wirklich ernst gemeint hat. Zögerlich antwortet er: »Glücklich zu sein ist der Sinn des Lebens, oder?« Hover kommt ihm resolut zur Hilfe: »Das ist der Sinn des Lebens!« »Ja, glücklich zu sein ...«, vervollständigt Robert den Satz.

Wie negativ, kritisch oder in Ihren Augen realistisch Sie auch sein mögen, Sie werden, wie jeder in meinem Vortrags-Publikum, bei derselben Frage die Hand heben. *Stellen Sie sich vor, Sie säßen am Ende Ihres Lebens am Ufer eines Sees und würden auf Ihr Leben zurückblicken:*

Wer von Ihnen möchte dann ein unglückliches Leben gehabt haben?

Wer von ihnen ein glückliches?

Und wer von Ihnen gar keines? –

Wenn Sie später auf ein glückliches Leben zurückblicken wollen, dann ist das Ihr Ziel. Wenn Ihnen also etwas missfällt, dann ändern Sie etwas, wie Christian oder all die anderen draufgängerischen Eislochhüpfer, die, wie Sie ab Seite 138 verstehen werden, den Norden bevölkern. Denn »glücklich auf der Arbeit zu sein, ist ein absolutes Muss«, so Sissl, eine quirlige Radsportlerin mit einigen Weltrekorden auf dem Buckel, die jetzt das Personal bei Siemens in Oslo anspornt: »Wenn du nicht glücklich bist, klappt es auch auf der Arbeit nicht. Wenn ich schlecht drauf bin, dann sollte ich an manchen Tagen besser zu Hause bleiben. Dann bin ich wenig produktiv, plus, dass ich auch einen schlechten Einfluss auf meine Umgebung habe! Das geht gar nicht!«

Es gibt immer eine Alternative zum Jammern. Tonje, die Osloer Personalleiterin, Mutter zweier Kinder, nickt zustimmend: »Ich laufe hier nicht herum und beschwere mich über Dinge. Entweder änderst du etwas, oder du akzeptierst es. Und das reduziert meinen Stresslevel schon enorm. Das wäre also schon mal ein Glückstipp für Deutschland.«

Glück ist eine Entscheidung. Jeden Tag wieder aufs Neue. Denn gar kein Leben zu haben, anstelle eines glücklichen, ist grausam. Menschen aus dem Norden möchten deshalb auch auf der Arbeit das pralle Leben spüren. Und glücklich sein. 24/7. Weshalb sollten wir diesen Anspruch an der Pforte abgeben? Für die Dänen, so munkelt man, sei es schon beinahe ein Grundrecht, auf der Arbeit glücklich zu sein. Wer dort keinen Spaß hat, geht beleidigt nach Hause.»Ich glaube, die Dänen wollen glücklich sein! Auch, wenn wir mal nicht glücklich sind. Wenn wir jemanden treffen, dann möchten wir nicht darüber reden, dass wir einen Scheißtag haben. Nicht, weil wir wollen, dass es so aussieht, als ob immer alles schön ist, sondern, weil wir uns weigern, unglücklich zu sein. Wir lassen es nicht zu!« Lachend wirft Wibeke, die fröhliche Frau Ende 40, die ich in Kopenhagens frühnebligen Straßen auflese, ihre lange rote Mähne nach hinten, während ihr kleiner weißer Hund an der Leine zuckelt. Sie weist spontan auf eine Gruppe Jogger, die sich just in diesem Moment ein paar Meter weiter zum Morgenlauf trifft.»Schau dir diese Leute an. Sie laufen und sie schwitzen, aber sie lachen, wenn sie miteinander reden.« Und dann hechten sie an uns vorbei und grauenhaftes Gekläffe von Wibekes Wollknäuel lässt mein Trommelfell unter meinen Kopfhörern gefährlich erzittern. Ein Ruck an der Leine beendet meine Folter.»Wir wollen einfach aus dem Vollen schöpfen: Iss das Leben! Wir sind ein kleines Land, wir können uns nicht einfach hinhocken und uns beschweren. Wir wissen, dass wir uns ein wenig bewegen müssen.«

Also bewegen Sie sich.

Glücklich auf der Arbeit zu sein, ist kein Luxus, sondern das Wichtigste überhaupt, für das Wohlbefinden der Gesellschaft, das Unternehmensresultat *und* für die Menschen, die dort täglich ihre Zeit investieren.

Auch die deutsche Politik erklärt in ihrem »Bericht der Bundesregierung zur Lebensqualität in Deutschland«[3] stolz, dass der Großteil der Erwerbstätigen in Deutschland seit

25 Jahren konstant mit seiner Arbeit zufrieden ist. Die durchschnittliche Zufriedenheit auf einer Skala von 0 (sehr unzufrieden) bis 10 (sehr zufrieden) liegt bei sieben Punkten. Nun ja. Die Frage »Wie *glücklich* bist du mit deinem Job auf einer Skala von 0 bis 10?« habe ich während meiner kleinen Forschungsreise auch regelmäßig gestellt. Eine 7 ist mir aber nur selten untergekommen. Das Glücksniveau der von mir Befragten lag indes bei acht bis neun Punkten. Mensch, minimal zwei Traumhochzeiten verpasst!

Wie konnte das passieren?

Vielleicht liegt es daran, dass in Deutschland Glück im Leben wie auf der Arbeit nur eine Nebenrolle spielt. Ein nettes Add-on, etwas Erstrebenswertes sicherlich, aber oft nicht umsetzbar. Sie wissen schon, die Chefs, die Kollegen, die Strukturen, die Politik, die Kinderbetreuung. Habe ich etwas vergessen? Tja, kann man nichts machen. »Wir hatten jetzt zu Silvester eine Gruppe von Freunden aus Deutschland zum Skifahren zu Besuch. Und da denkst du dann, die haben eigentlich so viel weniger von ihrem Leben«, so Kerstin, nachdenklich ins graue Nass auf Oslos Straßen starrend. Seit 2000 hat die Deutsche mit ihrem Mann und ihren Kindern bereits an verschiedenen Orten der Welt gelebt. Nun hat sich die Familie ganz bewusst dazu entschieden, in Skandinavien zu bleiben, anstatt nach Tokio überzusiedeln. »Das sind alles gestandene super-karriere-fokussierte Menschen, die eigentlich schon so viel erreicht haben, und nur so wenige sagen, *So, jetzt ist mal gut, jetzt genieße ich mal.*« Der Ober bringt uns einen zweiten Latte Macchiato, und Kerstin rührt gedankenverloren im Milchschaum herum, bevor sie fortfährt: »… Dieser extreme Druck, der von den Firmen kommt … aber auch von den Leuten selbst.« Sie haben Ihr Glück selbst in der Hand, damit fängt es an. Niemand setzt Ihnen Prioritäten. Sie setzen sie selbst. Strukturen, Chef, Unternehmen, Hierarchien, Kinderbetreuung, Ehemann, Kollegen und was uns noch so alles einfällt, das sind feine Entschuldigungen, mit denen Sie Ihr Leben verpassen. Denn wer ist denn verantwortlich für Ihr Glück auf der Arbeit? Sie oder Ihr Arbeitgeber? Beide, lautete die Antwort im Norden, in 90 Prozent der Fälle. In den wenigen übrigen Fällen lautete die Antwort: Ich persönlich. Niemand stiehlt sich also aus der Verantwortung, indem er seinen Anteil an seinem Glück verleugnet. Aber auch nicht seinen Anteil am Glück der anderen.

Denn wir sind aus Sicht der Eislochhüpfer alle für die Stimmung am Arbeitsplatz zuständig, und wenn's denn echt nicht mehr geht, dann suchen Sie sich halt etwas Neues. Doch nur hinhocken und allen die Stimmung verderben, ist nicht. Nicht in Kopenhagen, nicht in Oslo und ganz sicher auch nicht in Malmö, wo ich an weißen langen Tischen in der IKEA-Kantine Mikael mit gelbem Poloshirt gegenübersitze: »Wenn die Leute, die bei IKEA arbeiten, nicht glücklich sind, dann ist IKEA auch nicht glücklich. Die Zufriedenheit der Mitarbeiter ist immer eine große Sache, klar. Aber, wenn du mit deiner Arbeit nicht zufrieden bist, dann musst du selbst etwas unternehmen, denn ich glaube nicht, dass das jemand anderes für dich tut. Du bist für dein eigenes Wohlbefinden verantwortlich. Du bist die einzige Person, die sich die Frage stellen kann: Will ich so leben? Macht mir mein Job Spaß? Wenn nicht, ändere den Job!«

Wer nicht lebt, kann auch nicht arbeiten

Skandinavier sind also um einiges ambitionierter als wir: Sie wollen nicht nur erfolgreich arbeiten, sie wollen erfolgreich *leben*. Denn die Formel ist ganz einfach: Wer nicht lebt, kann auch nicht arbeiten.

Hover, der lässige Ingenieur mit modischem Vollbart und ziemlich enganliegender Hose, lacht verschmitzt:»Wenn ich uns so zuhöre, könnte man denken, dass wir alle Nichtstuer sind, aber vertraue mir, die Leute hier arbeiten wirklich viel.« Er zupft sich nachdenklich am Bart und schielt durch eine riesige Fensterfront auf den atemberaubenden Fjord und die schneebedeckten Berge. »Aber wenn du einen guten Job machen möchtest, dann musst du glücklich sein, du musst zufrieden sein mit deiner Situation. Wenn es dir nicht erlaubt ist, das Leben zu fuhren, das du gerne leben möchtest, wirst du auch auf der Arbeit nicht glänzen.« Hover nickt nachdrücklich. Er ist geschieden und hat zwei kleine Kinder. »Wenn irgendein Manager in Deutschland dein Buch liest und berührt ist, dann hoffe ich, dass ihm klar geworden ist, dass das Potential eines Unternehmens nicht im Unternehmerischen liegt, sondern darin, dass es ein Ort zum Leben ist. Ich möchte, dass er sich denkt: *Ja, ich werde mein Unternehmen in einen Ort verändern, der holistischer ist, einen Ort, in dem wir das Leben der Menschen, ihre Familien und ihren Alltag wertschätzen.*«

Claus, ein schlaksiger Dänen-Manager des Biotech-Unternehmens Novozymes, lächelt, während er energisch seine Hände knetet. »Es ist ja das Gesamtbild, das stimmen muss. Dass ich glücklich bin, wenn ich arbeite, und glücklich, wenn ich mit meiner Familie zusammen bin. Das zählt. Und dann wirst du, was immer du tust und welche Menschen du auch immer triffst, positiv beeinflussen.«

Die Skandinavier mögen sich einfach nicht so recht entscheiden zwischen Karriere und glücklichem Leben. Sie wollen beides. Denn es gibt so viel mehr Sternlein, die uns am Horizont leiten, als nur Karriere und Arbeit. Klar wollen wir uns weiter entwickeln in unserem Beruf, immerhin ist das ein großer Teil unseres Lebens. Das bedeutet jedoch nicht, dass der Rest unseres Entwicklungspotentials brachliegen sollte. Wir wollen uns doch auch weiter entwickeln als stürmische Liebhaberin, als Super-Papa, als bester Freund, als passionierter Fußballtrainer, als passable Skifahrerin, als ambitionierter Hobby-Gitarrist, als kreative Gärtnerin, wollen zum besten Geburtstagskuchenbäcker der Elternschaft werden, zum liebsten Opa der Welt und zum Kollegen, der da ist, wann immer man ihn braucht. Und was Ihnen noch so alles wichtig ist in Ihrem Leben. *Ihrem Leben.* Und *das* ist Erfolg, wenn Sie Johan fragen, den blauorange-beturnschuhten Direktor der beinahe kleinsten Eisenbahnlinie der Welt, die täglich ein paar Mal zwischen Göteborg und Stockholm hin und her düst, »Erfolg ist, dass du etwas tust, was du wirklich liebst, dass du dir ein Ziel setzt und das dann auch erreichst. Und dieses Ziel kann sein, eine neue Eisenbahnlinie aufzubauen, einen Marathon zu laufen oder deine Kinder großzuziehen.«

Im Streben nach anderen Dingen kann man genau denselben Enthusiasmus, das gleiche Herzblut und Engagement zeigen wie im Beruf. Aus skandinavischer Sicht sollte man das auch, damit das Leben nicht ständig in Schieflage gerät. Denn beruflicher Erfolg ist nun einmal genauso wichtig wie

Papa-Sein. So ein Papa sitzt gerade vor mir. Thor, 45 Jahre alt, mit zwei zauberhaften Mädchen, elf und 13. Der Mann trägt den Namen des nordischen Donnergottes und, na ja, wie soll ich's sagen, er sieht auch ein wenig so aus, mit grau-durchwelktem Wikingerbart. Seine Stirn zeigt prägnante Falten, wann immer er die Augen hochzieht. »Menschen haben neben ihrem Job noch andere Dinge, die für sie von Wert sind, und ich glaube, in Norwegen sehen wir ein, dass das wichtig ist.« Denn manchmal kann es auch im Job haarig werden, und wenn das der einzige Pfeiler ist, der Sie stützt, dann haben Sie ein ernsthaftes Problem. »Dann kommst du aus dem Gleichgewicht. Dann wirst du die Energie verlieren, Dinge zu tun, die du liebst. Ich denke, du solltest alle Pfeiler deines Lebens priorisieren: Job, Freunde, Freizeit und Familie.«

Bei so einer nordischen Familie luge ich ein paar Wochen später in den Kochtopf. Marc ist französischer Wissenschaftler im schwarzen Rollkragenpullover, der, wie Sie noch erfahren werden, zusammen mit seinen Kollegen versucht, die Welt zu retten. Seine Frau Anne, eine bodenständige, resolute Dänin und Mama von Laura und Caroline, erklärt mir ihre Lebensprioritäten, während sie ihr Glas Rotwein schwenkt. Französischen natürlich. »Klar möchte ich mich weiterentwickeln, aber nicht unbedingt wegen der Position oder des Titels. Es ist eher der Inhalt der Projekte, der wichtig für mich ist. Aber das gilt für mein berufliches Leben. Im Privaten bin ich sehr viel ambitionierter: Ich möchte Zeit haben. Zeit für meine Kinder, für Sport, für meine Freunde. Also, was Zeit angeht, da bin ich wirklich ehrgeizig«, lacht sie und reicht mir einen Löffel mit currygelber Soße zum Probieren.

»Und das klingt so, als ob Arbeit etwas Negatives wäre, aber ich könnte nicht ohne sie leben. Ich liebe meine Arbeit, aber ich denke, das kommt daher, dass ich darauf achte, mich nicht zu verausgaben. Das klingt ziemlich verwöhnt, nicht wahr?« Aus der Glücksperspektive ist das nicht verwöhnt, sondern klug. Und typisch skandinavisch. Wenn Menschen nicht gut auf sich selbst achtgeben, dann werden sie nämlich weder gute Mitarbeiter, noch gute Chefs, noch gute Eltern oder Kuchenbäcker sein. Auf das richtige Maß kommt es an. Thor wirft seine norwegische Stirn in Falten: »Ich könnte mir nicht wirklich vorstellen, einen wahnsinnig aufregenden Job zu haben, während der Rest meines Lebens eine Wüste wäre!« Donnerndes Norweger-Lachen. Irgendwo aus dem Schnee, ein paar 100 Kilometer südlich von Oslo, bei Norner, einer kleinen, spezialisierten Firma, die für ihre Kunden alles entwickelt, was mit Plastik zu tun hat. Kräftige Hände unterstreichen jedes seiner gewaltigen Worte. Im Management sitzt er hier: »Für mich ist die Lebensbalance sehr wichtig. Die Familie ist wirklich ein Pfeiler meines Lebens, der mir Energie gibt. Ich habe meinen Töchtern Skifahren beigebracht, und jetzt wollen sie Snowboard lernen. Also machen wir das. Ich liebe all diese Herausforderungen, dieses ewige Lernen, den Prozess des Neuen. Im Winter liebe ich Skifahren, im Sommer Kayakfahren, im Herbst liebe ich es zu jagen. All das zählt für mich zu den wichtigen Dingen des Lebens, die in mein Arbeitsleben passen müssen.«

Der Mensch hat 100 Prozent Energie am Tag. Und wenn ich 90 Prozent auf der Arbeit lasse, dann habe ich nur noch zehn Prozent für meine Familie. Das lerne ich später in Dänemark, als ich die deutsche Marion interviewe, die ohne Fahrtwind hinterm Stehtisch strampelt. 40 000 Kilometer wollen die 34 Mitarbeiter des Übersetzungsbüros World Translation aus Aarhus auf ihrem Schreibtischtrainingsrad zusammenradeln.»In Dänemark respektiert man, dass der Mensch nun einmal irgendwann auch müde ist«, erklärt die Deutsche die extrem kurzen dänischen Arbeitswochen. Wenn du ein krankes Kind zu Hause hast, dann verbrauchst du dort nun einmal relativ viel Energie, und dann kannst du in deinem Job vielleicht nicht auch noch die 90 Prozent bringen«, sinniert die Personalverantwortliche.»Ich habe das Gefühl, dass man das in Deutschland noch nicht ganz so sieht. Dass man denkt, da hast du Pech gehabt, dann musst du halt ein bisschen schneller laufen.« Oder Radeln.

Allzeit bereit!

Anfang Januar lande ich an einem regnerischen Sonntagabend in Oslo. Etwas enttäuscht bin ich schon, ehrlich gesagt. Ich hatte erwartet, mich durch Schnee und Eis wühlen zu müssen. Doch in Oslo herrschen Temperaturen um den Gefrierpunkt, der wärmste Winter seit 28 Jahren, so erzählt mir ein Mitreisender, den ich in der Straßenbahn nach einer Haltestelle frage. Wirklich wenig Schnee dieses Jahr. Verstohlen mache ich ein Foto eines kernigen Norwegers. Der Dritte übrigens, der mir auf dem Weg vom Hauptbahnhof zu meiner Bleibe in der Straßenbahn mit Skiern begegnet. Die Norweger müssen ein äußerst inniges Verhältnis zu ihren Brettern haben, wenn sie die sogar ohne Schnee durch die Gegend schleppen.

41

Als ich dann aber Donnerstagmorgen mit einer stups-
nasigen, blonden Mitarbeiterin der Internetberatungsfirma
Making Waves den Lift teile, wird es schon ein wenig eng mit
ihren blauen Langlaufskiern und den sperrigen Skistöcken.
Was in aller Welt macht sie mit ihren Skiern auf der Arbeit?
Matthias lacht laut auf, als ich ihm am darauffolgenden Tag
von meiner seltsamen Begegnung erzähle.»Leben!«, sagt er
und schielt belustigt zur Seite. Denn nach der Arbeit könne
man doch noch prima ein paar Fahrten oben auf der beleuch-
teten Piste machen, eine halbe Stunde vom Zentrum entfernt.
Matthias, ein Deutscher, verantwortlich für die Rechtsabteilung bei Siemens Norwegen, ist so nett, mich nach der Arbeit
mitzunehmen, um seine Kinder abzuholen. Pünktlich um
15.55 Uhr steckt er seinen Kopf ins Besprechungszimmer,
in dem ich bereits hastig meine Kamera zusammenpacke.
20 Minuten später sitzen wir im Auto und fahren in die Innenstadt Oslos Richtung Deutsche Schule. Wir sind später
dran als sonst und kommen recht schnell voran. Der größte
Stau sei immer so um halb vier, meint Matthias.»Und um
fünf Uhr kommst du hier völlig ohne Probleme durch, weil
die Leute da längst alle zu Hause sind«, lacht er amüsiert,
wohlwissend, das dies für meine deutschen Ohren etwas seltsam klingt.»In unserem Team haben alle Kinder im Kindergartenalter, und daher ist es wichtig, dass wir unsere Zeit so
einteilen können, dass es für die Arbeit passt, aber auch für
uns.« Sprich: spät kommen, früh gehen.»Deshalb hat auch
keiner ein Problem damit, mal abends von 21 Uhr bis Mitter-
nacht wieder am PC zu sitzen und noch irgendeinen Vertrag
fertigzumachen.«
Feierabend kennt man im Norden anscheinend nicht. Der

Deutschen größtes Heiligtum, denn erst dann fängt doch das Leben an. Der Durchschnittsnordmann zieht nur erstaunt eine Augenbraue in die Höhe und fragt sich, was sie denn dann die restliche Zeit tun? Schlafen? Warten? Sterben? In den Kernzeiten trifft man sich im Allgemeinen so ungefähr in nordischen Unternehmen. Und bei manchen Unternehmen gibt es selbst die nicht mehr, wie beim Ingenieurbüro Rambøll in Kopenhagen. Doch trotz aller Freiheit kehren die Wikinger immer wieder treu zurück an ihren Arbeitsort, weil sie den Austausch mit den Kollegen und das Gefühl des Zusammenhalts brauchen. Menschen müssen nicht anwesend sein, sie wollen es, weil sie die Kommunikation benötigen und voneinander lernen wollen. Und weil sie Besprechungen haben. Deshalb natürlich auch. Zwischen neun und 15 Uhr, aber nicht danach. Sie sind da, wenn sie da sein müssen. Sie sind da, wenn sie da sein wollen. Sie sind auch irgendwie da, wenn sie auf dem Laufband stehen, einkaufen oder die Kinder abholen. Und sie sind weg, wenn sie zu Abend essen, Gute-Nacht-Geschichten vorlesen oder einfach keine Lust haben, erreichbar zu sein. Danach sind sie wieder da, auf der Couch oder irgendwo im letzten Zipfel Skandinaviens. Absolut flächendeckende Netzabdeckung macht es möglich. Im Gegensatz zu Deutschland erscheint in Skandinavien selten ein »E«, wie Ende der Welt im Display. »Es geht tatsächlich gut, vom Boot aus zu arbeiten. Man hat fast überall in den Schären das schnelle 5G-Netz!«, bestätigt mir Helmut, der schlaksige Handelsblatt-Reporter, auf meine Nachfrage hin, per Mail von sonstwo gesendet. Alles ganz normal, erfahre ich von Thorsten. Er grinst zufrieden. Sowieso macht der dunkelhaarige Deutsche mit leicht ergrauten Schläfen einen recht ruhigen, bodenständigen Eindruck auf mich. »Ich bekomme auch abends um 23 Uhr noch eine Mail vom R&D-Manager. Aber ich empfinde das nicht als negativ, denn ich habe nicht das Gefühl, dass da jetzt jemand sitzt und erwartet, dass ich antworte, sondern man sitzt halt vorm Fernseher, hat sein Handy in der Hand und antwortet dann oder eben auch nicht. Es ist alles ein wenig entspannter.« Thorsten ist verantwortlich für den Kundensupport des Eye-Tracking-Herstellers Tobii in Stockholm. »In Deutschland müssten wir erst einmal lernen, dass es die meisten Berufe nicht erfordern, immer zur gleichen Zeit im Büro zu sein.« Arbeit und Freizeit gehen in Skandinavien fließend ineinander über. Matthias lenkt seinen Wagen durch das Zentrum von Oslo. Sein Telefon klingelt, er schaut kurz drauf, murmelt ein »Ruf ich später zurück« und fährt dann lauter fort: »Das ist schon so. Du bist irgendwie nie ganz auf der Arbeit und nie ganz zu Hause. Mich stört das überhaupt nicht. Ich könnte mir gar nicht vorstellen, dass ich morgens um sieben ins Büro komme, so wie früher in Deutschland. Da habe ich meine neun, zehn Stunden auf der Arbeit gesessen und bin dann abends wieder heim gedackelt.« Er nickt kurz und sagt bestimmt: »Ich bin seit achteinhalb Jahren hier, und es gab noch keinen Tag, an dem ich nicht gerne zur Arbeit gegangen wäre.«

In Deutschland sieht man das kritisch. Diese Freiheit führe dazu, dass Menschen mehr arbeiten würden und keinen Urlaub mehr nähmen. Es fallen Worte wie Ausbeutung, Dauerstress und Beeinträchtigung der körperlichen Gesundheit. Im Glücksatlas 2015 lese ich, dass 51 Prozent der Deutschen meinen, es sollte gesetzlich verboten werden, nach Feierabend, am Wochenende und im Urlaub vom Arbeitgeber kontaktiert zu werden. Thorsten nickt nachdenklich: »Ich verstehe das, aber ich würde mir wünschen, dass man hier zu einem Konsens kommt. Weil das nämlich die Flexibilität enorm einschränkt. Die ganzen Vorteile, die ich als Arbeitnehmer habe, verschwinden automatisch, wenn ich nicht bereit bin, an anderen Stellen flexibel zu sein und zu sagen: *Okay, ich muss jetzt nach Hause, ich muss meine Tochter betreuen, aber ich arbeite heute Abend noch ein wenig weiter.*«

Matthias meldet sich noch einmal aus Oslo zu Wort. »Also ich habe vier Wochen frei. Das bedeutet aber nicht, dass ich mir vier Wochen lang keine E-Mails anschaue. Das verdirbt mir nicht die Ferienlaune, wenn ich mir abends an einem schönen Ort meine Mails durchlese. Das machen andere auch, bei mir im Team zumindest. Deshalb musst du dir auch keine Urlaubsvertretung suchen, weil alle bereit sind, auch ein bisschen beizutragen, selbst wenn sie nicht da sind.« Ohne Geben funktioniert auch das Nehmen nicht. Wer um 14 Uhr zum Skirennen der Kinder abdüsen kann, der liest auch gerne mal im Urlaub seine Mails. Und nein, das ist nicht irgendwie festgelegt und dokumentiert. Die gegenseitige Flexibilität fließt ein wenig hin und her, und keiner hat Angst, er könnte zu kurz kommen. Alle gehen davon aus, dass jeder sich dem anderen gegenüber fair verhält. Thorsten schmunzelt: »In Deutschland erwartet man schnell, dass das ja alles in die Hose gehen muss und von den Mitarbeitern nur ausgenutzt wird. Aber das ist nicht so.« Denn Mitarbeiter sind im Gegenzug bereit, auch etwas zurückzugeben und die Ärmel hochzukrempeln und auch mal länger zu bleiben, wenn es im Betrieb heiß hergeht. Das führt zu einer enormen Loyalität auf allen Seiten. Flexibilität funktioniert mit einer Menge Vertrauen, Verständnis und Miteinanderreden. Klingt irgendwie nach Beziehungsratgeber. Nun ja, genau das macht ja ein flexibles Miteinander möglich: gute, vertrauensvolle Beziehungen. Genau. Heftiges Nicken von Sara und Julie, zwei frisch gebackene Schwedenmamas, die ich zufällig vor Stockholms Kaufhaus Åhlens abfange. Julie, eine blonde Frau Anfang dreißig in einem auffälligen Pulli mit Papagei-Motiv, erklärt mir das typisch Schwedische an der Flexibilität: »Für mich ist es total okay, wenn Leute mir am Wochenende oder abends eine Mail schicken, denn wenn ich nicht drauf schaue, schaue ich nicht drauf. Aber andere mögen damit ihre Probleme haben.«

Sara stimmt zu: »Weil sie dann das Gefühl haben, sie müssten jetzt sofort antworten. Für mich ist es auch kein Problem, weil ich mich nicht gestört fühle.«

Julie: »Aber du musst es in der Gruppe besprechen. Das ist der typisch schwedische Konsens, der Dialog, dass du darüber redest und du dich einigst. Das ist der Knackpunkt.« Reden hilft. Reden hilft immer, einander zu verstehen.

Weniger arbeiten, mehr schaffen

Nordländer arbeiten nicht weniger, sondern schlauer. Na gut, korrigiert mich Anne-Marit, Geschäftsführerin von Siemens Norwegen prompt. »Wir arbeiten als Land im Schnitt mehr als Deutschland, aber pro Person weniger.« Weil beide Lebenspartner die Möglichkeit haben, Vollzeit zu arbeiten, und es meistens auch tun. Marc, der hippelige Wissenschaftler aus Kopenhagen, meldet sich hinter dem Kochtopf zu Wort. Es gibt übrigens Fleischbällchen mit Reis. »Ich glaube nicht, dass Leute effektiv sind, wenn sie zwölf Stunden am Stück arbeiten. Sie sind effektiver, wenn sie sechs, sieben Stunden arbeiten, dann eine Pause machen und später ein wenig weiterarbeiten. Wenn sie zwischendurch etwas ganz anderes machen. Ich nehme immer meinen Laptop mit nach Hause, und wenn ich dann morgens sehr früh wach werde, denke ich: Yes! Ich hab's.« Jetzt strahlt er. »Ich kann Lösungen an den seltsamsten Orten finden.«

»Ich finde sie draußen im Wald«, ergänzt Johan, der schwedische Eisenbahn-Geschäftsführer mit den blau-orangefarbenen Laufschuhen: »Wenn du im Büro am Schreibtisch sitzt und denkst: So! *Jetzt werde ich eine richtig gute Idee haben*, dann wirst du sie nicht finden. Ich lese eine Menge, spiele Klavier und laufe. Das hilft mir sehr, auf der Arbeit kreativer, effizienter und entspannter zu sein und neue Ideen zu finden.«

Was ist Zeit? Und was ist Effektivität? Zeit messen wir mit Hilfe der Uhr, mit Stunden-, Minuten- und Sekundenzeiger. Wir messen die Zeit, die wir auf den Bildschirm starren oder die Hände einsetzen, um zu arbeiten. Aber ist das auch ein Indikator dafür, dass wir arbeiten? Und um den Bogen jetzt noch in wenig weiter zu spannen: Was bitte genau ist denn Arbeit? Gut, bei Tätigkeiten, die an Orte gebunden sind, ist das klar: Der Chirurg steht im OP, der Kassierer sitzt an der Kasse, der Bauarbeiter arbeitet auf der Baustelle. Dazu später mehr.

Die ambitionierte Anne meldet sich noch einmal zu Wort,

während ich die dampfenden Fleischbällchen auf meinen Teller hieve. »Die Zeit, die du unter der Dusche stehst oder zur Arbeit radelst, das sind doch die Momente, in denen du auf die besten Ideen kommen kannst! Gerade, weil du dann nicht an die Arbeit denkst. Sie fallen einfach aus der Luft.« Leider können wir die Zeiterfassungskarte nicht unter der Dusche durch den Kartenleser ziehen. Auch nicht beim Joggen, wenn Sie Fredrik, Energiebündel und Chef einer Sparte des Eye-Tracking-Herstellers Tobii in Stockholm, fragen: »Ich arbeite definitiv mehr als 40 Stunden. Aber was ist Arbeit? Wenn ich am Wochenende meine Mails checke, soll ich dann die Stoppuhr starten? Oder wenn ich am Nachmittag durch die Wälder jogge und an die Arbeit denke, ist das dann Arbeit? Manchmal kann ich im Büro sitzen und geistig irgendwo anders sein. Ich kann z. B. meinen Urlaub planen, soll ich dann die Stoppuhr anhalten?« Sie lesen jetzt dieses Buch. Ich bin sicher, Sie bekommen dadurch Inspiration für Ihre Arbeit. Oder andersherum: Werden Sie nicht auch persönlich reicher durch Ihre Arbeit? Wachsen Sie nicht auch durch Ihre Aufgaben als Mensch? Wann arbeiten wir also? Im Wald, in der Badewanne, auf dem Fußballplatz?

»Wenn du zu viel arbeitest, dann verlierst du irgendwann deinen visionären Halt«, so Tine, eine resolute Geschäftsführerin aus dem Süden Norwegens. Auch das Hirn braucht mal eine Pause, um Luft zu holen. Verstand auf null und Blick auf unendlich, wie die Holländer sagen. Wenn wir keine Zeit zum Nachdenken haben, kann es sein, dass uns gute Ideen durch die Lappen gehen. Christian, der Ex-TUI-Chef, starrt lange aus dem Bürofenster und schweigt. »Ich habe in Deutschland oft erlebt, dass Führungskräfte enorm nach vorne streben. Sie wollen so viel erreichen, aber man braucht diese Zeit, um zu reflektieren und sich zu fragen: *Was mache ich hier eigentlich? Was können wir anders machen?*« Und das ist oft sehr viel effizienter als Dinge so zu tun, wie man sie schon immer gemacht hat. Und man jetzt auch echt keine Zeit dazu hat, sich etwas Besseres auszudenken. Der Klassiker: Weil man keine Muße hat aufzuräumen, schmeißt man einfach alles irgendwohin. Später sucht man dann dreimal so lange nach dem, was man direkt hätte greifen können, hätte man gleich aufgeräumt. Im Norden nimmt man sich die Zeit, den Geist zu ordnen, neu zu kombinieren und dadurch Dinge zu entdecken, an denen man sonst vorbeigestürmt wäre. So wie ich auf Stockholms Straßen beinahe an Mazlum vorbeirenne, einem kurdischen Ingenieur, der begeistert ist von seiner neuen Wahlheimat Schweden, »denn hier bekommst du eine Chance, kreativ zu sein und neue Ideen zu sammeln. Du bekommst die Verantwortung geschenkt, den Job so zu machen, wie du ihn dir vorstellst. Am Ende muss die Sache halt erledigt sein. Klar gibt es auch Zeitrahmen, aber sie schenken dir die Zeit, darüber nachzudenken, wie du Dinge besser machen kannst.«

Beziehungen sind das ganze Leben

Denn wenn es eines gibt, was der Wikinger nicht ausstehen kann, dann ist es Ineffizienz. Kostbare Zeit verschwenden? Nein, also wirklich nicht! Zehn Stunden hinterm Schreibtisch hängen. Was soll das? Wo es doch viel belebender ist, sich beim Fußballspiel der Tochter die Lungen aus dem Leib zu brüllen. Danach mit ihr zu kuscheln, zusammen Abend zu essen, zu lachen und den Job zu vergessen. Und sich dann abends wieder an den Schreibtisch zu setzen. Dann schaffen Sie in zwei Stunden, wofür Sie sonst vier gebraucht hätten. Wer also die emsigen, fleißigen und disziplinierten Wikinger sucht … da sind sie: auf dem Fußballplatz, in der Küche, auf der Piste oder im Wald. Sie schaffen einfach mehr in weniger Zeit, weil sie weniger arbeiten zur rechten Zeit. Na ja, so ungefähr.

Deshalb hat auch der Arbeitgeber gar kein Interesse daran, dass Sie zu viel arbeiten. Fragen Sie mal Hans Olav. Er ist der Gründer des Internetkonsultingbüros Making Waves in Oslo und verschränkt nachdenklich seine Arme über seinem schwarzen Shirt. Inzwischen hat er hier die Personalverantwortung übernommen. »Wir wollen den Wert deiner Arbeit, nicht deine Stunden.« Wikinger denken nachhaltig in wirklich allen Bereichen, auch bei den Brummibauern. »Der Mitarbeiter soll ja das gesamte Arbeitsleben bei Scania bleiben und nicht nur zwei Jahre durchhalten. Deshalb wollen sie auch wirklich, dass du ein Privatleben hast«, erklärt mir Jessi, und die muss es wissen. Die 25-jährige Management-Assistentin mit langen dunkelbraunen Haaren hat in den sieben Jahren, die sie bei Scania angestellt ist, wegen zwischenzeitlichem Studium und Schwangerschaft bisher nur drei Jahre dort gearbeitet. Jessi schaut ein wenig verlegen drein: »Ich weiß nicht, wie ich es sagen soll, ich bin immer ehrlich gewesen, aber ich habe alle meine Möglichkeiten und Rechte ausgeschöpft. Scania hat mich trotzdem als wertvoll für das Unternehmen angesehen. Und das ist der Grund, warum ich hierbleibe. Ich bewundere das.« Und das ist der Unterschied.

In den Nordländern sollen Menschen lange arbeiten. Nicht täglich, aber ihr Leben lang. Denn Wikinger haben kein Arbeits*verhältnis*, im Norden haben sie eine Arbeits*beziehung*. Keinen One-Day-Stand. Dann zählt auch nicht jeder Tag oder jede Stunde, wie mir Beatrice lebhaft erklärt, mit der ich auf dem Scania-Betriebsgelände durch den Schnee stapfe. »Es wird akzeptiert, dass deine Familie immer über der Arbeit steht. Wenn ich sage, es geht meiner Tochter schlecht, hat jeder dafür Verständnis. Menschen fokussieren sich nicht auf jeden einzelnen Tag, sondern …« Sie malt mit ihrem behandschuhten Zeigefinger einen großen Kreis in die graue Luft, »du siehst Arbeit als ein lebenslanges Commitment«. Und das Leben kennt seine Höhen und Tiefen. »Und wenn ich heute jemanden unterstütze, dem es nicht gut geht, werde ich später dafür etwas zurückerhalten, wenn die Person wieder glücklich ist.« Nicht heute, nicht morgen. Vielleicht auch nicht im nächsten Jahr. Wikinger denken langfristig. »Hm«, brummt auch Kjetil, Gründer des Osloer Architekturbüros, zustimmend. »Du kannst müde werden. Oder krank. Es bedarf einer gewissen Großzügigkeit, wenn eine Person sich ein, zwei Jahre weniger inspiriert fühlt. Dann müssen wir der Person wieder auf die Beine helfen. Wenn du also fällst, dann ist jemand da, der dich auffängt. Hier«, Kjetil weist in die Fabrikhalle auf seine über 100 Architekten, »und in der Gesellschaft. Aber das erste Sicherheitsnetz ist hier!« Und deshalb ist der Arbeitsplatz in diesen Ländern ein sozialer Ort, ein Ort, an dem Beziehungen gepflegt werden, an dem man über den anderen Bescheid weiß. Ein Ort, an dem es einem gut gehen sollte. Ein Ort, an dem Menschen glücklich sein sollten.

»Dann kann ich die gleiche Arbeit in kürzerer Zeit machen, Überstunden alleine sagen nichts darüber aus, wie effektiv man arbeitet«, lächelt Marion, während sie auf ihrem Bürofahrrad weiter Richtung Paris strampelt.

Wobei wir wieder beim Thema Glück wären. Schlauer ist es tatsächlich, dafür zu sorgen, dass man glücklich ist. Denn glückliche Menschen sind an die zwölf Prozent produktiver, wie eine Studie aus dem Jahre 2015[4] zeigt. Zeit, den Mythos des skandinavischen Müßiggangs zu entzaubern. Skandinavier haben ein extrem hohes Arbeitsethos, sie wollen das, was sie tun, gut machen, sie wollen effizient sein. Und vielleicht birgt gerade dies die Verpflichtung in sich, Zeit optimal zu nutzen: Wenn du müde bist, ein Nickerchen zu machen, anstatt vernebelt auf den Bildschirm zu starren. Wenn du Rückenschmerzen spürst, eine Massage zu ordern, bevor du eine Woche ausfällst. Zeitig die Kinder holen, eine Menge Lachen und beim Kochen mal was mit den Händen machen, damit das Hirn abends wieder gut gelaunt aufdrehen kann.

Alf schaut noch mal auf seine Uhr, sein Hund wartet im Auto. Er selbst sitzt hier in seiner Freizeit, denn seit ein paar Monaten ist der ehemalige Mitarbeiter der Presseabteilung von Skanska in Rente: »Ich erinnere mich an einen unserer CEOs aus Amerika, der immer den Kopf schüttelte und dann sagte: *Ihr habt vier Wochen Urlaub und zwei Mal täglich Kaffeepause, ihr kommt und geht, wann ihr wollt, aber ich sehe, dass ihr unglaublich effizient seid. Warum seid ihr so unglaublich effizient?*« Der liebenswerte Mann in Jeans lehnt sich lächelnd zurück. »Leute bleiben hier nicht einfach hinter ihrem Computer sitzen, um ihre Anwesenheit zu markieren und zu beweisen, dass sie arbeiten.« Sie arbeiten einfach, wann es sinnvoll ist. »Ja, Schweden sind auf jeden Fall schlau, in kurzer Zeit mehr abzuliefern.«

Das findet auch Konstantin, der deutsche Wahlschwede, den ich überredet habe, sich draußen vors Büro zu setzen. Der 30-jährige Wiesbadener lebt seit zehn Jahren in Stockholm und leitet seit sechs Jahren den Kundendienst bei Tobii. Jetzt bibbert er ins Mikro: »Wenn ich gestresst bin und nicht gut schlafe, weil ich zu viel arbeite, wird das Ergebnis tendentiell schlechter. Wenn ich einen ausgeglichenen Alltag habe, dann kann ich auch bessere Ergebnisse abliefern. Da sind die Schweden uns schon einen Tick voraus.«

Was ist denn Freizeit? Frei-Zeit, sprich frei verfügbare Zeit. Die gibt's in Skandinavien auch auf der Arbeit. »Ich habe das Gefühl, dass die Autonomie in Bezug auf deine Zeit dafür sorgt, dass du einen besseren Job machst.« Romana ist ein Teil des interessanten Viergespanns, das sich zu einem Gruppengespräch im gläsernen Besprechungsraum des Architekturbüros Snøhetta zusammengefunden hat. Eine Norwegerin, ein Holländer, eine Österreicherin und eine Chinesin werden mir jetzt die norwegische Welt erklären. »In Österreich hatte ich das Gefühl, dass dir ständig jemand über die Schulter schaut und man deshalb die ganze Zeit versucht, unglaublich beschäftigt zu wirken. Man trägt immer eine Hülle der Außenwahrnehmung. Wenn du die einfach weglässt und du selbst sein würdest, dann wärst du freier und viel besser in dem, was du tust.« Romanas Kollegen nicken zustimmend. »Aber auch die Energie, die darauf verwendet wird, auf andere zu achten: *O schau dir den an, der geht schon um 17 Uhr nach Hause! Ich bin fleißiger! Ich sitze noch um 17.30 Uhr hier.*« Nur irgendetwas zu tun, um die Zeit zu füllen, ist eine grausame Verschwendung von Lebenszeit.

Tizita, um die 30, schwarzer Wuschelkopf und strahlende Augen in schokobraunem Gesicht mit Einwanderereltern aus Äthiopien, schmeißt ihre Hände lebhaft in die Luft: »Wen versuchst du zu beeindrucken oder zu täuschen? Es zählt das Resultat deiner Arbeit. Es geht nicht um die Anzahl der Stunden, sondern darum, was du in den Stunden machst. Wenn es schönes Wetter ist, dann machst du, was zu tun ist, und gehst um 15 Uhr.« Bei Skandinaviern hängt anscheinend auch die Arbeit vom Wetter ab, wie mir Konstantin, der schwedische Importdeutsche oder deutsche Exportschwede, detailliert darlegt: »Stell dir vor, das Wetter ist schön, da geh ich halt erst um elf Uhr arbeiten. Dann machst du eine schöne Mittagspause, setzt dich vielleicht raus in die Sonne oder ans Wasser und gehst um 17 Uhr nach Hause, hast halt drei Stunden weniger gearbeitet, aber holst es am nächsten Tag, wenn es regnet, wieder rein.« Und auch in Dänemark kannst du nicht mit Anwesenheit glänzen, auch nicht als Chef. Michael, Vice President bei VELUX im braven V-Pullover und 52 Jahre alt, grinst. »Also ich mache da keine Heldentat draus, länger als der Rest hier zu sitzen.« Niemand verurteilt Sie, wenn Sie früher gehen. Niemand zweifelt daran, dass Sie trotzdem Ihren Job machen. Und jeder weiß, dass Sie das nur dann tun, wenn zwischenzeitlich nichts anbrennt, keine Frist verstreicht oder ein Kollege Ihre Arbeit erledigen müsste. Skandinavier sind Teamplayer und haben immer das große Ganze im Blick. Aber eben auch das große ganze Leben.

Heute bin ich weit gefahren, bis nach IKEA-City: Älmhult. Hier treffe ich die deutsche Tanja, die seit 2008 mit ihrer

Familie in Schweden lebt. Sie hat ihren englischen Mann im Möbel-SB-Bereich von IKEA South-London vor Regal 19, Fach 7 kennengelernt. Oder so. Lässiges schwedisches Outfit mit weitem beigem Sweater und brauner Wollmütze. »Ich kann von zu Hause aus arbeiten oder im Café oder wenn ich z. B. meine Familie in Deutschland besuche. In Schweden ist das kein Problem. Und das hat mit dem enormen Vertrauensniveau zu tun, das hier herrscht.« Und damit haben wir in Deutschland so unsere Probleme, findet sie. »Also du musst nicht bis fünf im Büro sitzen, du kannst auch um drei gehen. Und ja, ich öffne abends meinen Laptop, manchmal sogar jeden Abend«, so die hippe Wollmütze. »Menschen arbeiten hier am Wochenende oder abends, weil sie den Sinn davon einsehen und es wollen. Nicht, weil es unbedingt jemand sehen müsste.« Hand aufs Herz, wann würden Sie gehen, wenn Sie unsichtbar wären? Vielleicht ist das eine Frage, die wir uns stellen sollten: Wie würden wir unser Leben einrichten, könnten uns die anderen nicht sehen? Ich denke, wir würden eine Menge Dinge anders machen.

Manchmal haben wir einen guten Tag, manchmal sind wir unkonzentriert, glücklich, traurig oder stinksauer. Manchmal sind wir schneller, manchmal langsamer. Das ist nun einmal so bei Menschen. Thorsten: »Wenn man in Deutschland nach sieben Stunden mit der Arbeit fertig ist, dann sagen die Leute: *Dann kannste ja noch mehr arbeiten.*« Doch dann funktioniere das skandinavische Modell nicht, erklärt mir Sture, ein glatzköpfiger Norweger, der mir während seines Urlaubs in Kopenhagen vor die Kamera läuft. »Ich würde den Deutschen verkaufen, dass sie anderen Menschen vertrauen sollten. Gebt ihnen mehr Flexibilität und kombiniert das mit

Erwartungen darüber, was sie abliefern müssen. Wenn du Leute so behandelst, dann werden sie auch gute Ergebnisse liefern.«

Ist das nicht ein wenig naiv? »Ich vertraue meinem Chef, dass er mir Arbeitsverhältnisse schafft, mit denen ich leben kann. Und würde er jetzt kommen und immer wieder etwas drauflegen, dann müsste ich als Angestellter auch sagen: *Stopp, mehr schaffe ich nicht*«, so Frank, noch so ein deutscher Kollege vom Eye-Tracking-Hersteller, den ich wegen der schönen Bild-Komposition auf einen typisch schwedischen Felsen gesetzt habe. »Ich habe immer das Gefühl gehabt, dass ich nein sagen kann. Und das ist etwas, was ich wertschätze und was mich auch glücklich macht auf der Arbeit.« Zufrieden lächelnd zupft er ein paar Grashalme aus. Schweden, das ist jetzt seine Heimat.

Skandinavier sind eher besorgt darum, dass Sie zu viel arbeiten könnten als zu wenig. Da passt immer einer auf und schickt Sie nach Hause. Mikael, der blonde 30-jährige in gelbem Poloshirt, dreht gedankenvoll an seiner Plastik-Identifikationskarte: »Wenn ich sehe, dass du zu viel arbeitest, dann setzt du vielleicht die falschen Prioritäten oder du hast zu viele Aufgaben. Wir wollen, dass du acht Stunden arbeitest. Wir wollen, dass Leute nach Hause gehen und ein Leben haben. Klar gibt es mal mehr zu tun, mal weniger, aber im Schnitt solltest du keine Überstunden machen. Wenn wir sehen, dass jemand immer Überstunden macht, würden wir fragen: *Wie können wir dir helfen?*«

Wie können wir dir helfen?

»Die Menschen hier sehen, dass wir uns als Arbeitgeber um sie sorgen, und sie geben uns dafür mehr Stunden, mehr Energie und Kreativität zurück.« Es steckt den Wikingern tief in den Gliedern, egal, wen man fragt. Tine, die resolute Businessfrau, ist die Gründerin der Firma Norner und Mutter dreier Kinder. Sie nickt energisch mit dem blonden Schopf, während unseres Abendessens in dem kleinen, malerischen Ort Porsgrunn: »Ich möchte als Arbeitgeber nicht dafür verantwortlich sein, dass jemand kein Privatleben hat! Dass du in meinem Alter, Ende 40, keine Kinder hast, weil du keine Zeit dafür hattest. Wir wollen, dass die Menschen hier ein Leben haben und glücklich sind! Es ist so wichtig, dass Menschen glücklich sind!«, sagt die blonde Schönheit, hebt norwegisch trinkfest das zweite Glas und prostet mir breit lächelnd zu: »Skål« Auf das Glück!« Und auf meinen Kater.

»Sag mal, Glück im Job wird doch jetzt ein bisschen überbewertet, oder?«, so oder so ähnlich werfe ich die Frage regelmäßig lässig abwertend in die Runde. Ich will ja nicht, dass mir hier jemand nach dem Mund redet. »Absolut nicht! Das ist total wichtig!«, so die Antwort in allen Fällen. Für deine Familie, dein Wohlbefinden, deine Kreativität, das Team, die Ergebnisse, deine eigene Selbstentwicklung! »O ja! Ich glaube, dass es super wichtig ist, dass unsere Mitarbeiter glücklich sind, denn so bekommst du den Drive ins Unternehmen. Nur dann geben die Mitarbeiter ihr Bestes und bleiben auch gerne im Unternehmen«, widerspricht mir Veronika, verantwortlich für das Personal und den IT-Bereich des Bauriesen Skanska, Mama von zehnjährigen Zwillingen und Mitglied im Vorstand der 40 000 Menschen starken Truppe. »Wenn du glücklich bist, wirst du dich auch gerne einbringen und einsetzen.« Das ist sicherlich ein schöner Effekt, denn kein Unternehmen überlebt, wenn es kein Geld verdient, doch das ist nicht das skandinavische Ziel. Mitarbeiter sollen nicht glücklich sein, damit die Kasse klingelt. »Es ist nun einmal eine grundlegend andere Denkweise, die in Schweden herrscht. Die Unternehmen wollen einfach, dass die Mitarbeiter zufrieden sind. Es soll ihnen gut gehen«, so Konstantin, der Deutsche von Tobii. Dabei muss man vielleicht nicht unbedingt so weit gehen wie der Stadtrat Per-Erik der 2000-Seelen-Gemeinde Övertorneå, hoch oben im Norden Schwedens. Der forderte Anfang 2017 eine einstündige, bezahlte Mittagspause pro Woche für die Arbeitnehmer des Ortes, damit insbesondere Eltern ungestörte Zeit miteinander verbringen können. Im Bett. Denn Sex sei auch gesundheitsfördernd. Der Antrag wurde abgelehnt. Das ging dann auch den liberalen Schweden ein wenig zu weit.

Arbeitsplätze sind keine kühlen Orte ohne Emotionen. Es sind nicht nur Mitarbeiter, die hier arbeiten. Sondern Mütter, Großväter, Freunde und Geliebte. Um die man sich kümmert, um die man sich sorgt. Um 6.15 Uhr an einem Freitagmorgen Ende Oktober holt mich die Vorarbeiterin Christina bei der Pforte der Baustelle des gigantischen Bauprojektes des Karolinska Krankenhauses mitten in Stockholm ab. Das sei ihr erstes richtig großes Projekt, erklärt mir die 27-jährige Bauingenieurin, eine zierliche, blonde Frau mit sanfter Stimme und schüchternem Lächeln. Heute werde ich beim allmorgendlichen Fitnessprogramm der Bauarbeiter mitmachen. Noch etwas schlaftrunken höre ich mir ihre Instruktionen an, unterschreibe brav, schlüpfe in die Sicherheitsschuhe, streife mir die Signal-Weste über und setze Helm und Sicherheitsbrille auf. Auf geht's zum Frühsport. Hinter einer Menge anderer Menschen laufen wir zur Baustelle. Alle tragen die obligatorische Schutzweste. Gelb mit – hä? Stutzig schaue ich Christina an und weise auf eine laufende Weste vor uns. »Papa« steht da anstelle des normalen Firmenaufdrucks »Skanska«. Christina dreht sich lachend um: »Freundin« steht auf ihrem Rücken. Damit auf dem Bau niemand vergisst, dass dort Menschen arbeiten, steht auf den Signalwesten der Bauarbeiter und Ingenieure: »Mama«, »Papa«, »Opa« … Logisch, denn Manager sollten zeigen, dass sie sich um die Leute sorgen, nicht um die Aufgaben. So denken hier Bauunternehmen wie Skanska. »Dass der Manager sagt: *Hey, was du da machst, sieht nicht gut aus*, aber auch: *Wie geht's den Kindern? Wie lief ihr Fußballspiel am Wochenende?*«, findet Veronika, die Personalleiterin und Zwillingsmama. »Du kannst mit ganz kleinen Dingen zeigen, wie wichtig dir eine Person ist. Dafür brauchst du kein Mitarbeiter-Entwicklungsgespräch.« Und damit ist der größte Sicherheitsfaktor im Unternehmen gewährleistet. Es besteht eine Offenheit, den Mund aufzumachen: »Dann trauen sich unsere Arbeiter auch, zu sagen: *Ich fühle mich nicht sicher.* Oder: *Das funktioniert so nicht.*« Sich wirklich um Menschen zu kümmern, so erfahre ich während meiner Reise, ist typisch skandinavisch.

»Willst du einen guten Job machen, dann musst du an die Menschen denken. Wenn du nicht an die Menschen denkst, werden sie keinen guten Job erledigen«, reflektiert ein 27-Jähriger mit ernsthafter Miene. Locker sitzt er mir gegenüber.

»Menschen sind alles! Sie sind super wichtig. Viele vergessen das.« Sein Käppi trägt er lässig umgekehrt auf dem Kopf, schwarze, rechteckige Brille, moderner Fuselbart und orange-farbenes Scania-Shirt. Anders, gesprochen [Andersch], ist der Teamleiter im Bereich Fertigung bei Scania, dem Edeltruck-hersteller im winterlichen Södertälje.

Ein paar Wochen später empfängt mich Henrik, ein sanft-mütiger Mann Anfang 60, mit einem schüchternen Laus-bubenlächeln in den offenen Räumen eines Altbaus im Zentrum Kopenhagens. Ich bin beim Produktentwickler Attention. Hier arbeiten nicht nur Designer und Ingenieure, sondern auch Soziologen und Anthropologen. Und Henrik hat diese Agentur 2011 mitgegründet. »Ich glaube, wir sind gut darin, füreinander Sorge zu tragen, und daran zu denken, unseren Kollegen zu fragen: *Wie geht es dir?* Ihm in die Au-gen zu schauen und wirklich zu fragen: *Wie geht es dir?* Trau dich, den nächsten Schritt zu machen. Ich glaube, wir sind in Dänemark sehr gut darin, den Umgang miteinander sehr menschlich zu gestalten.« Ich blicke hinter Henrik durch die Glaswand: »Dare, Care, Focus« steht dort an der Wand geschrieben. »Traue dich, kümmere dich, fokussiere dich«, so lauten die Unternehmenswerte hier. So lauten die Gesell-schaftswerte im Norden. Auch im Süden Norwegens, in einer kleinen Stadt im Schnee, im Betrieb von Tine Trinkfest. Hier sitze ich Charlotte gegenüber, einer burschikosen Laboran-tin im schwarzen Rolli, mit Kurzhaarschnitt, ehemals Besat-zungsmitglied einer Ölplattform. Auf der Glücksskala gibt sie sich eine 9. Der Grund? »Ich glaube, es ist wichtig, dass wir nicht nur offen sind, sondern, dass uns die anderen Men-schen auch wirklich interessieren. Ich kann zu meinem Chef gehen und bei ihm weinen, wenn ich traurig bin. Ich kann zu ihm kommen, wenn ich auf ihn sauer bin. Ich kann zu ihm kommen, wenn ich ein Problem habe und Hilfe brauche. Ich kann zu ihm kommen und einfach nur übers Wochenende plaudern. Wir … wir sind einfach normale Menschen, und wir wollen unser Leben teilen.«

Deshalb fangen Telefonate im Norden oft mit einem: »Und?« »Wo bist du gerade?« an. Hanna, zuständig für die digitale Kommunikation des Bauriesen Skanska, grinst breit. Und dann macht man eine Videokonferenz, weil die Leute zu Hause sind, wenn die Kinder krank sind. »Da hüpft auch schon mal ein Kind durch das Bild. Das ist normal. Leute haben Kinder«, grient Hanna, eine Finnin in Stockholm. Oder sie liegen mit drei Monaten krank und schläfrig im dänischen Kinderwagen. Allerdings beim Wissenschaftler Gernot und der Firma Novozymes im Büro. Wo sonst? Und wenn es halt nicht anders geht, sitzen Kinder auch schon mal bei einem Management-Treffen mit im Besprechungsraum und malen Papa als Chef. »Åhjaaa«, bestätigt mir ein schwedischer Freund beim Abendessen, »wenn wir telefonieren, hört man ständig Kinderlachen. Ich habe heute unseren CEO gefragt, ob er morgen im Büro ist. Er wisse es nicht, denn sein Sohn sei krank. Das ist normal in Schweden. Und genau so sollte es sein.« Martin ist hundertprozentig alleinerziehender Papa dreier Töchter, deren Mutter vor drei Jahren gestorben ist. Ich erwische ihn tagsüber mit Tochter beim Zahnarzt oder auf dem Weg zum Elterngespräch. Und davon gleich drei.

Arbeit kann so viel mehr sein als nur Arbeit. Es kann eine Dimension in unserem Leben sein, in der Anteilnahme, Liebe und Zugewandtheit genauso viel bedeuten wie persönlicher Erfolg, gemeinsames Streben und Unternehmensresultate.

Und dieses Leben, es passiert tatsächlich, und kein noch so guter Plan schützt vor den Launen des Schicksals. Niemand denkt bei der Hochzeit daran, sich scheiden zu lassen, niemand wünscht sich, den Job zu verlieren, manches Kind kommt ungeplant und der Tod eines geliebten Menschen sowieso. Manchmal kommen einem aber auch einfach nur die Windpocken in die Quere oder irgend so ein Klassenfest, Sie erinnern sich? Es sind die großen Krisen und die kleinen täglichen Pannen, die uns ständig in unser sogenanntes professionelles Leben funken. Wie grausam ist es dann zu erwarten, einfach weiter zu funktionieren. Und das Gute an den Skandis, wie ich die drei Länder liebevoll nenne, ist: Hier erwartet das auch keiner. Auch Johan nicht, Pilot, und bei der Fluglinie BRA auch für alle anderen Piloten zuständig: »Das Leben kennt seine Ups und Downs. Du hast Kinder, und dann um die 40 lassen sich viele scheiden … Wenn du siehst, dass eine Person beruflich durch eine Krise geht, dann steckt wahrscheinlich etwas anderes dahinter. Du musst zuhören, statt sie zu rügen, dass sie sich nicht an die Regeln gehalten haben. Fang bitte nicht damit an.«

Niklas, der drahtige Geschäftsführer des IT-Logistikunternehmens Centiro, nötigt mich indes ein paar 100 Kilometer weiter westlich zu einer sogenannten Fika-Pause (siehe Seite 320). Während er fröhlich weiterplappert, räumen wir die Spülmaschine aus. »Die Leute können ihre Arbeit ihrem Leben anpassen.« Verstehend nicke ich, während ich eine Schublade öffne und mir überlege, wohin der Käsehobel kommt. »Sie können Mensch sein, denn es ist einfach nur menschlich, dass du dich um deine Kinder kümmern möchtest, wenn sie um zwei oder drei aus der Schule kommen.« »Und das gilt auch für dich?«, frage ich ihn. Niklas nickt. »Das tut es. Unser Aufsichtsratsvorsitzender hat mich gestern wieder daran erinnert, dass wir erst dann erfolgreich sind, wenn wir alle mittwochnachmittags nach Hause gehen, um bei unseren Kindern zu sein.«

Denn auch Vorgesetzte müssen ihre Positionshoheit nicht durch längere Arbeitszeit markieren und zeigen damit ihren Mitarbeitern: Es ist okay. Trine dreht gedankenverloren an einer Haarsträhne herum. »Die Chefs gehen ja in Norwegen selbst auch um drei. Oder sagen am Freitag um 12 Uhr: *Jetzt muss ich auf die Hütte fahren!* Und du weißt dann auch als Mitarbeiter, wenn der das macht, dann ist das auch okay für dich. So *ist* es einfach.« Und so ist es *einfach*. Und obwohl in Deutschland nur acht Prozent aller Beschäftigten manchmal zu Hause arbeiten und in Schweden rund 26 Prozent[5], ist es nicht unbedingt das Angebot, das zählt, sondern das tiefe Verständnis und die Flexibilität. Denn brauchen wir einen festen Home-Office-Tag? Jobsharing, Gleitzeit, Vertrauensarbeitszeit; sperrige Begriffe, die vor allem wieder eines wollen: Regeln. Nein, es geht darum, einfach sagen zu können, heute komme ich nicht ins Büro, denn die Straßen sind verschneit, die Sonne scheint, die Kinder sind krank, der Installateur kommt oder ich muss mich konzentrieren. Alles legitim und keine faule Ausrede.

So ganz wollen wir es aber noch nicht glauben in Deutschland. Arbeit bedeutet hier immer noch vor Ort sein. Das Leben passend machen für den Job. 88 Prozent der Unternehmen geben an, dass eine permanente persönliche

Anwesenheit des Beschäftigten im Unternehmen nötig sei[6]. Recht haben sie. Nein, wirklich jetzt. In Deutschland haben sie recht. Eine Sekretärin muss immer anwesend sein, weil der CEO natürlich nicht seinen Kaffee selbst kocht, wenn er Besuch hat. Das wäre peinlich. In Schweden weiß jeder CEO, wo der Kaffeeautomat steht. Auch, wie man ihn bedient, und wohin später die gebrauchten Tassen kommen: in die Spülmaschine. Und das ist nicht peinlich, sondern Ehrensache.

Bibbernd stapfe ich neben Beatrice um den zugefrorenen See auf dem Fabrikgelände von Scania: »Ich erinnere mich noch an einen deutschen Professor, den einer unserer Manager aus Deutschland zu uns nach Södertälje eingeladen hatte. An einem Freitag, dem 2. Mai, ein Brückentag, an dem garantiert niemand im Büro sein würde. Das heißt, vielleicht sind wir da, außer das Wetter ist schön, dann sind wir in unserem Sommerhaus, egal, wer kommt. Mein Manager hat herzlich gelacht und gesagt: *In Deutschland hätten wir den Termin einfach festgesetzt, und dann hätten die Leute halt antanzen müssen.* Aber in Schweden ist mir mein eigenes Leben wichtiger, als für andere verfügbar zu sein.« Das leuchtet mir ein. Und irgendwie auch wieder nicht, denn wie kann so ein Land dann auch nur ansatzweise mit dem emsigen Deutschland mithalten? »Weil wir Zeit haben, kreativ zu sein. Weil wir unsere eigenen Ideen haben dürfen. Wenn ich die dann umsetze, arbeite ich wie eine Wilde, auch, wenn es der schönste Sommer ist. Ich arbeite Tag und Nacht und bin dabei glücklich, denn ich kann etwas Eigenes erschaffen im Kontext eines großen Unternehmens. Ich muss kein Freiberufler sein, um meine Träume zu verwirklichen, ich kann das hier im Unternehmen tun.«

Ein Freiberufler wie ich bekommt tatsächlich das Gefühl, auf viele andere Selbständige zu treffen, in Oslo, Kopenhagen, Göteborg, Malmö, Bagsværd, Helsinge, Älmhult, Stockholm, Trondheim, Aarhus, Borås, Tyresö, Halmstad, Hørsholm, Porsgrun, Ålesund oder sonst wo Richtung Polarkreis. Menschen, die ihre Flexibilität zu schätzen wissen. Menschen, die sich zuständig fühlen, die etwas beitragen möchten, die wissen, warum sie etwas tun. Die Verantwortung übernehmen. Nur halt nicht genau zwischen acht und 16 Uhr. Oder neun und 17 Uhr.

Zahlen die Unternehmen für glückliche Mitarbeiter den Preis der Abwesenheit?

Machen Sie einfach mal den E-Mail-Test. Schicken Sie am Ende des Tages oder am besten freitagnachmittags eine Reihe von E-Mails in den Norden raus. Lehnen Sie sich entspannt zurück und denken: »So! Läuft! Jetzt habe ich Ruhe bis Montag.« Noch bevor Ihr Espresso durchgelaufen ist oder der Wein eingeschenkt, landet mit einem dezenten »Pling« eine Antwort in Ihrer Mailbox. Mittwochabends um 21.53 Uhr, samstags um 8.21 Uhr, oder sonntags um 12.31 Uhr. Mit der obligatorischen Schlusszeile: »Von meinem Tablet oder Smartphone gesendet.« Die Mails kommen aus der Küche, vom Fußballplatz, aus dem Badezimmer. Oder – aus dem Bett. »Manchmal liegen meine Frau und ich im Bett, mit dem Laptop auf dem Schoss und hacken. Unsere Arbeit überlappt sich ein wenig. Wir diskutieren dann oft über unsere Aufgaben. Das ist ganz lustig.« Frank, der Wahlschwede vom Felsen aus Stockholm lacht: »Ja ach! Meistens hocken wir im Dunkeln, weil das Keyboard ja beleuchtet ist.« Und – zuff – weg die Mail. 23.43 Uhr. Mit der obligatorischen Schlusszeile: »Aus meinem Bett gesendet«. Manche kommunizieren lieber gleich per SMS oder WhatsApp, weil es einfach schneller geht. Welchen Kommunikationskanal Sie auch wählen, Sie können es einfach tun, egal wann, wie und wo. Wenn ihr Gegenüber Zeit und Lust hat, erhalten Sie auch außerhalb der Kernzeiten eine Antwort. Wenn nicht, dann nicht. Oder später. Auf die Arbeitszeit der Skandinavier ist einfach kein Verlass!

Die blonde Gro aus der Personalabteilung des Unternehmens, in dem die Mitarbeiter ihre Skier mit zur Arbeit schleppen, lächelt verschmitzt: »Ich würde sagen, wir achten einfach gut auf uns selber und die Menschen in unserer Umgebung.« Making Waves nutzt Slack, ein internes Messageprogramm, das automatisch hochfährt, sobald der PC gestartet wird. Ein grünes Licht zeigt, wer gerade online und ansprechbar ist. »Und um 21, 21.30 Uhr fangen sie langsam an, wieder aufzublinken. Beinahe jeden Abend sehe ich um die 30 Leute arbeiten.« Und warum dann nicht freitags um eins die Sachen packen und dann »flytta auf die hytta?« (Norwegisch inkorrekt, klingt aber schön).

Anstatt viel unnötige Energie zu verbrauchen, ihr Leben in strikt getrennte Bereiche zu zerstückeln und sich ständig in kollidierende Rollenmuster zu pressen, versöhnen die Nordländer die unterschiedlichen Phasen und Anforderungen ihres Lebens und nutzen wechselseitig die Energie daraus. Die Norwegerin Randi, blond, groß, weißer Pulli und schwarzer Rock kann das nur bestätigen. »Ich bekomme Energie aus beiden Bereichen: Es ist gut, von zu Hause weg zu sein und

66

etwas Wertvolles, etwas nur für mich zu tun. Ich glaube, ich bin dadurch glücklicher zu Hause. Und wenn ich da glücklich bin, gibt mir das auch wieder Antrieb für die Arbeit.« Familie ist also nichts, was auslaugt, sondern etwas, was uns extra Energie gibt. Gerne auch für die Arbeit.

Dafür muss man die Menschen, die man liebt, natürlich auch einmal zu Gesicht bekommen, und nicht nur ein paar gequetschte Minuten kurz vor dem Zubettgehen, sondern dann, wenn sie wach sind. Nachdem wir mit den Kindern zu Hause angekommen sind, reicht mir Matthias grinsend einen Pfannkuchen, während der siebenjährige Jakob seinen Pfannkuchen unter einem Berg von Marmelade vergräbt: »Was nutzt mir das, wenn ich abends freihabe? Ich möchte ja tagsüber mit meinen Kindern die Zeit verbringen. Das ist doch viel besser. Wenn man bis 19 Uhr arbeitet, wie es ja in unserem Bereich in Deutschland üblich ist, dann kannst du den Kindern gerade noch Gute Nacht sagen. Das finde ich dann schon irgendwie doof. Ich setz mich dann lieber noch mal zwei Stunden hin, wenn die schlafen. Das ist dann zwar hart, aber ...« Achselzucken. Früher hat man doch auch zu Hause gearbeitet, auf dem Hof, am Webrahmen, an der Schreibmaschine. Wann wurde das eigentlich so strikt voneinander getrennt? Und warum wird diese Trennung heute noch so vehement verteidigt? Man kann zusammen spazierengehen, Fernsehen gucken, Monopoly spielen, am Handy rumdaddeln oder auf Facebook, Instagram und Co. Manche stundenlang. Man kann aber ebensogut einfach zusammensitzen und arbeiten. Zumindest im Norden, wo Männer wie Frauen überwiegend Vollzeit arbeiten. Warum also nicht mit einem Glas Wein, Käse und Kerzen?

Wenn Arbeit ein Teil des Lebens ist, weshalb muss man denn überhaupt abschalten von der Arbeit? Ich schalte doch auch nicht von der Familie ab. Oder vom Sport. Ich mache mir Gedanken über die Schule meiner Tochter, meine Zukunft, meine Finanzen, meine Gesundheit, meinen Urlaub, mein Buch, meine Interviews. Was von all dem soll ich abends abschalten? Und in welcher Reihenfolge soll ich es morgens wieder anschalten? Sich Gedanken zu machen über seine Arbeit muss doch nichts Schlechtes sein. Immerhin treffe ich dort Menschen, die mir etwas bedeuten, mit denen ich eine Beziehung habe. Ich mache Dinge, die mir wichtig sind, die meinem Leben einen Sinn geben und mich Teil einer Gemeinschaft werden lassen. Hier habe ich Gefühle, ich lache, ich ärgere mich, ich vertiefe mich, ich bin glücklich oder nicht. Wie zu Hause auch. Die strenge Trennung des Lebens, die in Deutschland als so unverzichtbar erscheint, wie Arbeit, Freizeit, Strukturen, Zuständigkeiten, Arbeitsorte und -zeiten, all das zerfließt jenseits des Breitengrades 54° 47' 59.25'' N. Was bleibt, ist eine Nähe zu allem und allen, eine Nähe zum Leben.

Ein Tag hat 24 Stunden, eine Woche 168 Stunden. »Und wenn du so denkst, dann wird dir auf einmal bewusst, dass du *natürlich* Zeit hast, die Kinder abzuholen und mit ihnen zum Fußballtraining zu fahren, denn samstags sind die Kinder unterwegs und dann kannst du auch ein paar Stunden konzentriert arbeiten«, so Johan, Entwicklungsmanager bei Tobii in Stockholm. Und da alle Schweden so denken, ist das Problem der Erreichbarkeit kein Problem. Ein Jahr hat übrigens 8760 Stunden. Im Jahr 2017 betrug die durchschnittliche Jahresarbeitszeit von Vollzeitbeschäftigten 1633,7 Stunden[7] ... die Stunden bekommen Sie doch noch irgendwo unter, oder?

Echtes Verständnis steht nicht auf Papier

Da frag ich doch gleich mal zwei gestandene Männer. Dafür muss ich aber erst eine Stunde fliegen. Auf geht's wieder über schneebedeckte Bergkuppen und tiefe Fjordschluchten, von Oslo aus 500 Kilometer gen Norden nach Trondheim. Ich bin unterwegs in die norwegische Produktionsstätte von Siemens, zu den Kollegen von Matthias mit den Pfannkuchen. Rune, 42, Papa von vier Kindern (15, 13, zehn, und sechs Jahre alt) und Bård, 56, Papa von zwei erwachsenen Kindern. Rune arbeitet in der Fertigung und antwortet prompt auf meine Frage nach den kranken Kindern: »Meine Frau und ich, wir versuchen, das gerecht aufzuteilen. Es ist immer so ein kleiner Kampf: *Ich kann morgen unmöglich weg! – Okay, okay, ich übernehme den Tag, aber morgen bist du dran!*« Beide Kerle grinsen. »Also ich glaube, ich bleibe so 45 Prozent der Zeit zu Hause, wenn die Kinder krank sind.« Da möchte ich noch einmal nachhaken: »Und kein Chef oder Kollege mischt sich ein und fragt, ob deine Frau heute nicht mal zu Hause bleiben kann?« »Nein!«, antworten beide inbrünstig im Chor und schütteln synchron den Kopf: »Das haben wir noch nie erlebt.«

Nehmen Sie bitte einmal Ihre rechte Hand, schließen Sie diese zu einer Faust und schlagen Sie sich damit drei Mal auf die linke Brust. Alles ganz toll da oben, doch nichts wirkt, wenn es nicht wahrhaft von Herzen kommt. Alles steht und fällt mit dem einen Wort: echt. Echtes Vertrauen, echte Anteilnahme, echt okay, dass Suzanne auch heute früher nach Hause geht, um ihrer Tochter bei den Vorbereitungen zum Lucia-Fest[8] zu helfen. »Mittwoch habe ich einen Termin in der Schule meines Sohnes«, lacht die Assistentin bei Scania »da muss ich dann auch wieder früher gehen.« Und keiner, der schräg guckt, sich ein gespieltes Lächeln abringt, hölzern nach der Befindlichkeit der Kinder fragt oder, schlimmer noch, hintenherum tuschelt. Menschen fühlen sofort, ob ihnen echt vertraut wird oder nicht. Trine, die pfiffige Norwegerin mit deutschem Freund und ihrer eigenen Erfahrung in einem jungen Versandunternehmen in Berlin: »Wir hatten dort Vertrauensarbeitszeit, aber ich hatte nicht das Gefühl, dass mir da jemand vertraut hat.« Wer länger gearbeitet hatte, durfte dort zu anderen Zeiten auch mal früher gehen, so das Konzept. Lachend verschränkt die Leiterin der Kommunikation bei der Handelskammer in Oslo ihre Arme. »Immer, wenn ich gesagt habe: *Ich müsste jetzt mal früher gehen*, war die Reaktion: *Ja, okay …*, aber du hast genau gespürt, eigentlich war es nicht okay. Man hatte immer ein schlechtes Gewissen.« In Norwegen, so Trine, glaube man es einfach. »Du musst es nicht entschuldigen, du musst es nicht verteidigen.«

Denn dann wäre die ganze Freude über die Freizeit am Arsch. Die Motivation aber auch. Die Loyalität ebenso. Und das ist mehr wert als zwei läppische Stunden früher gehen. Diese Loyalität kann ein Leben lang andauern, wie bei Marianne, die seit 22 Jahren beim dänischen Weltverbesserer Novozymes arbeitet. »Ich habe drei Kinder und bin alleinerziehend. Und sie haben alles unternommen, um es mir möglich zu machen, trotzdem Karriere zu machen. Während einer bestimmten Periode war es besser für mich, um sieben Uhr anzufangen und um 15 Uhr zu gehen. Du fragst gar nicht um Zustimmung. Es ist einfach okay …«, hängt die Frau mit feinen Gesichtszügen ihren Gedanken nach. »Es herrscht hier totales Verständnis dafür, dass deine Familie ein riesiger Teil deines Lebens ist. Eine gute Mutter oder ein guter Vater zu sein, ist einfach ein Teil deines Menschseins. Ich denke, es hat einen maßgeblichen Einfluss darauf, dass du im Leben weniger gestresst bist. Es ist wichtig, dass du einfach nur du sein und das tun kannst, was du tun musst. Ich glaube, diese Kultur sorgt dafür, dass wir effizienter sind.«

Nochmals. Nehmen Sie bitte Ihre rechte Hand, schließen Sie diese zu einer Faust und schlagen Sie sich damit dreimal auf die linke Brust. Das gilt nämlich auch für Kollegen. »Was ich nach Deutschland exportieren würde?«, wiederholt der 30-jährige Deutsche Konstantin meine Frage, fährt sich durch seine dunklen Haare und lächelt etwas schief. »Schwierig …« Lange Schwedenpause. »Ich denke, wenn man etwas aus Schweden nach Deutschland exportieren würde, dann gäbe es erst einmal Chaos.« Pause. Er blinzelt in die Herbstsonne. »Freiheit zum Beispiel. Das wäre echt schwierig.« Mir entwischt spontan die skandinavische Frage nach dem Warum. »Ich glaube, wir haben in Deutschland noch viele Probleme a) mit Neid, und b) mit der Haltung. *Wenn der nichts macht, mache ich auch nichts!* Dieses Querulantentum, dieses Krättemessen. Nur, weil der andere zu spät kommt, komme ich halt auch mal später. Und ich glaube, das sind Probleme, die in Deutschland zu Chaos führen würden.«

71

Wer anderen nichts gönnt, gönnt auch sich selbst am Ende nichts. Denn wir werden nie das Niveau der Freiheit, des Vertrauens und der Flexibilität erreichen, wenn wir es mit unkollegialem Firlefanz zunichtemachen. Und dazu reicht nur ein Blick. Ein Wort. Eine hochgezogene Augenbraue. »Mahlzeit!« Zum Beispiel, wenn Ihr Kollege heute erst um neun Uhr kommt. Das – ist – nicht – witzig. »Ach? Sie gehen schon?«, »Na? Halbtagsjob?«, »Wieder was mit der Tochter?« Die skandinavischen Fragen würden lauten: »Und? Heute Skirennen vor, Jacob? Hast du die Skier schon gewachst?« »Da hat man überhaupt kein schlechtes Gewissen. Anstatt zu sagen: *Ich habe einen ganz wichtigen privaten Termin*, wie in Deutschland, sagst du einfach: *Heute ist das Skirennen*«, meint Matthias, während er mir noch einen Pfannkuchen auf den Teller hievt. Und auch das ist Ihrem Glück zuträglich. Denn sich in Notlügen oder Ausflüchten zu verstricken ist mental und emotional wirklich anstrengend. Weil wir bewusst etwas tun, was wir als falsch erfahren. Unser Gehirn hat dann eine Menge zu tun, diese Fehlhandlungen wieder gerade zu biegen. Ganz abgesehen von den Anstrengungen, die wir tätigen müssen, um zu verhindern, dass unsere Lügen auffliegen. Wir leben immer mit der Angst, entlarvt zu werden, und das führt zu unglaublich hohem Stress. Erhöhter Blutdruck führt zu Herz-Kreislauf-Erkrankungen, das Immunsystem wird schwächer und macht uns anfälliger für Infektionen, um nur ein paar Folgen zu nennen.[9] Lügen macht krank, Wahrheit hält gesund. Weshalb um Himmels willen muss ein engagierter Mitarbeiter oder Chef sein Privatleben vertuschen?

Vertrauen heißt das Zauberwort, Transparenz die praktische Umsetzung. Und erst dann ist diese Flexibilität möglich. Julie und ihre Freundin Sara schieben rhythmisch die Kinderwagen ihrer sechs Monate alten Babys hin und her. Die blonde Julie mit dem Papageienpulli schaut fragend zu ihrer Freundin: »Diese Flexibilität, mein Leben zu managen, macht mich glücklich. Aber was mit der Flexibilität einhergeht, das macht mich vor allem glücklich, nämlich, das Vertrauen, das mir geschenkt wird.« Sara nickt zustimmend. Und wem vertraut wird, der braucht nicht zu lügen. Arzttermine zu erfinden, weil ihr Kind einen wichtigen Auftritt in der Schule hat, zum Beispiel, wie ich es oft getan habe. So. Jetzt ist es raus.

Und weil es so normal ist, steht es auch einfach im für alle einsehbaren Kalender:

- Nils, Teamleiter, Tobii, Stockholm: Mittwoch Elternsprechtag, später.
- Neel, Urban Design Manager, Rambøll, Kopenhagen: Freitag nicht da, Mama ins Krankenhaus bringen.
- Mathias, Leiter Rechtsabteilung, Siemens, Oslo: Montag, ab 15 Uhr weg, Skirennen Jakob. Dienstag, 16 Uhr, Ballett Emma.
- Hover, Ingenieur, Snøhetta, geschieden, Oslo: Ganze Woche Lisa, im Büro 9–15 Uhr.
- Tine, Projektleiterin, World Translation, Aarhus: Syrische Familie zum Amt begleiten, 15 Uhr.
- Gro, Mitarbeiterin Personalabteilung, Making Waves, Oslo: Homeoffice, Lena krank.
- Fredrik, CEO, Tobii Dynavox, Stockholm: Kids krank, ab 12 Uhr Homeoffice, Mittwoch ab 12 im Büro.

- Sissl, Personalleiterin, Siemens, Oslo: Freitag ab 14.30 Uhr KEINE TERMINE! Spinning im Hauptgebäude.
- Martin, Anästhesist, Sahlgrenska Universitätskrankenhaus, Göteborg: Donnerstag Theaterabend! Keine Dienste!
- Marianne, Manager Qualität, Umwelt und Sicherheit, Novozymes, Bagsværd: kids week.
- Suzanne, Assistentin Personalabteilung, Scania, Södertälje: Heute früher weg, SANTA LUCIA! :-)

Und schwups, wird Arbeit ganz persönlich, und die Kollegen oder Chefs sind nicht mehr irgendwelche Arbeitgeber oder -nehmer, ohne besondere Merkmale außer ihrer Position. Sie werden zu Menschen aus Fleisch und Blut mit einem Privatleben, an dem man bis zu einem gewissen Grad Anteil hat.

Und dann ist es auf einmal da, das Verständnis für das Leben.

Gerecht geteilt ist voll gewonnen

Werfen Sie doch bitte noch einmal einen Blick auf den Kalender von eben. Fällt Ihnen etwas auf? Es sind Männer und Frauen. Mann bringt, Frau holt, oder Frau holt, Mann bringt. Im Übrigen gehalts- und positionsunabhängig. Das skandinavische System funktioniert nur, wenn alle mitmachen und alle so viel wie möglich teilen. Gleichberechtigt. Frank vom schwedischen Felsen nickt so entspannt, dass ich beinahe neidisch werde: »Mal bringe ich die Kinder in den Kindergarten, dann bin ich so um neun Uhr hier. Mal hole ich die Kinder ab, dann bin ich um 14.30 Uhr durch die Tür. Ich bin ein zufriedener Mensch, weil ich hier arbeiten und Sachen machen kann, die mich interessieren. Und gleichzeitig möchte ich so viel wie möglich Zeit mit meinen Kindern verbringen.« Die Lebensbalance hängt nicht nur damit zusammen, was hinter den Werkstoren, sondern auch hinter den Wohnungstüren geschieht. Und bis hinter eine dieser Türen im hippen Stadtteil Frederiksberg in Kopenhagen habe ich es heute doch tatsächlich geschafft. Ich streife skandinavisch wohlkonditioniert gleich neben der Wohnungstür im dritten Stock meine Lammfellstiefel von den Füßen und schlurfe auf Thermosocken weiter in eine typische Altbauwohnung mit leicht unlogischem Aufbau, dunklen Dielenbrettern und hohen, ornamentverzierten Decken. Ich bin bei Anne und Marc, die Sie ja schon kennen. Es ist Anfang November: grau, nass und kalt. Marc, der Franzose, hat mich bei der Firma Novozymes nach einem langen Interviewtag in seinen grauen Peugeot geladen und sich nur meinetwegen durch Kopenhagens Feierabendverkehr gequält. Normalerweise radelt er die 30 Kilometer zur Arbeit. Anne und seine zwei Töchter Laura und Caroline erwarten uns schon. Marc ist der Liebe wegen nach Dänemark gezogen. Nun, sagen wir mal so, der schlanke Mann Mitte 40 im groben schwarzen Rollkragenpulli hatte keine andere Wahl ... Seine dänische Frau Anne, schüttelt später nur energisch den Kopf. Nein, nein, niemals hätte die lebhafte Dänin ihre Freiheit für Camembert, soleil und l'amour aufgegeben. Dann lieber im Regen sitzen.

Die kleine Laura ist ein wenig blass um die Nase und deshalb heute zu Hause geblieben. Im Gegensatz zu den verwöhnten Schweden, die pro krankes Kind 120 Tage im Jahr zu Hause bleiben dürfen, haben dänische Eltern nur einen Krankheitstag pro Kind, den sie auch nicht abwechselnd nehmen können. »Wenn unsere Kinder krank sind, dann schauen wir immer in unsere Kalender und machen dann diesen Witz: *Oh! Also ich habe dieses Eine-Million-Dollar-Treffen am Mittwoch*«, erzählt Anne, und beide fangen an zu lachen. Heute war ich wohl die eine Million für Marc, deshalb musste Anne zu Hause bleiben. »Wir machen immer so einen Wettkampf um den wichtigsten Termin, aber es ist nie wirklich ein Problem«, ergänzt Marc vom Esszimmertisch aus. Er hilft dem kleinen Blondschopf Caroline gerade bei den Hausaufgaben. »Auch nicht auf der Arbeit. Da sagt man halt: *Ach so, Marc bleibt zu Hause, die Kinder sind krank.*« »Bei einem Mann?«, rutscht es mir raus. Manchmal ist mir meine eigene Sozialisierung ja wirklich peinlich. Mein Ausrutscher wird auch sofort von Anne geahndet: »Warum soll das ein Unterschied sein?« Marc kommt mir zu Hilfe: »Aus französischer Sicht …« Er kann seinen Satz nicht beenden, denn Anne grätscht ihm bereits leicht irritiert dazwischen: »Da muss die Frau per Definition zu Hause bleiben?« Marc: »Ja, klar. Jetzt siehst du mal, wie viel Glück du hast!« Anne lacht nur trocken auf: »Was? *Du* solltest mal sehen, wie viel Glück *du* hast!«

Ja, wer hat denn jetzt Glück? Sehr skandinavisch wäre es jetzt tatsächlich zu behaupten: Alle haben Glück. Denn alle bekommen gleich viel ab von dem großen Kuchen, den man Leben nennt. Väter und Mütter, aber auch die Kollegen, der Arbeitgeber und der Staat, wenn sich Eltern die Sorge teilen. Und vor allem natürlich die Kinder. Es ist der skandinavische Zauber der Gleichberechtigung, der vollbringt, das alles klappt mit der Flexibilität. Hier teilt man grundsätzlich alles, auch die Krankheitstage. Zumindest in Schweden. Echt jetzt? Muss ich bei Kerstin, der Rechtsanwältin bei der deutsch-schwedischen Handelskammer, nachhaken. »Natürlich!«, kommt es wie aus der Pistole geschossen. »Wir haben das immer so gemacht. Mein Mann ist früh nach Stockholm reingefahren, und dann haben wir uns mittags in der Stadt getroffen und unser Kind übergeben.«

Die Arbeit muss ins Leben passen und nicht umgekehrt. Und das stemmt man gemeinsam. Darauf stoßen wir dann erst einmal mit einem guten Glas französischem Rotwein in Kopenhagen an. »Mmh«, fängt Marc an, schluckt schnell den Wein runter: »Ich habe gehört, dass ein dänischer Minister das Treffen mit einem Minister aus den USA abgesagt hat, weil sein Kind krank war. Und die Medien reagierten darauf mit einem: *Okay, das ist halt die dänische Kultur.* Es war schon grenzwertig, aber er hat damit eine deutliche Botschaft gesendet: So ist das hier in Dänemark.«

Alles eine Frage der Priorität, müssen auch Udo, Philine, Björn, Horst und ich, kurz, das Drehteam des WDR, lernen. Fernsehen, Sie wissen schon. Unglaublich wichtig. Doch Fredrik, der energiegeladene CEO des Geschäftsbereichs Dynavox der Firma Tobii, ist davon völlig unbeeindruckt. Schön, dass ihr da seid, schaut euch gerne ein wenig um. Um 12 Uhr wird er leider gehen müssen, denn dann ist er dran, seine Frau abzulösen. Eines seiner Kinder sei krank. Ob das jetzt auch irgendwo im Auto übergeben wird? Das Filmteam wechselt verdutzte Blicke, und ich grinse tief in mich hinein. Gleichberechtigung gilt für jeden und immer. »Ja, so ist das in Schweden«, bestätigt mir auch Johan, Fredriks Produktmanager, Mitte 40, den ich ein paar Wochen später ohne Drehteam im Showroom von Tobii treffe. »Wir haben die letzten 30 bis 40 Jahre eine Menge Energie in die Gleichstellung der Geschlechter investiert, und zum ersten Mal ist es meiner Generation gelungen, dass Männer es völlig normal finden, sich um das kranke Kind zu kümmern und Vaterschaftsurlaub zu nehmen. Ich glaube sogar, dass wir bereits so weit sind, dass, wenn du als Mann sagst, dass du nicht zu Hause bleiben möchtest, na *das* ist wirklich eigenartig!«

Jede zweite Woche

Verstohlen luge ich über Annas Schulter auf ihr Smartphone. Ich habe sie letztes Jahr auf einem Mittsommerfest in Stockholm kennengelernt. Wir haben uns gleich gut verstanden. Jetzt sitzen wir in ihrem Garten im etwas unspektakulären Vorort Tärby, 20 Kilometer von Stockholms Zentrum entfernt. Noch verstohlener blicke ich allerdings auf ihr 25 Quadratmeter großes Gartenhäuschen, das ich mir gerne für mein nächstes Buchprojekt anmieten würde. Während ich gedanklich in meinen Zukunftsplänen schwelge, zerrt Anna mich in die Realität digitalisierter schwedischer Beziehung zurück: »Und dann wischst du einfach nach links, wenn du an dem nichts findest, und nach rechts, wenn er dir gefällt.« Oder war es andersherum? Anna erklärt mir gerade die Datingseite Tinder. Gerüchten zufolge dated man heutzutage in Stockholm so, das aus 60 Prozent Singlehaushalten besteht. Also muss auch ich verstehen, wie es geht. Sie wischt mit mir durch ein paar männliche Profile, und ich teste derweil meine Schwedischkenntnisse: »Was bedeutet Kinder *vv*?«, frage ich Anna irritiert. »Ist das ein eingetragener Verein oder so?« Ich weiß ja, dass Männer sich hier sehr bei den Freizeitaktivitäten ihrer Kinder engagieren: Fußball, Eishockey, Skifahren. Die skandinavischen Länder haben die höchste Vereinsdichte Europas, könnte also sein ...

Anna wirft sich lachend zurück. Ihr rötliches Haar schimmert warm in der diesigen Herbstsonne: »Das heißt *varannan vecka*, jede zweite Woche. Die haben die Kinder ja hier jede zweite Woche.« Die ganz normale Betreuungsaufteilung nach einer Scheidung hier in Schweden und in Norwegen und überwiegend auch in Dänemark. Nix Zuckerpapa jedes zweite Wochenende. Kein Papa lässt sich seine Kinder nehmen. Wie kommt's?

Nun, der Anfang bestimmt oft schon das Ende, wie mir Martin, der Witwer, erklärt. Der große, blonde Schwede mit hellblauen Augen passt genauso gut in mein echt schwedisches Bild wie rot-weiße Häuser. Dass überwiegend Mütter die Sorge für die gemeinsamen Kinder übernehmen, findet der 45-Jährige mehr als überholt: »Es ist in Schweden schon seit über 30 Jahren so, dass die Väter nach der Geburt ein paar Monate mit ihren Kindern verbringen.« Er selbst hat mit all seinen drei Mädels (zehn, zwölf, 14) sechs Monate alleine verbracht. »Und da entsteht dann ein ganz besonderes Band zwischen den Vätern und Kindern. Das bleibt. Das gibst du nicht mehr her als Papa. Du möchtest wichtig für deine Kinder bleiben.« Denn du warst es von Stunde null an. Als gleichberechtigter Papa neben der Mama.

»Gibt es etwas, das du wichtig findest in Bezug auf

Glück?«, frage ich später den Historiker Lars am Schluss unseres Interviews, während er sich bereits seine Lederjacke überstreift und sich seine Sonnenbrille in die Haare steckt. Der Papa von zehnjährigen Zwillingen sollte mir die schwedische Welt erklären. Bei dieser Frage hält er aber abrupt inne: »Ja!«, antwortet er resolut. »Eine Art Raum zu schaffen, damit du Zeit mit deinen Kindern verbringen kannst. Das ist sehr wichtig, das ist einer der Schlüssel zum Glück in den nordischen Ländern. Wir haben hier institutionalisiert, dass alle Eltern eine Beziehung zu ihren Kindern haben können.« Auch im Falle einer Scheidung, und im Norden trennt man sich oft. »Schweden haben eine sehr realistische Haltung zu Beziehungen. Wir verstehen, dass sie enden. Daran ist niemand schuld, es ist einfach eine Tatsache im Leben.« Mehr noch, eine Chance im Leben, auf neu entstehende Familienkonstellationen zum Beispiel und die damit verbundenen Boni. Nicht die finanziellen, sondern die menschlichen: Bonusfar oder Bonusmor, so nennt man die Stiefeltern in Norwegen, beziehungsweise Bonuspappa und Bonusmamma in Schweden. Und dann gibt es natürlich eine Menge Bonusbarn, Bonuskinder, die das Familienleben bereichern. Neue Familien, die aus alten entstehen, werden in den Nordländern als etwas Positives gesehen: neue Chancen, neue Glücksfälle, sozusagen.

Das Bild ist also ein wenig unübersichtlich, und Scheidungsraten sagen eventuell mehr über die Experimentierfreude und das Gefühl der persönlichen Freiheit aus als über die Qualität der Beziehungen innerhalb einer Gesellschaft. Vielleicht sind hohe Scheidungsraten im Gegenteil ein Indiz für eine hohe Lebensqualität. Ein Zeichen dafür, dass man zusammenbleibt, weil man es will, und nicht, weil man sonst befürchten müsste, entweder an den Rand der Armutsgrenze verbannt zu werden, allein mit Kind, wie besorgniserregend viele Mütter in Deutschland, oder aber den Kontakt mit seinen Kindern zu verlieren, wie besorgniserregend viele Väter in Deutschland.

Das Gefühl der Gleichberechtigung steckt tief drin in der nordischen Gesellschaft, und so hangle ich mich während der Interviews von Fettnäpfchen zu Fettnäpfchen. »Wie würdest du einem Mann vom Mars die skandinavische Kultur erklären«, so meine Standardfrage – skandinavische Antwort von Monica, Managerin bei IKEA: »Ich nehme mal an, der Mann ist eine Frau?« Alles klar, ich habe verstanden. Gleichberechtigung ist der heilige Gral der Wikinger und wird vehement verteidigt. Vor allem von den Männern. Wie Ole, Jahrgang 63, verheiratet, vier Kinder im Erwachsenenalter. Der ruhige, freundliche und sehr zurückhaltende Mann arbeitet als Marketing-Manager bei der trinkfesten Tine. Ob denn Gleichberechtigung auch ein Vorteil für Unternehmen sei, frage ich ihn. Bei der Frage wird er plötzlich leidenschaftlich. »Absolut! Doch auch wenn Norwegen eines der gleichberechtigsten Länder der Welt sein mag, ist es noch weit von 100-prozentiger Gleichberechtigung entfernt. Es mag ja in beide Richtungen gehen, aber ich höre noch zu oft blöde Witze auf Kosten der Frauen.« Und deshalb macht der Schwede Håkan, Papa zweier Töchter, gerne Witze auf Kosten der Männer, bevorzugt während langweiliger Besprechungen: »Ich finde ja, Männer als CEOs müssten verboten werden.« Auch Männer können Feministen sein. Martin, der alleinerziehende Papa von drei Mädels, schaut mich erstaunt an: »Wie kannst du nicht wollen, dass Frauen dieselben Möglichkeiten haben wie Männer?« Da kann Tizita, der schwarzhaarige Wuschelkopf aus Oslo, nur heftig nicken: »Also das, was wir von einem Mann erwarten, erwarten wir auch von einer Frau und umgekehrt. Klar«, lacht sie, »es ist nicht perfekt, aber du wächst mit der Tendenz auf, dass es keine Unterschiede zwischen den Geschlechtern gibt, außer den natürlichen.« Und da brauchen sie sich jetzt auch nicht mit so sperrigen Konstrukten wie m/w oder umständlichen Wortendungen aufzuhalten. Trine, die mit Pferdeschwanz von der Handelskammer in Oslo, zieht die Augenbrauen hoch: »In Deutschland möchte man immer diese weibliche Form haben, und in Norwegen und Schweden will man das gerade nicht. Es geht um den Job. Warum soll es für Frauen anders sein als für Männer? Ich muss wirklich nicht wissen, ob ich mit einem Leiter oder einer Leiterin spreche. Das wirst du dann schon früh genug entdecken.« Selbe Endung, selbe Funktion, selbe Fragen, Frau Van den Boom! Auch da wird nicht diskriminiert! Vor mir sitzt Veronika, die Zwillingsmama, eine energische Frau mit langen, dunkelbraun gewellten Haaren und irgendwie französischer Ausstrahlung. Sie ist für den Personal- und IT-Bereich der Unternehmensgruppe zuständig und Mitglied des Senior Executive Group Managements. Ich bin wieder bei Skanska, dem Bauunternehmen mit 40 000 Mitarbeitern weltweit, im Besprechungsraum gelandet. »Zirka ein Drittel meiner Zeit reise ich, um die Kollegen in den verschiedenen Unternehmensbereichen zu treffen.« Sie besucht Bauprojekte, Besprechungen hier vor Ort des IT- und Personal-Bereichs, des Senior Executive Teams, der Ethik-Kommission, Sicherheitskommission und sitzt in verschiedenen Vorständen und Foren. Danke, mir reicht es schon für ein leicht gestresstes Gefühl. »Wie bekommst du das alles mit den Kindern auf die Reihe?«, frage ich sie. Leicht irritierter Blick. Das sei natürlich eine Herausforderung, so die Antwort. »Nur frage ich mich: Würdest du mich das auch fragen, wenn ich ein Mann wäre? Ich bin mir da nicht so sicher«, lacht sie kurz auf. »Frauen bekommen bei euch immer diese Frage gestellt und Männer nicht. Das gefällt mir nicht.«

Aua!

Ihr Mann arbeitet als CEO, reist weniger, und mit externer Hilfe und der schwedischen Flexibilität würde es ganz gut klappen. Immerhin liebe sie ihren Job und habe sich auch für diese Karriere entschieden. Wenn wir also all diese High-Potentials m/w mit der guten Ausbildung suchen: Nun, sie sind schon da. Nur leider hat sie noch keiner von der Leine gelassen. Sie stecken noch fest in Rollenerwartungen und fehlender Flexibilität. Genauso wie unsere Männer. »Ich glaube es ist sehr wichtig, dass Frauen im Top-Management Kinder haben und zeigen, dass sie auch gute Mütter sind. Und natürlich«, lächelt Anne-Marit »sollten auch Männer im Topmanagement zeigen, dass sie gute Väter sind. Denn ich denke, junge Männer wollen nicht einfach nur arbeiten. Sie wollen auch andere Dinge im Leben tun«, so die Geschäftsführerin von Siemens in Oslo. Sie begrüßt mich mit einem sympathischen Lächeln. Die 53-Jährige ist verheiratet und hat vier Kinder. Zwei Mädels, 21 und 23 Jahre alt, und zwei Jungs im Alter von 18 und 13 Jahren. »Und das ist ein ziemlicher Unterschied zu Deutschland«, fährt sie fort. In Deutschland sei es ungewöhnlich, mit vier Kindern eine Position im Top-management zu bekleiden. In Norwegen funktioniere das recht gut, wegen der guten Kinderbetreuung. »Aber mein Mann macht auch sehr viel zu Hause, kümmert sich um die Kinder, kocht und erledigt die Einkäufe. Ich bin da sehr auf seine Unterstützung angewiesen.« Ihr Mann arbeitet ebenfalls als Ingenieur bei Siemens. Ich ziehe mal wieder alle Register an Vorurteilen, die mir so einfallen. Jetzt kommt die Schublade mit der Aufschrift: »In einer Beziehung hat der Mann den besseren Job«. Anne-Marit kennt die aber schon. Sie hat ja deutsche Kollegen. »Falls ich irgendwelche Kommentare über meine Rolle als Mutter bekomme, dann kommen die aus Deutschland: *Du bist keine gute Mutter* oder *Ich hätte das meiner Frau nie erlaubt.*« Anne-Marit schüttelt den Kopf, während sie herzlich lacht. »Das sind ziemlich heftige Kommentare!«, so die hübsche Norwegerin. Solche Kommentare hätte sie in Norwegen nie erhalten.

Und das ist auch gut so und nur fair für beide. Denn Männer wollen Väter sein, Mütter wollen Karriere machen. Und Unternehmen wollen das gesamte Potential. Auch fair. Das findet zumindest Kia, 33. Sie ist dafür zuständig, dass bei dem Digital-Unternehmen Making Waves die Teamarbeit reibungslos funktioniert. Die lebhafte Norwegerin mit dunkelbraunem Pferdeschwanz ist seit kurzem geschieden und hat zwei Kinder, Lasse fünf und Lotta sechs Jahre alt. »Ich habe meine Kinder jede zweite Woche, also eine Woche sind sie beim Vater, eine Woche bei mir.« In der Woche, in der sie die Kinder habe, müsste sie acht Stunden arbeiten, aber das funktioniere nicht, denn Kia wohnt außerhalb Oslos. »Also arbeite ich vielleicht anderthalb Stunden weniger an diesen Tagen. Wenn ich dann noch etwas fertigmachen muss, dann mache ich das, wenn die Kinder im Bett sind.« Klingt anstrengend, werfe ich ein. »Nein, nein. Es ist wirklich flexibel, und das ist etwas, was echt wichtig für mich ist. Meine Chefs schenken mir viel Vertrauen. Ich bin super zufrieden mit der Balance hier.« Und wenn sie die Kinder nicht hat? »Dann arbeite ich bis zum Umfallen.« Sie lacht und lässt sich mit verdrehten Augen unter den Tisch rutschen. Und nächste Woche ist ihr Ex-Mann wieder dran. So können beide Karriere machen als Eltern und im Job, auch nach der Trennung. Die tägliche Flexibilität der Unternehmen verschiebt sich dann einfach auf vv, varannan vecka. Auch die Meetings sind dann vv. »Nach meiner Scheidung hat mein Chef es immer so arrangiert, dass die anstrengenden Meetings in den Wochen geplant wurden, in denen ich die Kinder nicht hatte.« Marianne, die 49-Jährige mit Stupsnase und blondem Kurzhaarschnitt ist verantwortlich für den gesamten Bereich Qualität, Umwelt und Sicherheit des Biotech-Unternehmens Novozymes aus Dänemark. 700 Mitarbeiter fallen in ihren Bereich. Die lebhafte Dänin nickt anerkennend: »Sie haben mich immer maximal unterstützt. Das ist wirklich eine starke Leistung.«

Und dann ist eine Scheidung auch kein Mega-Desaster. Die Mütter verlieren nicht abrupt die Möglichkeit, sich selbst im Job zu verwirklichen. Der Mann verliert nicht seine Bindung zu den Kindern. Was sich ändert, ist lediglich der Wochenrhythmus und der Lebensmittelpunkt der Kinder. Dient das Hälften der Zeit mit den Kindern nicht mehr dem Glückgefühl der Eltern als dem der Kinder? Ist es für Kinder nicht hart, in zwei Familienkulturen aufzuwachsen, jede Woche Rucksackpacken? Verlieren die Kinder nicht die sozialen

Kontakte zu Freunden? Ist es nicht besser, wenn die Kinder nur bei einem Elternteil wohnen?

Die Antwort lautet: Nein. Malin Bergström vom Zentrum zur Erforschung der gesundheitlichen Chancengleichheit (Center for Health Equity Studies – CHESS) im Karolinska Institutet, Stockholm, untersucht seit einigen Jahren intensiv, welchen Einfluss die verschiedenen Trennungsmodelle auf das Wohl der Kinder haben. Ihre Studienergebnisse sind eindeutig. Kinder, deren Betreuung sich die Eltern auch nach der Trennung 50/50 teilen, geht es ähnlich gut, wie Kindern aus nicht getrennten Familien. Vielleicht sogar noch ein wenig besser, denn die meisten Kinder gaben an, dass sich beide Eltern, insbesondere die Papas, nach der Trennung mehr Zeit für sie nehmen würden. Die Kinder behalten zu beiden Eltern eine enge Beziehung. Ein Gewinn für alle Beteiligten also: Papa bekommt Zeit mit seinen Kindern, Mama Zeit für sich selbst, und die Kinder Zeit von beiden. Mein Historiker Lars mit der Sonnenbrille hatte mich auf diese Studienergebnisse hingewiesen. »Kinder, die zwei Eltern behalten, sind glücklicher. Und das bedeutet, dass diese Kinder später glücklichere Menschen sein werden. Aber das ist auch für die Väter wichtig!«, grinst er mich schelmisch an. »Ich bin davon überzeugt, dass Männer nur durch Kinder zivilisiert werden. Sie holen einfach das Beste aus dem Mann heraus. Ich denke, diese Beziehung ist sehr wichtig, um eine zivilisierte Gesellschaft zu kreieren.« Zu dieser These konnte ich allerdings keine Studie finden. Aber ich mag sie.

Auch Hover, der Ingenieur aus der Sofagruppe bei Snøhetta in Oslo, ist geschieden und nimmt sich die Zeit für seine zwei Kinder im Kindergartenalter. »Wenn ich die Kinder habe, bin ich vielleicht nicht eher als 9.30 Uhr auf der Arbeit und gehe dann um 15 Uhr. Und dann arbeite ich an den anderen Tagen mehr.«

Robert fällt Hover ins Wort: »Wir sind ja auch immer übers Handy erreichbar. Diese Flexibilität zu haben ist schon schön«, schließt Robert zögernd, und schiebt nachdenklich seine Unterlippe nach vorne. Beide nicken und versinken kurz in eine norwegische Stille.

»Und was ist der Vorteil für Snøhetta?«, frage ich mich laut denkend.

Hover greift meinen Gedanken sofort auf: »Glückliche Mitarbeiter, die einen besseren Job machen!«

Begeistert rufe ich:

»Oh! Guter Titel für mein Buch.«

Beide lachen, doch Hover wird sofort wieder ernst: »Ja, das ist es!«

»Was gebt ihr also im Tausch für eure Freiheit zurück?«, frage ich die zwei herausfordernd.

Ohne Zögern schießt Hover feurig funkelnd hervor: »Meine Leidenschaft!«

Fifty ist fifty!

27 Prozent *aller* Elternzeittage entfielen 2017 auf schwedische Väter. Sprich, schwedische Väter nehmen sich vier Mal so viel frei wie deutsche Väter. Und *jeder* Vater nimmt in Skandinavien Elternzeit. Aber damit nicht genug! Die schwedische sozialdemokratische Regierung kündigte für 2018 an, die Elternzeit gesetzlich neu zu verteilen: Ein Drittel der Zeit für den Mann, ein Drittel für die Frau und der

Rest zur freien Verteilung. Annika, die Geschäftsführerin der schwedischen Gewerkschaft Ledarna mit 93 000 Mitgliedern, reagiert prompt. Und wahrscheinlich nicht so, wie Sie es erwarten. Die schwedischen Manager meinen nämlich: Das sei absolut nicht genug. Die Elternzeit müsse auf jeden Fall 50/50 unter Mann und Frau verteilt werden. Für mich keine Überraschung, denn ich habe Annika bereits 2017 besucht und war so unvorsichtig, sie zu fragen, was ich unter keinen Umständen vergessen sollte, über Schweden zu schreiben. Ihre Antwort kommt leidenschaftlich: »Ich glaube, du solltest nicht vergessen, wie wichtig die Gleichstellungsthemen sind. Ich glaube, die Außenwelt hat ein besseres Bild von Schweden, als wir es verdienen.« Nun ja, immerhin führen die Skandinavier geschlossen die Liste der »Best countries to be a women«[10] an. Doch Annika lässt sich nicht beirren: »Im Moment steigen die psychischen Probleme, wie Stress und Burnout, in Schweden an. Besonders bei jungen Frauen und Frauen mittleren Alters. Ich persönlich bin absolut davon überzeugt, dass das damit zu tun hat, dass so viele Frauen Vollzeit arbeiten, eine Karriere anstreben.« Die resolute, doch warmherzige Frau um die 60 schaut kurz auf meine Tochter Elisa, die heute mitgekommen ist. »Und klar, natürlich, das sollen sie auch, denn hier in Schweden haben sie alle Voraussetzungen dafür. Hier arbeiten mehr Frauen als in allen anderen Ländern Europas. Zur selben Zeit sind aber die Aufgaben zu Hause nicht zu 100 Prozent gleich verteilt, und das bedeutet, dass alle Frauen eine größere Last tragen. Und das macht sie krank. Und ich glaube, darauf müssen wir uns konzentrieren. Wenn Männer und Frauen gleichberechtigt am Arbeitsleben teilnehmen, dann müssen wir auch wirklich die Verantwortung in den Familien teilen.«

Die Norweger haben dafür ein probates Mittel. Leider noch nicht auf deutsch erhältlich, gibt es dort eine lustige App mit dem Namen Hjemmekampen, deutsch: Heimspiel, die uns Hanna gleich erklären wird. Das erfahre ich, nachdem ich um 4.30 Uhr aus dem Bett gefallen bin. Um nach einem Latte Macchiato am Terminal des Osloer Flughafens für meine Reise in eine der schönsten Städte an Norwegens Küste bereit zu sein: Ålesund, 500 Kilometer von Oslo entfernt. Heute bin ich bei einer lustigen Frauentruppe: ELLE mELLE, einer Kommunikationsagentur, die im Dachgeschoss eines Hafengebäudes hinter knallig pink gestrichenen Flügeltüren ihr Unwesen treibt. Ein Großteil der Gebäude dieser malerischen Hafenstadt liegt im oder am Wasser und verteilt sich auf mehrere Inseln entlang der Küste. Die Nordsee schwappt leise an die Grundmauern der rosa, blauen und mintfarbenen Jugendstil-Gebäude, als ich später aus dem Flughafenbus steige. 176 Kreuzfahrtschiffe werfen vor dieser Perle des Nordens jährlich ihre Anker, um ein paar 1000 Besucher auf die Insel zu spucken. Anfang Januar bin ich aber gefühlt die einzige Fremde hier.

Wenig später treffe ich auf eine Gruppe von zwölf Frauen zwischen 20 und 55. Sie sitzen an den Seiten eines in ganzer Länge ausgebauten Dachgeschosses, das sich am Ende bodentief zum Fjord hin öffnet. Zwei der Designer sind: Sunniva und Hanna. Die 25-jährige Sunniva ist eine bildhübsche, schlanke Norwegerin mit blonden Haaren, die sie achtlos zu einem Dutt hochgesteckt hat. Sie kommt ursprünglich aus einem Dorf mit 1500 Einwohnern tief im Norden irgendwo zwischen verschneiten Fjorden, wo die Sonne im Winter nie auf und im Sommer nie untergeht. Hanna, ihre eher burschikos wirkende Kollegin um die 30 mit gleicher Frisur und mittelblauer Kapuzenjacke, nickt ganz aufgeregt. »Sie kann sogar Schneemobil fahren!« Sunniva schlägt bescheiden lächelnd die Augen nieder.

»All meine Freunde haben pappaperm (Vaterzeit) genommen, drei Monate, aber meistens mehr.« Die norwegischen Männer sind den schwedischen tatsächlich dicht auf den Fersen. Hanna, Mutter zweier Kinder, fünf und anderthalb Jahre alt, erklärt mir das norwegische System: Nach der Geburt dürfen beide Eltern zusammen zwei Wochen zu Hause bleiben. Du kannst anschließend für ein Jahr zu Hause bleiben, und das beliebig zwischen der Mutter und dem Vater aufteilen. Aber zehn Wochen gehören dem Vater, wenn er die nicht nimmt, gehen sie verloren. Und das ist gut. Wir mögen den Gedanken, dass wir alle gleich sind.« Im täglichen Leben gibt's dafür eindeutige Beweismittel: Hjemmekampen. »Du bekommst für bestimmte Aufgaben im Haushalt Punkte und kannst dann gegeneinander spielen. Es ist wirklich witzig, dann sieht dein Mann, was du gemacht hast, und versucht, mehr zu machen als du.« In Hannas Fall anscheinend mit Erfolg und zu ihren Gunsten. »Erzähl es nicht meinem Mann, aber ich mogle beim Eintragen. Er macht definitiv mehr im Haushalt als ich. Ich würde sagen, es steht 60 zu 40.« Hanna schaut etwas schuldbewusst drein. »Jetzt haben wir es aufgenommen – zeig ihm das bloß nicht!«

Von Gleichstand in Deutschland keine Spur. Selbst in Haushalten mit zwei Vollzeitbeschäftigten sind es in der Regel die Frauen, die sich täglich länger mit Haushalt und

Kindern beschäftigen, als es die Männer tun. 6,5 Stunden für die Frauen; 3,5 für die Männer[11]. Klares Heimspiel aufseiten der Frauen. Obwohl ich mich frage, ob ich mich über diesen Sieg freuen sollte.

Der Norden hat halt einfach die besseren Feministen, wie Alex, ein Professor und Pfleger aus Göteborg:»Meine Antwort lautet auch: Die Elternzeit muss 50/50 verteilt werden, ganz klar. Sonst bekommt man es nicht hin. Dann kannst du noch 60 Jahre warten mit der Gleichstellung.«Nach Berechnungen der Ledarna bis 2035 minimal. Immerhin ist Schweden schon vor Jahrzehnten Richtung papafrei, pappaledig auf Schwedisch, aufgebrochen und kommt jetzt erst an. Peter, 60 Jahre alt und ärztlicher Leiter der orthopädischen Abteilung, die vor ein paar Jahren den Sechs-Stunden-Tag für seine OP-Schwestern eingeführt hat, schmunzelt.»Mein ältester Sohn kam 1994 zur Welt. Meine Frau war zehn Monate zu Hause, und dann war ich an der Reihe. Ich hatte sieben Monate pappaledig. Jeder hat das gemacht damals. Und das war 1994!«Und kein Wikingermann lässt sich das wieder abluchsen.

Gut, das ist fair, dann müssen sie aber auch endlich mal mit dem Geld rausrücken. Sara, die Schwedin, die ich zusammen mit ihrer Freundin vor dem Kaufhaus Åhlens treffe, sieht einen interessanten Zusammenhang:»Ich denke, wenn du über Schweden sprichst, solltest du niemals die Elternzeit vergessen. Männer müssen hier ihre drei Monate alleine nehmen, und ich denke, wenn sie mehr Tage nehmen würden dann würden Männer und Frauen auch gerechter bezahlt werden.«Petra, die Hoteldirektorin des Hotels Scandic Anglais, wo ich auch Helmut, den Korrespondenten vom

Handelsblatt interviewen durfte, ist ebenfalls so gar nicht zufrieden mit Schweden: »Auch, wenn wir vielleicht die Besten in der Welt sind, wir sind noch nicht so gut, wie wir sein könnten! Es ist immer noch teurer für eine Familie, wenn der Mann pappaledig nimmt, denn im Schnitt verdienen die Frauen weniger. Wenn ich mir mein Raumpflege-Personal anschaue, nehmen deshalb die Mädels frei und nicht ihre Ehemänner.« Vaterschaftsurlaub hat also eine Menge mit Gehältergerechtigkeit zu tun. Ich werfe einen Blick auf die Webseite des Global Gender Report 2016. Deutschland befindet sich auf Platz 13. Für jeden Dollar, den ich verdiene, verdient ein Mann 1,49 Dollar. In Schweden würde ein Mann für jeden Dollar, den eine Frau verdient, 1,28 Dollar bekommen, immerhin. In Norwegen 1,27 Dollar. Dänemark liegt, was die gleiche Bezahlung angeht, auf demselben Niveau wie Deutschland und versaut mir leider die strahlenden Farben meines romantischen Skandinavien.

Pappaledig hilft also gegen Gehaltsunterschiede *und* gegen Stress. Was können wir also von den Schweden lernen? Nun, sparen wir uns das mühsame Herantasten über zwei und dann vielleicht drei Väter-Monate und machen wir gleich fiftyfifty. Das hilft vorsorglich gegen weiblichen Burn-out. Das dann aber bitte ohne Schummeln: Papa-Monate mit Mutter und Kind auf Bali zu verbringen, wie man es in Deutschland gerne tut, meine Herren, ich bitte Sie! Das hat mit Gleichberechtigung nichts zu tun. So lernt Mann keine Schnuller auszukochen und fluchend passende Söckchen Größe 18 in der Waschtrommel zu suchen, während in der Küche der Brei anbrennt. Verpasste Chance. Und das ist so unendlich schade. Für den Mann. Und das schon viel zu lange.

Wenn Sie Lars fragen. Ihn treffe ich schräg vor der Apotheke, die er leitet. Ein ruhiger Mann um die 60 mit weißem
Haar, ein typischer Schwede, denke ich, sagt halt nicht echt
viel. Während ich darüber rätsele, ob es sich noch lohnt, ihn
weiter zu interviewen, rutscht mir quasi aus Versehen die alles entscheidende Frage heraus: Was hältst du eigentlich von
pappaledig? Wie blöd, denke ich, nach papafrei zu fragen,
der ist doch viel zu alt dafür. Doch ein Strahlen überzieht
sein Gesicht. »Ich glaube, das ist eine gute Sache. Ich habe
eine Menge gelernt, als ich pappaledig war.« Lächelnd fährt
er fort: »Meine Kinder sind heute zwischen 23 und 29 Jahre
alt. Als sie klein waren, wollte ich alle Aufgaben mit meiner
Frau teilen. Wie soll ich all die Hausarbeit lernen, wenn ich
nicht in Vaterschaftsurlaub gehe? Wie soll ich wissen, was
das heißt? Wie kann ich dann gleichberechtigt etwas beitragen? Und das möchte ich, ich möchte genauso an den Aufgaben und am Familienleben teilhaben. Ich war mit allen
dreien sechs Monate zu Hause. Ich habe nur Jungs, und ich
würde allen raten, es genau so zu machen wie ich. Es ist eine
großartige Zeit, wenn deine Kinder größer werden, und es ist
sehr traurig, wenn du daran nicht teilhast.« Während Lars in
seine Apotheke geht, überlege ich mir das deutsche Ende für
seinen Satz: Es ist sehr traurig, wenn du daran nicht teil …
haben kannst … haben willst … haben musst? Papafrei zu
haben, hat Einfluss auf die Kinder, sicher, aber auch auf die
Beziehung und in Skandinavien letztendlich auf die gesamte
Gesellschaftsstruktur. »Letztendlich ist es mit papafrei so«,
fügt Johan von Tobii nachdenklich hinzu, »dass dahinter ein
ganzes System steht, das diese 50/50-Aufteilung vorantreibt.
Und das eröffnet Männern und Frauen die Möglichkeit, auch

in der Beziehung alles gleichberechtigt zu teilen.« Dann sehen Väter, »dass sie Kleidung kaufen müssen, waschen, Essen zubereiten, einkaufen und so weiter«, so Celia, Finanzchefin beim Betreiber der Stockholmer U-Bahn. »Und wenn Männer das erfahren, ist es in der Zukunft einfacher, die Lasten zu teilen.« Wenn wir von Vaterzeit reden – Dänemark außen vor gelassen – dann reden wir in Schweden und Norwegen von Papazeit, die Männer alleine bewältigen. Da wird nicht gemogelt.

Ich erkenne mich selber nicht mehr. Gleichberechtigung der Geschlechter, Feminismus, Emanzipation und Gendergedöns. Solche Themen gingen mir bisher immer am Hintern vorbei. Irgendwie seltsam, vielleicht bin ich einfach kein politischer Mensch ... vielleicht war ich aber nach der Trennung von meinem Mann als 0/100-Alleinerziehende so sehr damit beschäftigt, mein Leben in den Griff zu bekommen, dass mir schlichtweg die Zeit fehlte, einfach mal die dümmste aller Fragen zu stellen: Warum eigentlich immer die Frau? Warum nicht der Mann? Neun Monate Vaterschaftsurlaub, wie Roger, den ich mit seinem Kinderwagen zwischen den 161 000 Pendlern, die hier täglich die Bahnsteige wechseln, an der unterirdischen Station T-Centralen, entdecke. 32 Jahre alt und Vater dreier Töchter (eins, drei und fünf Jahre alt). Roger repariert Kreditkartenleser. Und ja, der hat tatsächlich papafrei und wartet auf eine Freundin, mit der er sich zum Kaffee verabredet hat. »Ich bin in Vaterschaftsurlaub, weil ich es liebe, Zeit mit meinen Kindern zu verbringen. Sie sind nur für kurze Zeit so klein, und es ist gemütlich, mit ihnen zu Hause zu sein. Meine Frau ist von April bis Dezember zu Hause geblieben und jetzt bin ich dran.« Neun Monate! Drei

Mal (drei Kinder)! 50/50. Was wohl der Arbeitgeber dazu sagt? »Der findet das gut.«

Wenn es kompliziert wird, zeigen sich die wahren Werte und wie weit sie im Denken der Menschen verankert sind. Im Prinzip ist es doch völlig egal, wer in Elternzeit geht, ob das der männliche Bauarbeiter ist oder die weibliche Managerin. Einer fehlt halt immer. Auf jeden Fall sind zwei kürzere Perioden für alle einfacher zu überbrücken als eine lange. Warum sollte das etwas mit dem Geschlecht zu tun haben? Salopp gesagt, werden Männer hier genauso schwanger wie Frauen. Peinliche Verrenkungen während des Bewerbungsgesprächs in Sachen Lebensplanung bleiben hiermit allen Parteien erspart.

Und so wird mir als Exportschlager für das Glück der Deutschen regelmäßig die Vaterzeit mit auf den Weg gegeben. »Pappaledig! Eindeutig!« Malin, verantwortlich für die Erneuerung der Unternehmenswerte beim Bauriesen Skanska, schmeißt sich weg vor Lachen. »Ich glaube, das ist super wichtig.« Ich hebe erstaunt die Augenbrauen. Malin hat doch noch gar keine Kinder. Doch sie stimmt mir zu. »Ich glaube, wir haben dadurch mehr Vielfalt hier bei Skanska. Ich sehe hier Männer wie Frauen, die eine Karriere machen, obwohl sie jeden zweiten Tag um drei Uhr ihre Kinder vom Kindergarten abholen. Das macht mich glücklich, ich verliere nicht 50 Prozent der Kollegen. Es ist nicht eine homogene Gruppe, die hier die Karriereleiter hochsteigt.« *Drei* Zutaten für das deutsche Glück wollte ich hören, erinnere ich Malin. »Vertrauen – ganz wichtig. Und Sauna! Pappaledig, Vertrauen und Sauna, ganz klar. Ich würde diese drei Dinge exportieren.«

Kinder als Weiterbildungsmaßnahme

Das würde Kjetil auch nach Deutschland ausführen. Zumindest die Elternzeit würde der Gründer des Architekturbüros in Oslo, mit weicher Stimme und kantigen Ansichten, vorschlagen. Nach anderthalb Stunden steht er immer noch vor mir: »Elternzeit?«, will ich wissen. »Das bedeutet doch, die Leute fangen hier an und schwups, da sind sie schwanger!« »Oh ja«, so Kjetil mit leuchtenden Augen. »Nicht nur einmal! Zweimal! *Dreimal!*« Das müsse doch eine enorme Menge Geld kosten. »Nun, wie ich bereits gesagt habe, wir sind nicht billig. Verkaufe *das* den Deutschen!«, fährt er lachend fort. »Wir sind nicht billig, weil wir Elternzeit haben!« Wieder ernst erklärt er mir, was das für ihn bedeutet: »Du bekommst einen Architekten, der weiß, was es bedeutet, ein Kind zu erziehen. Was bedeutet das, wenn wir eine Schule entwerfen oder einen Kindergarten? Lebensweisheit ist der größte Beitrag zur Architektur.« Ich habe verstanden: Leben ist ein Teil der Arbeit. »Oh ja« fährt Kjetil beinahe flüsternd fort. »Das ist sehr, sehr wichtig.«

Männer wie Frauen wachsen als Eltern, so denken die Eislochhüpfer, wie ich sie liebevoll nenne, darüber. Das ist unbezahlbar. Und diese Weiterbildung sollte auch den Männern nicht verwehrt bleiben! Anna, Mama und Personalverantwortliche für das gesamte, na ja, überwiegend männliche Personal bei Skanska, das im Büro und auf den Baustellen herumschwirrt, wirft ihre Haare zurück: »Wie kannst du nur die Hälfte der Menschheit dazu nutzen, dein Land oder dein Unternehmen zu entwickeln? Dass Männer hier pappaledig nehmen, verändert die Arbeitskultur. Denn auf einmal entsteht Flexibilität und plötzlich wird Führung anders gesehen. Denn dann wirst du dir darüber bewusst, dass du deine Projekte nicht mehr zehn Stunden am Tag überblicken kannst, es müssen andere Lösungen her. Da muss auch das Unternehmen flexibel sein.« Und das ist übrigens auch das erklärte Unternehmensziel des Bauunternehmens. Mehr Frauen rein ins Unternehmen, mehr Männer raus zu den Kindern.

Veränderung ist in Skandinavien absolut erwünscht. Der Mensch reift nicht, wenn er immer nur dasselbe tut. Und kein Lebensereignis ist ergreifender als die Geburt eines Kindes. Und so herrscht in Schweden die Überzeugung, dass Personen, die Eltern werden, auch in ihrer Führungsrolle oder als Mitarbeiter reifen. Johan, der Eisenbahndirektor noch ohne Kinder und mit blau-orangefarbenen Turnschuhen, schaut aus dem Abteil raus in die Landschaft, die an uns vorüberzieht. »Kinder kreieren eine gesunde Lebensbalance. Wenn du zehn Jahre lang hart gearbeitet hast und machst dann auf einmal etwas komplett anderes: Ich denke, dieser Perspektivwechsel ist unbezahlbar.« Und, darin sind sich alle einig, ein Gewinn für's Unternehmen. Weiterentwicklung, das bedeutet in Skandinavien etwas anderes als stumpf die Karriereleiter hochzuklettern oder sich ständig fachlich weiterzubilden. Jessi lacht vergnügt und fährt sich noch einmal durch ihre langen dunkelbraunen Haare. »Du verlässt nicht nur das Unternehmen, du durchläufst auch einen wertvollen Prozess. Etwas in deiner Haltung verändert sich. Du setzt andere Prioritäten, verlierst dich nicht mehr so schnell in Details. Ich denke, das so zu sehen, ist großartig in Schweden.« Und wen wundert's dann noch, dass Menschen auch in der Elternzeit befördert werden? Marianne bei Novozymes in Dänemark zum Beispiel, oder Tanja bei IKEA in Schweden.

So gesehen sollte man sich beinahe schon darum kloppen, wer denn jetzt die Elternzeit bekommt, bei all den Vorteilen, die die Kinderbetreuung für die Entwicklung einer Person mit sich bringt. Besser noch, Nachwuchs sollte arbeitsvertraglich festgelegt werden. Menschen, die Kinder haben und deshalb öfter mal wegen Krankheit ausfallen, sind besonders wertvoll, denn sie haben eine gewisse Reife und ein weitreichendes Verantwortungsbewusstsein. Sie sind nicht mehr so auf sich selbst bezogen, findet auch Marcs Chef Søren aus Dänemark, den Sie später noch kennenlernen werden. »Und das sind natürlich, was die Zusammenarbeit betrifft, absolute Vorteile.« Und zusammen, das ist das A und O in Skandinavien! Deshalb freut sich jeder wie Bolle auf seine Kinder, wie Rune, dessen Frau gerade eines erwartet. Der bärtige, kräftige Nordmann, Produktionsmitarbeiter bei Siemens hoch oben im Norden Norwegens, grinst kaum sichtbar hinter seinem enormen Bart. »Ich denke, wenn ich zu Hause bei meinen Kindern sein kann, werde ich mich als Mann weiterentwickeln. Ich werde erkennen, dass das Wichtigste im Leben meine Kinder sind, zu sehen, das ist das echte Leben!«

In Deutschland stehen Kids trotzdem noch nicht an erster Stelle. 2015 fanden immer noch 69 Prozent der Erwerbstätigen, dass das Berufsleben heutzutage sehr stressig sei. Und deshalb sei es auch schwieriger, eine Familie zu gründen, als früher. Und 68 Prozent der berufstätigen Frauen der Generation Y denken, dass jemand, der mehr Zeit für seine Familie einfordert, sein berufliches Weiterkommen gefährdet.[12] Da hake ich mal nach bei Helle, der Personalverantwortlichen bei MOE, dem dänischen Ingenieurbüro. Kurze Haare und pfirsichfarbener Flauschepullover. »Schadet das Gründen einer Familie deiner Karriere?«, frage ich sie.

Pause. Irritierter Blick. »Was meinst du damit?«

Okay, das sagt schon genug. Manche Fragen sollte man im Norden einfach nicht stellen, weil Menschen sie nicht verstehen. Irgendwann fällt dann aber auch bei der hellen Helle der Groschen: »O nein, ich denke, das ist total positiv, denn es macht etwas mit den Menschen. Sie fällen Entscheidungen anders, sie organisieren sich anders. Es ist nicht so, dass du das als Single nicht kannst, aber wir benötigen ja beides.« Und das ganze Gedöns, kranke Kinder, Elternzeit und so? Da lacht Helle fröhlich auf. »So läuft das Spiel. Wenn du glückliche Mitarbeiter haben möchtest, dann musst du die Arbeit für sie so organisieren, dass es passt.« Vergnügtes Lachen auch von Tine Trinkfest, der Chefin von Norner, dem Plastik-Entwickler in Norwegen. »Ich will, dass meine Mitarbeiter ein glückliches Leben führen können! Ich meine – come on – es ist nur ein Jahr, höchstens, und dann sind sie wieder da. Und dann arbeiten sie wie verrückt, weil sie glücklich sind, einen tollen Job zu haben und ein tolles Baby.«

Die Sache mit der Kinderfreundlichkeit …

»In Deutschland bleiben immer noch hauptsächlich die Frauen zu Hause, oder? Wie in aller Welt kann das ein Frauenthema sein?« Ich halte lieber meine Kamera fest, befürchte ich doch beinahe schon einen energischen Faustschlag auf den Tisch. Die sonst sehr sanfte Anna, Personalleiterin beim

Baukonzern Skanska, möchte uns natürlich auch die Vaterzeit nach schwedischem Modell aufs Auge drücken. »Das ist ein gesellschaftliches Thema!«, fährt sie energisch fort. »Wie wollen wir unsere Kinder aufziehen? Für mich ist der Schlüssel zu gesellschaftlicher Veränderung der Vaterschaftsurlaub. Ich glaube nicht, dass du gesellschaftlich etwas verändern kannst, ohne die Einstellung zu Kindern zu ändern.«

Vielleicht hat Anna recht, es geht im Prinzip darum, welchen Stellenwert Kinder in unserer Gesellschaft haben. Uh, Kinderfreundlichkeit. Sagen wir mal so, wir arbeiten daran.

»Hier in Dänemark haben die Kinder einen Wert, wie ich ihn noch nie erlebt habe. Der Respekt vor der nächsten Generation ist hier größer als anderswo. Ich glaube, dass das ein Kern der Fröhlichkeit ist, denn wenn man der nächsten Generation nur mitgibt: *Ach, ist das alles lästig*, dann kann man ja nicht optimistisch in die Zukunft schauen.« Konrad blickt noch mal ruhig vor sich hin, nimmt seinen Stift zur Hand und schreibt ein paar Worte nieder. Er ist hier bei Novozymes für die PR zuständig. Kinder ja, die gehören im Norden einfach dazu. Und man muss sie einfach liebhaben. Auch, wenn es Geld kostet. Doch Skandinavier denken langfristig. Was bitte sind wir ohne Kinder?

Und was das wohl für einen enormen Einfluss auf typische Männerdomänen hat. Der glucksende Christian, wie ich den vergnügten CEO des kleinen Ingenieurbüros MOE nenne, grinst wieder breit: »Ja, das ist schon so. Das kostet. Die Männer sind nicht da. Aber Kinder sind das Wichtigste für unsere Gesellschaft, sie sind ein Geschenk. Du solltest alles dafür tun, um sie zu unterstützen.«

Und ja, das tun die skandinavischen Länder mit exzellenter Kinderbetreuung. Denn wenn es mit der Flexibilität unter Partnern nicht so klappt, der Job im Krankenhaus, Laden oder der Produktion keine Flexibilität zulässt, ein Elternteil gestorben ist oder die Lebensplanung durch irgendwelche anderen Gründe zusammenkracht, dann müssen die Kinder täglich länger aufgefangen werden. Und ja, auch für diesen Fall wird im Norden vorgesorgt. Tine, die grundsympathische Geschäftsführerin aus dem kleinen Ort im Süden Norwegens, lacht vergnügt auf. »Wenn du heutzutage keinen Betreuungsplatz für dein einjähriges Kind findest, dann kommst du damit auf die Titelseiten der Zeitungen.« Jeder soll die gleichen Möglichkeiten haben, sich zu entwickeln: Männer, Frauen, aber auch die Kinder. Jedem Kind sollten dafür dieselben Voraussetzungen geboten werden. »Unsere Kinder bekommen warmes Essen in der Schule. Danach gehen sie zum Karate, zum Kochkurs oder zum Musikunterricht. Die öffentlichen Angebote sind ein Traum«, so Gernot, der deutsche Wissenschaftler beim Weltverbesserer Novozymes, begeistert. In Dänemark gibt der Staat dafür 6,5 Prozent seines Bruttoinlandsprodukts aus, in Deutschland 4,3 Prozent[13].

Das könnten sich privat nur die wenigsten leisten. Deshalb hat jeder die Möglichkeit, sein Kind ab einem Jahr durch gut ausgebildetes Personal betreuen zu lassen. Und das zu äußerst flexiblen Zeiten. Und nein, das schadet den kleinen Würmchen nicht, so sehen das die Wikinger, im Gegenteil! »Das Soziale, das Miteinander, ist uns wichtig. Die Abhängigkeit von den Eltern hast du immer noch, aber es ist nicht schlimm, das Kind abzugeben, sondern umgekehrt, es ist etwas Positives. Kinder brauchen andere Kinder, um sich überhaupt sozial entwickeln zu können. In Deutschland sieht man das anders«, findet Hanna, die Chefin von IKEA Malmö, die ihre Tochter, damals noch in Deutschland, ab dem ersten Jahr in eine Kita gegeben hatte. Und dafür eine Menge schräger Blicke kassiert hat.

»Ich schätze es sehr, die Möglichkeit zu haben, neben Studium und Job eine Familie gründen zu können. Schweden bietet dir dafür alle Möglichkeiten. Sie tun alles dafür, dass du deine Träume wahr werden lassen kannst. Ich weiß nicht, ob du es schon gemerkt hast, aber wir haben eine Menge Kinder hier in Schweden!«, so Erik, ein Physiotherapeut, den ich in Malmö auf der Straße treffe, während er auf einer Bank sitzend seinen acht Tage alten Sohn William wiegt. Er hat gerade wieder angefangen zu studieren. Doch ja, das war mir schon aufgefallen. Kommen in Deutschland 2016 auf jede Frau 1,5 Kinder, so sind es in Schweden 1,9, in Dänemark 1,7 und Norwegen 1,8 Geburten.[14] »Alle Menschen haben ihre Träume, und in Schweden ist es ein wenig einfacher, das zu erreichen, wovon du träumst.«

Menschen sind unterschiedlich. Klar arbeiten CEOs auch im Norden tendentiell mehr, wie Sofia, Trine oder Christian, und trotzdem möchten sie nachmittags zum Fußballspiel der Kinder abdüsen. Und klar gibt es jüngere, die ungestüm ranklotzen wollen, bevor die Kinder kommen, wie Jonathan, ein Software-Entwickler aus Oslo, denn später möchte er ein genauso guter Papa sein wie sein eigener, und minimal neun Monate Vaterschaftsurlaub nehmen. Es gibt Menschen, die einfach ihren Bürojob machen wollen und das Telefon nach 16 Uhr ausschalten, wie Daniel, Controller bei Scania.

Es gibt Frauen, die lieber 80 Prozent arbeiten, wie Romana, die österreichische Architektin, oder Nils von Tobii. Es gibt Menschen im Krankenhaus, wie Martin, die ihre Dienste leisten müssen, und trotzdem wird auf das Theaterabo jeden Donnerstag Rücksicht genommen und darauf, dass der alleinerziehende Arzt jede zweite Woche Nachtdienst haben möchte, wenn er die Kinder nicht hat. Und wenn schon nicht flexibel, wie auf dem Bau bei MTA oder in der Produktion von Scania, dann aber wenigsten absolut keine Überstunden.

21 Millionen Menschen, die vor allem eines haben: ein individuelles Leben mit individuellen Wünschen, Herausforderungen und Lebensentwürfen. Und jedem soll es damit gutgehen. Und das ist das Geheimnis des Nordens. Es ist alles da, um Menschen zu unterstützen, für was auch immer sie sich entscheiden. Jeder hat das Recht, sein Leben so zu leben, wie er es möchte. Ohne Druck von außen, ohne schlechtes Gewissen oder versteckte Erwartungen. Und na klar, es bleibt auch dort eine Herausforderung. Schließlich arbeiten im Norden beide Partner. Doch es ist die Flexibilität auf allen Seiten, die zählt. Und das macht Menschen glücklich. Denn für was auch immer sie sich entscheiden, es ist ein wenig einfacher, das zu erreichen, wovon sie träumen.

Vertrauen ist die Basis für alles

Wie können wir überleben,
wenn wir einander nicht vertrauen und
nicht aneinander glauben?
Randi, Business Development, Siemens,
Oslo, Norwegen

Fesch!

Belustigt betrachte ich mich im Spiegel der Umkleide des längst 4.0 automatisierten Verpackungsentwicklers Arta Plast, 20 Kilometer südöstlich von Stockholm. Ich richte noch einmal meinen Duschhaubenverschnitt aus weißem Papier und zupfe den dazugehörigen weißen Hygiene-Kittel in Form, der mittlerweile bei mir zu Hause in der Box für Karnevalsdeko gelandet ist. Ich bin in Tyresö, einem kleinen, nichtssagenden Ort in irgendeinem kleinen, nichtssagenden Gebäude aus rotem Backstein. Aber drinnen gehen die Roboter ab. 65 Mitarbeiter arbeiten hier im Team mit 47 Spritzgussmaschinen, die alle eine Automationsanlage oder einen Industrie-Roboter angehängt haben. Irgendwie fühle ich mich seltsam allein, als ich zehn Minuten später mit meiner Kamera durch die blitzblanken Produktionshallen stapfe und all die Maschinen passiere, die zischend und summend ihrer Arbeit nachgehen. Interview? Zum Arbeitsglück? Kugelköpfe schauen kurz zu mir auf und drehen sich dann unbeeindruckt wieder weg. Hm. Sieht so die Zukunft aus?

Keine Ahnung, aber ich filme, was das Zeug hält. Darf ich ja. Helge, der große, schlanke Geschäftsführer mit deutschen Wurzeln hat's mir schließlich erlaubt. Er möchte sich gerne erst um seine Kunden kümmern, die unerwartet zu Besuch gekommen sind. Kurze Erklärung, welche Roboter gerade an etwas Geheimem arbeiten. »Das bitte nicht filmen«, sagt er und verschwindet durch die langen durchsichtigen Gummilappen.

Aha. Da stehen wir dann verdutzt, ich und meine Kamera, ganz allein, und wundern uns über sein Vertrauen. Das ist ja einfach. In meinem nächsten Leben komme ich als Spionin in Skandinavien zur Welt.

»Wenn man kein Vertrauen hat, ist das Leben extrem kompliziert, denn dann musst du die ganze Zeit aufpassen«, so Helge am Abend. Und das kostet Zeit, Energie und auch ein wenig Glück.

Nun ja. Unmengen von Glück, um genau zu sein. Denn Vertrauen ist die Basis für ein glückliches Leben. Alle anderen Dinge, die Menschen glücklich machen und ihnen am Tag auch »Acht Stunden mehr Glück« bereiten, bauen auf Vertrauen auf. Fehlt es, zerbrechen nicht nur Beziehungen, nein, ganze Gesellschaftsentwürfe können ohne Vertrauen ins Wanken geraten.

Vor allem die skandinavischen. Die Länder des Nordens sind sogenannte High-Trust-Countries. Wenn Sie Skandinavier fragen, ob sie glauben, dass man Menschen im Allgemeinen vertrauen kann, dann sagen rund 68 Prozent der

Dänen, 66 Prozent der Norweger und 64 der Schweden vorbehaltlos: ja. Sobald wir aber die Grenze nach Deutschland passieren, sinkt das Vertrauensniveau immens. Stellt man dieselbe Frage hier, dann finden nur noch 38 Prozent der Befragten, dass man anderen ohne Weiteres vertrauen kann[15]. Woher also dieses immense Vertrauen im Norden? Ist es das Klima, die Historie, sind es die Glücksgene gar, die man bei den Skandinaviern entdeckt haben will? Christian Bjørnskov, dänischer Ökonom und Vertrauens-Forscher, gibt mir die ernüchternde Antwort per Mail: »Man weiß es nicht.« Das wäre jetzt also geklärt.

Im Roboterland ist es inzwischen dunkel, kalt und schneeverhangen und bestimmt schon Essenszeit, die ich dem 46-jährigen Familienpapa jetzt stehle. Helge winkt nur ab und fährt fort: »Hier ist Vertrauen einfach etwas, was vorausgesetzt wird. Das ganze schwedische Modell baut darauf auf, dass Menschen ehrlich sind. Dass sie sich zum Beispiel nicht krank melden, obwohl sie nicht krank sind, dass niemand seine Freiheit ausnutzt. Vertrauen ist das Fundament unserer Gesellschaft.«

Einer transparenten Gesellschaft, in der Sie quasi nichts verstecken können, weil jeder alles von Ihnen wissen könnte. Dass Sie der Halter des Autos sind, das mich hier gerade zugeparkt hat. Dass Sie 8,2 Millionen schwedische Kronen für die 80-m²-Wohnung auf der Kungsgatan bezahlt haben, und wie hoch Ihre Steuernachzahlung ist, könnte ich auch wissen. Und ich weiß, wo Sie wohnen. Auch das. Doch Fakt ist, was so offen daliegt, ist lange nicht so interessant wie Verstecktes. Außerdem können Sie auch zurückgucken und zum Beispiel einsehen, wofür der Staat Ihre Steuern verwendet und welche Ausgaben die Politiker machen. Das ist fair. Und führt zu einem unbestimmten Gefühl der Gerechtigkeit. Und deshalb zuckt der Wikinger auch nur mit der Schulter und sagt, kein Problem. Jeder darf doch wissen, dass ich fünf Bier getrunken habe und nicht drei. Und das ist alles ersichtlich, dank einer zehnstelligen ID-Nummer, die in Schweden jeder bekommt. Frank, der Wahlschwede auf dem Fels, findet das ein super Ding. »Ich kann damit alles machen: ein Auto kaufen oder mieten, Bankgeschäfte erledigen oder eine Versicherung abschließen, Steuern zahlen oder ein Haus kaufen. Aber gleichzeitig weiß der Staat auch alles über mich, welche Verträge ich habe, welches Auto. Alles nur mit dieser kleinen Nummer. Aber die Schweden sagen sich, die wissen schon, was sie machen, sie wollen nur das Beste für mich. Man hat so eine positive Grundeinstellung. Unglaublich.«

Vor allen Dingen unglaublich blauäugig würde ich mal sagen, oder Steingrimmur? Der isländisch-deutsche Opern-Komponist mit dänischer Exfrau und schwedischer Freundin, den ich abends auf ein Bier in Kopenhagen treffe, zuckt nur gelassen mit den Schultern. »Wir sind hier der gläserne Bürger, aber das ist uns doch egal. Es ist einfach das bessere Modell, also hundertprozentig. So viel Vertrauen muss man haben in den Staat. Das bedeutet ja auch Vertrauen ineinander zu haben.« Und das ist der springende Punkt. Das gegenseitige Vertrauen. Ich in dich, du in mich. Einfach so. »Wenn man Vertrauen sieht wie eine Weltkugel ...«, holt Lars, ein Richard-Gere-Double, das Ihnen später noch mal begegnen wird, mit einer großen Armbewegung aus, »im Inneren befinden sich die Menschen, die uns am nächsten stehen, wie die Familie. Das ist der harte oder heiße Kern, dem wir am meisten vertrauen. Und wenn du dich immer weiter vom Kern entfernst, dann werden immer mehr Menschen aus der Gesellschaft in dein Vertrauen miteingeschlossen. In Skandinavien fokussieren wir uns nicht auf die Familie, religiöse oder ethische Gruppen, wie man es in den meisten anderen Teilen der Welt tut. Stattdessen haben wir ein Vertrauen zu allen Bürgern, Menschen, die wir nicht kennen.« Und deshalb nennt man es das »kühle« Vertrauen oder soziale Vertrauen.

Skandinavier vertrauen ihren Kollegen, ihren Chefs, ihren Nachbarn und den Leuten auf der Straße. Und lassen deshalb ohne Furcht ihre Kinder vor dänischen Läden stehen. Gernot, der deutsche Wissenschaftler bei Novozymes, lächelt versonnen: »Wenn ein Kind schreit, dann macht jemand die Ladentür auf und ruft: *Da draußen schreit ein Kind.* Da würde keiner dran vorbeilaufen. Das sind Dinge, die kannst du nicht kaufen, die geben eine Leichtigkeit im Leben, das ist unglaublich.« Er lehnt sich entspannt zurück und verschränkt die Arme hinterm Kopf. Auf seinem T-Shirt lese ich: »Create Something Beautiful«. Vertrauen kreiert eine Menge Wundervolles.

Gut. Bis man über's Ohr gehauen wird. Also entschuldigen Sie mal, aber wie naiv kann man sein? Kein falscher Neid, diese Naivität muss man sich erst mal leisten können. Trine von der Handelskammer in Oslo grinst: »Norweger sind sicherlich naiver als Deutsche, aber wir können es auch sein. Es funktioniert ja, weil wir alle so sind. Weil wir uns gegenseitig vertrauen.«

Dann braucht man sich nicht so viele Gedanken über unnötiges Taktieren zu machen, denn dann ist auch im professionellen Kontext Raum für kindliche Begeisterung. Ungefähr so:»Oh, du schreibst über Glück! Das ist ja phantastisch!«Kjetil (gesprochen Schätill), einer der bekanntesten Architekten der Welt, steht in Oslo mit einem Honigkuchenlächeln vor mir und sinnt darüber nach, was er wohl als Glücksbringer nach Deutschland exportieren würde.»Wir werden ja oft als leichtgläubig beschrieben, nicht so super geschäftsmäßig«, brummt der kräftige Mann um die 60, während er sich sein Kinn massiert.»Aber es gibt eine schöne Seite daran zu vertrauen, einfach, weil du näher an den Menschen bist, mit denen du Sachen diskutierst oder erörterst.« Kjetil überlegt lange. Sehr lange. Norwegisch lange.»Ich glaube, ich würde Naivität nach Deutschland exportieren! Naivität im Glauben an die Person, die du vor dir hast, Strategien links liegen lassen, Weggehen von diesen Kämpfen. Ich denke, das ist ein Wert.« Auf den langen Holztischen tief unter uns zündet jemand die Kerzen an. Eine Frau trällert eine Oper vor sich hin. Lachen.»Von kindlich unbefangener, direkter und unkritischer Gemüts- oder Denkart zeugend, wenig Erfahrung, Sachkenntnis oder Urteilsvermögen erkennen lassend«, so die Definition von Naivität im Duden. In Deutschland ist der Begriff nicht wirklich positiv besetzt.

Ib, der emotionale Leiter des Übersetzungsdienstes World Translations reißt beide Arme in die Höhe, um sie dort ratlos hängen zu lassen. Irgendwie erinnert er mich an eine Marionette aus der Augsburger Puppenkiste:»Das ist doch wichtig, dass man eine Basis hat, dass man weiß: Wo fühle ich mich sicher? Wo habe ich es gut? Wo kann ich vertrauen?« Fragend schaut er mich an.»Ich habe kein Management studiert, aber ich trage Fürsorge für meine Familie, ich passe auf … das sind Werte, Mensch, die nehme ich doch auch mit auf die Arbeit«, ruft Ib in fließendem Dänendeutsch.»Was ich sage, das halte ich auch. Ein Wort ist ein Wort. Viele sagen: *Mensch Ib, das ist zu naiv!*, aber warum funktioniert es? Kannst du mir das sagen?«

Vertrauensvoll, positiv, gelassen, offen, ehrlich, unverstellt. So würde die nordische Definition von Naivität lauten. Und damit fährt der Norden gut, äußerst gut, wie Sie im Laufe des Buches noch sehen werden. Naivität ist den Menschen eigen, die sich selbst, der Zukunft und anderen Menschen positiv gegenüberstehen. Und wer vertraut, ist ohne Furcht und frei im Kopf. Und somit allen Menschen, die die Last der Bedenken mit sich tragen, immer eine Nasenlänge voraus. Uns, zum Beispiel.

Das Maß an Vertrauen ist eng gekoppelt an das Menschenbild, das wir haben. Es bestimmt alles. Wie wir miteinander umgehen, was wir wagen, wen wir lieben, mit wem wir uns verbinden, wie wir zusammen die Zukunft gestalten können. Wie glücklich wir sind.

Wie ist Ihre Sicht auf die Menschheit?

– Denkpause –

Wenn Sie sich jetzt erst einmal ratlos am Kopf kratzen, dann sind Sie nicht allein. Das haben die 279 Bewohner der Nordländer vor meiner Kamera auch schon getan.»Generell sind wir gut, wir wollen das tun, was richtig ist. Also … Mensch, puh, was ist das denn für eine abgefahren große Frage!«, schüttelt sich Marianne, mit dem feinen porzellanpuppengleichen Gesicht vor Lachen, Managerin beim Weltverbesserer Novozymes.»Ich glaube, wir sollten anderen mit dem Gedanken begegnen, dass sie gute Menschen sind und Gutes für andere tun möchten.«

Was immer ein Mensch tut, er tut es in guter Absicht. So ist eindeutig die nordische Sicht auf die Menschen. Ist das Menschenbild positiv, dann ist auch das Vertrauen da. Und dann ist es völlig unerheblich, ob das Glücksniveau von Menschen, die anderen vertrauen, wissenschaftlich erwiesen um 0,5 Punkte steigt. Denn um wie viel mehr steigt es, wenn wir uns bei anderen Menschen wirklich geborgen fühlen, wenn wir Fehler machen dürfen, wenn wir wir selbst sein dürfen? Wenn Menschen uns respektieren, sehen, anfeuern oder lieben? All das sprießt auf dem Boden des Vertrauens. Alle Werte, die ein glückliches Leben bedingen, bauen auf Vertrauen. Wer es anderen entzieht, entzieht ihnen den Boden unter den Füßen. Sich selbst übrigens auch.

Vertrauen mag naiv sein. »Definitiv! Aber was willst du machen? Du musst deinen Kindern vertrauen, deinem Mann, deinen Mitarbeitern, deinem Unternehmen. Sonst kannst du nicht überleben«, so Petra, die Direktorin des Scandic Anglais Hotels mit der Plexiglaskugel im Fenster, meinem Lieblingsschreibort, den Sie später noch kennenlernen werden. Wie sieht also die Lösung aus? Betrachten Sie's doch mal anders herum, wie Kent, der mit weißem Hemd, dunkler Anzugjacke und adrett zur Seite gescheiteltem Haar vor mir sitzt und aussieht wie das Mitglied eines A-Cappella-Chors Anfang der 1950er Jahre. Executive Vice President in Sachen Personal bei Scania. »Wann hättest du denn gerne, dass man dir nicht vertraut?«, so fragt er mich. Na? Auf der Arbeit, in der Familie oder im Bett? Als Freund, als Geschäftspartner oder als Ehepartner? Sie bescheißen bei der Steuererklärung, aber würden selbstverständlich niemals Ihren Partner betrügen, oder war es andersherum?« Kent schlägt mit seiner Hand auf den Tisch: »Vertrauen ist wichtig: am Morgen, zur Mittagszeit, am Abend. Vertrauen ist notwendig! 24 Stunden am Tag.« Auch bei 49 000 Mitarbeitern. Gerade dann. Denn, so Anne-Marit, die freundliche Geschäftsführerin bei Siemens: »Das Fundament meiner Macht sind meine Mitarbeiter. Wenn ich ihr Vertrauen verliere, werde ich fallen.«

Vertrauen ist in Skandinavien absolut nicht verhandelbar. Es ist das Einzige, worüber kein typisch skandinavischer Konsens erzielt werden kann, denn es ist eine absolute Größe. Vertrauen bedeutet Ungewissheit, Unsicherheit, Verwundbarkeit und birgt immer die Gefahr in sich, dass wir theoretisch auch enttäuscht werden können. Erst wenn wir trotzdem eine positive Erwartung haben, können wir von Vertrauen reden. Für Länder wie Deutschland, mit einem extrem hohen Bedürfnis an Sicherheit[16], ist das eine knifflige Sache. Doch, was wir auch tun, um Vertrauen abzusichern, ein paar Vorschriften hier, ein paar Abmachungen dort, Vertrauen ist da. Oder es ist weg. Sie können nicht nur ein bisschen vertrauen. Kent nickt, während er sich nachdenklich auf die Lippe beißt. »Vertrauen ist der Motor für alles. Ich glaube, das ist das Resultat einer langen schwedischen Tradition. Mir war nie bewusst, wie ausgeprägt das hier ist, bevor ich in anderen Kulturen gearbeitet habe. Vertrauen wird über lange Zeit aufgebaut. Es kann von einer einzigen Person zerstört werden. In Organisationen in weniger als fünf Minuten. Und es wird Jahre dauern, es wieder aufzubauen.«

Tillit, tillit, tillit. So pfeifen's die Vögel von den Dächern der rot-weißen Häuser. Was klingt wie der liebliche Gesang an einem Sommermorgen ist tatsächlich die Basis für einen gelungenen Start in den Tag. Tillit heißt Vertrauen auf Schwedisch, Norwegisch und Dänisch[17]. Und ist das schönste Wort der Welt. Der größte Schatz einer Gesellschaft und das Großartigste, was Sie einem anderen Menschen schenken können. So und jetzt frage ich den netten Herrn, Manager bei einer deutschen Automarke, den ich gerade im Café in Bonn kennengelernt habe, mal nach seinem Menschenbild. »Ich glaube, Menschen sind grundsätzlich faul.« Gut. Das wäre dann geklärt. Wenn du denkst, Menschen sind faul, dann brauchst du die Peitsche, so ein Protagonist aus meinem ersten Buch. Wenn wir aber davon ausgehen, dass Menschen nur das Beste wollen, wozu benötigen wir dann die Peitsche? Unsere eigene Haltung beeinflusst die Realität, nicht wegen des Esoterik-Anteils an diesem Gedanken, sondern weil es bei Vertrauen wirklich so funktioniert. Studien haben tatsächlich ergeben, dass Menschen, denen Vertrauen geschenkt wird, sich auch vertrauenswürdig verhalten, so schreibt mir Christian, der Ökonom per Mail. Til-liT. Von vorne wie von hinten gleich. Wer Vertrauen schenkt, bekommt Vertrauenswürdigkeit zurück. Ganz einfach, weil es eine Ehre ist, wenn jemand uns vertraut.

Und das setzt unbändige Kräfte frei, wie Visal, der Verkehrsleiter in der Kommandozentrale von Stockholms U-Bahn mir erklärt: »Wenn du mich fragst, was ich meinem Unternehmen zurückgebe, dann ist es meine Leidenschaft. Ich gebe immer alles, denn mein Arbeitgeber, meine Kollegen, jeder hier vertraut mir. Und dann denke ich: *Okay, sie vertrauen mir. Lass mich ihnen zeigen, dass sie die richtige Entscheidung getroffen haben.*« Vertrauen entfesselt Eifer und Hingabe. Auch wenn man darüber spricht, wie bei Christl, aus dem Management-Team beim Baulöwen Skanska in Stockholm. Lebhaft, fröhlich und allzeit messerscharf entgegnet die Frau mit dem wuschelig-schwarzen Haarschopf: »Ich muss meinem Manager vertrauen können, um diese Leidenschaft zu entfesseln, und mein Manager muss mir vertrauen können. Und dann erreichen wir wirkliches Commitment, dass du für etwas brennst, dich etwas berührt, dir etwas wirklich wichtig wird. Es gibt bestimmt viele Arten, Vertrauen zu zeigen. Ich glaube an Offenheit und Ehrlichkeit.«

Wahrheit steht am Anfang von Vertrauen

Das findet Søren Kierkegaard, der dänische Philosoph, auch. »Je echter die Wahrheit, um so kürzer der Weg zur Verständigung.« Wahrheit bedeutet die Übereinstimmung einer Aussage mit der Sache, über die sie gemacht wird, oder: Sag, was du tust; und tue, was du sagst. »Stehe zu deinem Wort, halte dein Versprechen. Übernimm Verantwortung«, so beginnt Tonje, die aufgeweckte Personalleiterin bei Yara in Oslo ihre Anleitung zum Vertrauensaufbau: »Sei offen in deiner Kommunikation, gib Feedback auf eine positive Art. Rede nicht hinter dem Rücken anderer Menschen, hege keine Hintergedanken.« Niklas, der, wie Sie später erfahren werden, inoffizieller Kapitän der Star-Wars-Crew seines IT-Logistikunternehmens ist, möchte die Handlungsdirektive gerne erweitern: »Du bekommst Tausende kleiner Möglichkeiten pro Tag, Vertrauen aufzubauen. Wenn du mit einer Idee zu mir kommst: Wie behandle ich dich dann? Gebe ich dir eine Kopfnuss oder verhalte ich mich so, dass du morgen mit einer neuen Idee kommst?« Transparenz, Ehrlichkeit und Wohlwollen, darauf baut Vertrauen auf. Und tatsächlich können Sie in Skandinavien darauf zählen, dass das, was man Ihnen sagt, auch ehrlich gemeint ist. Und das kann manchmal hart ankommen.

»Wenn ich in unserem Haus die Treppe runterlaufe und Leute treffe, dann kann ich *Hallo* sagen, muss es aber nicht. In Deutschland würde man dann schnell denken: *Hat der was gegen mich? Der grüßt mich ja gar nicht.* In Norwegen ist das ganz okay. Der Norweger schaut so halb an dir vorbei, und du schaust halb an ihm vorbei. Das heißt dann nur *Ich hab jetzt einfach keine Energie oder keine Lust, mich groß zu unterhalten.*« Matthias lacht kurz auf ob seiner eigenen Umschreibung. Das sei auch der Grund, weshalb Norweger schnell als zurückhaltend beschrieben werden. Dieses Bild trügt allerdings, denn »sobald sie sich mit dir unterhalten, sind sie sehr offen und haben normalerweise keine geheime Agenda. Sie verfolgen keine Ziele. Wenn sie sich unterhalten, dann unterhalten sie sich gerne mit dir und sagen auch das, was sie meinen.« Er hält kurz inne und fügt dann lachend hinzu: »Freie Menschen!«

Denn lieber keine Beziehung als eine nur höfliche. Oder eine berechnende. Nett mit dem Geschäftsführer eines potentiellen Kunden anbandeln, um dann mit einem gekünstelten Lächeln die Visitenkarte rüberwachsen zu lassen? Ohne wirklich interessiert daran zu sein, wie es seiner kranken Frau geht? Gar nicht gut. Echtes Interesse oder gar keines.

Wahrheit ist in Norwegen und Schweden Trumpf. Ehrlichkeit ist ein Basiswert in diesen Ländern.

Lieber gar nichts zu den unglaublich hässlichen Schuhen sagen, die Sie sich gerade gekauft haben, als ein falsches Kompliment. Frei nach Voltaire: »Alles was du sagst, sollte wahr sein. Aber nicht alles, was wahr ist, solltest du auch sagen.« »Es gibt ja keine Smalltalk-Verpflichtung, wie in Amerika. Und in Deutschland hat man ja auch oft das Gefühl, ich muss jetzt irgendetwas sagen. Hier im Norden ist Stille normalerweise nicht unpassend«, so Matthias weiter. Besser nachdenken und schweigen, anstatt belanglos zu schwätzen. Nett gemeint, aber glatt gelogen, damit haben es die Norweger und Schweden nicht so. Und kommen dann manches Mal ein wenig ungehobelt rüber. Und was tun die Dänen? Sie sagen Ihnen einfach, was für unglaublich hässliche Schuhe Sie tragen.

Doch auch in Dänemark können Jahre vergehen, bis Sie es mal über die Schwelle einer dänischen Haustür geschafft haben. Für viele Neuankömmlinge ist das ein frustrierendes Erlebnis. Doch sobald Sie die Türschwelle »überwunden« haben, sind Sie ein Teil des Ganzen, wie bei Marc und Anne. »In Schweden ist man ja eher zurückhaltend. Den ersten Schritt macht der Schwede normalerweise nicht. Aber wenn man dann erst einmal Kontakt aufgenommen hat, dann wird man auch in diese Gemeinschaft integriert, und zwar ganz schnell«, sagt Hanna, die Einrichtungshauschefin aus Malmö, während sie ein typisch schwedisches Åhhh dranhängt. Ein paar 100 Kilometer nördlich in Stockholm bestätigt Plexiglaskugel-Petra das: »Okay, wir sprechen einander nicht unbedingt an der Bushaltestelle an. Aber wenn wir uns miteinander verbinden, dann geht das ganz tief, dann ist das eine ernsthafte Verbindung.«

Sie sehen, Vertrauen geht tief, sehr tief. Bis ins Herz. Deshalb hat Vertrauen eine Menge mit Menschenliebe zu tun. Und deshalb finden Sie dieses Wort auch im Businesskontext wieder.

Liebe! (= Imperativ)

Ich habe seine Telefonnummer bei mir im Handy noch immer unter Victor gespeichert. Wie es ihm wohl geht, frage ich mich und schicke eine kurze SMS an den jungen, humorvollen Mann, der mir während unseres Fernsehdrehs in Stockholm so ans Herz gewachsen ist. Prompt bekomme ich eine SMS zurück. Er macht tatsächlich gerade seine Aufnahmeprüfung zum Studium der Sportpsychologie, schreibt er mir. Und das ist ein kleines Wunder, denn Victor ist seit seiner Geburt spastisch gelähmt. Aber er kann das Licht und die Jalousien in seinem Zimmer steuern, E-Mails schreiben, in seinem Rollstuhl fahren und »spricht« sogar Deutsch, Englisch, und ein wenig Spanisch kann er auch. Und all das nur mit seinen Augen. Dank eines Sprachcomputers, den er mit ihnen steuert. Und beim Hersteller dieser Geräte sitze ich jetzt Fredrik gegenüber, einen halben Kopf größer als ich, mächtig durchtrainiert, energiegeladen und glasklar. Knallharter Geschäftsmann, liebender Papa und fürsorglicher Chef. Das Energiebundel aus Stockholm lehnt sich engagiert nach vorne, stützt seine Ellenbogen auf die Knie und gibt – zack! – seine Sicht auf gutes Management wieder: »Echte Liebe und Anteilnahme für jeden Einzelnen im Team. Das ist das Wichtigste.« So ähnlich tönt es auch westlich von Stockholm, nicht ganz so durchtrainiert, aber genauso zackig: »Es gibt zwei Prinzipien, auf denen du ein Unternehmen führen kannst«, findet auch Niklas vom Star-Wars-Logistikzauberer: »Liebe und Angst. Entweder glaubst du an Menschen und bietest ihnen die Möglichkeit, sich selber zu übertreffen, oder du schlägst ihnen kontinuierlich die Birne gegen die Wand und bestrafst sie.« Und auch, wenn wir immer noch von den Wikingern, den ehemaligen Schrecken der Weltmeere reden, tun sie das heutzutage sehr ungern. »Ich will andere Menschen positiv sehen«, so Christian, CEO der schwedischen Fluglinie BRA, in formidablem Deutsch. »Man muss ja Menschen magen!« Fragender Blick an mich. »Mögen«, verbessere ich. Der sympathische Mann Mitte 50 lächelt: »Ah, mögen, ja! Man muss Menschen mögen. Ich möchte ja gerne, dass meine Mitarbeiter die Kunden mögen, aber dann muss ich auch meine Mitarbeiter mögen. Wie ich andere Menschen sehe, so werden auch meine Mitarbeiter andere Menschen sehen!«

Wie kann ein Volk, dass nach Aussage von Helmut, dem schlaksigen Korrespondenten, die Kühle der Norddeutschen noch toppt, so innig lieben? Denkt man doch beim Norden eher an dünn besiedelte Gebiete, in denen sich im Winter jeder in sein Haus zurückzieht und vor den Maiglöckchen vorzugsweise nicht mehr vor die Tür kommt. Aber Vorsicht! Wenn er dann mal rauskommt, dann kann er Ihnen schon mal verdammt nahe kommen, da können Sie Ihre Hand ausstrecken, wie Sie wollen – ZACK – haben Sie eine Umarmung kassiert. »Ich würde den Deutschen sagen, seid offener und drückt euch mehr. Jeder Mensch braucht Umarmungen«, so

Angela, die herbe Kundenbetreuerin der Fluglinie BRA im Küstenstädtchen Halmstadt. Wie es zum Beispiel die Leute in der Kommandozentrale der Stockholmer U-Bahn tun. »Du kommst hier morgens um sechs Uhr rein und das Erste, was du bekommst, ist eine Umarmung. Das ist wichtig!«, sagt Visal, der Verkehrsleiter. Denn wenn wir uns umarmen, schüttet unser Körper das Hormon Oxytocin aus. Und das ist für alles Mögliche gut. Es reduziert Stress, stärkt das Immunsystem, sorgt für ein Gefühl des Zusammenhalts und steigert – taraa – das Vertrauensniveau unter Menschen.

Willst du Vertrauen, dann zeige dich. Auch aus der Nähe. Die helle Helle, Personalleiterin des Ingenieurbüros MOE mit pfirsichfarbenem Kuschelpullover und knackigem Kurzhaarschnitt, stützt ihr Kinn in die Hand und schaut verträumt auf ein unromantisches Whiteboard. »Vertrauen und Glück, das würde ich nach Deutschland exportieren.« Bedächtige Pause. »Liebe. Das ist ein großer Wert hier in Dänemark. Liebe, Gastfreundschaft, Mitgefühl. In Dänemark siehst du oft den CEO zwischen seinen Mitarbeitern. Einander nahe zu sein, ist ein wichtiger Aspekt in Dänemark, auch für Führungspersonen. Das ist sehr, sehr wichtig für ein Gefühl von Vertrauen.«

Vielleicht gehen diese Menschen deshalb so sorgfältig miteinander um. Und vielleicht ist deshalb das Bedürfnis nach einem wertschätzenden, harmonischen und verständnisvollen Umgang so groß. Weil diese Menschen, sobald sie sich auf Sie einlassen, nackt und ehrlich vor Ihnen stehen. Mit allen Unzulänglichkeiten. Als Menschen, die sich nicht hinter Titeln, Hierarchien und Höflichkeiten verstecken. Im Vertrauen darauf, dass Sie ihr Vertrauen nicht missbrauchen werden. Wem zahlreiche schützende Verschalungen fehlen, der ist verletzlich. Der bietet Ihnen aber auch die einzige, wahre Möglichkeit zu tiefgehender Verbindung. »Wenn du als Vorgesetzter niemals zeigst, dass du verletzlich sein kannst, wenn du da stehst und alles weißt, dann bist du der *Untouchable*, der Unantastbare, dann verbinden wir uns nicht.« Energisch schüttelt Christl, dunkler Typ, gebräunte Haut, burschikose Ausstrahlung, ihre schwarzen, wuscheligen Haare. »Natürlich teile ich meine Schwächen mit meinen Mitarbeitern. Absolut! Ich glaube an Offenheit und an Ehrlichkeit. Wenn ich aus meiner Komfortzone trete, dann ist es auch für sie einfacher, etwas von sich preiszugeben. Und so lernen wir einander langsam besser kennen und wissen, wann wir voneinander Unterstützung benötigen. Wir fangen an, einander zu vertrauen. Und wenn wir das tun, wird das Team zusammen immer stärker werden.« Darf ich vorstellen: Christel, Mitglied des Managements der Skanska Gruppe, verantwortlich für Risk-Management und Ethik bis hin zu Umwelt- und gesellschaftlichem Investment, 23 Jahre im Baubusiness bei Skanska, davon zwölf Jahre lang in Kolumbien, Lettland, Litauen und Polen. Ehrfurcht beschleicht mich. Aber sie schüttelt nur bescheiden ihren Wuschelkopf: »Wenn ich mich als Superwoman präsentieren würde, was würde ich dann kreieren? Angst! Wenn du dich verwundbar zeigst, dann glauben dir deine Leute, dass du trotz all der Streifen auf deinen Schultern ein menschliches Wesen bist. Ich glaube nicht daran, dass du Vertrauen aufbauen kannst, wenn du keine Verletzlichkeit zeigst.« Tiefe Verbundenheit ist nur möglich mit tiefer Verwundbarkeit.

Fredrik, Mr Energiebündel, denkt noch mal lange nach:

»Ich glaube in Deutschland besteht eine Angst davor, nicht als erfolgreich wahrgenommen zu werden, wenn du dich verletzlich zeigst. Diese Angst haben wir in Schweden nicht.«

Wir schaffen das!

Vertrauen ist immer gekoppelt an eine positive Erwartung: dass Menschen nur das Beste mit dir vorhaben, dass sich die Zukunft schon irgendwie regeln wird, dass dein Leben minimal ganz okay verlaufen wird. Egal, welche Pleiten, Pech und Pannen es für uns bereit hält. Gernot, der äußerst redselige Wissenschaftler mit deutschen Wurzeln, ist da nicht zu bremsen: »Typisch dänisch ist, positiv zu denken! Hier wird nicht geklagt, sondern man denkt: Ja, wir schaffen das!« Vertrauen, trauen, sich getrauen. Die Wörter haben nicht umsonst denselben Ursprung.

»Die Dänen sind einfach sehr gut darin, sich nicht immer um jeden Scheiß zu kümmern«, grinst Jörg, ein Deutscher bei der Unternehmensberatung Implement Consulting Group, kurz ICG in Kopenhagen. »Sie haben so eine Art zu sagen: Da gibt es Probleme, ja, aber die lass ich jetzt mal Probleme sein, denn ich will jetzt trotzdem glücklich sein. Der Deutsche ist dagegen erst glücklich, wenn das Problem gelöst ist.« Der schlanke große Mann in Jeans und Sportschuhen zuckt mit den Schultern: »Also, ich verstehe, dass Dänemark eines der glücklichsten Länder der Welt ist. Man könnte natürlich sagen, das sei naiv. Doch wenn mir diese Strategie hilft, ein gutes Leben zu führen, habe ich kein Problem damit, naiv zu sein. Manchmal ist es gut, wenn du von

121

den Problemen ein wenig Abstand gewinnst, um sie dann wieder neu anzugehen.« Schulterzucken hilft. Und auch Frank, der CEO der Hotel-Kette mit 15 000 Mitarbeitern ist da ganz entspannt. Ich treffe den Dänen im Hauptsitz des Hotels in Stockholm. Ein resoluter Mann mit stechenden Augen: »Wenn etwas nicht so läuft, wie wir uns das vorstellen, dann nehmen wir Dänen das Ganze nicht so ernst. Wir wissen, dass das Leben seine kleinen Bomben für uns bereithält und uns manchmal mit der Faust mitten auf die Nase schlägt.« Franks Faust saust Richtung Kamera. Als ich unwillkürlich zurückweiche, lächelt er und fährt fort: »Aber das macht das Leben nicht schlechter. Wir sehen das nicht als ein Scheitern, sondern als einen Teil des Lebens. Und wenn ich als Däne erklären müsste, warum wir die Glücksliste immer anführen, dann denke ich, dass wir eine gute Balance haben zwischen unseren Erwartungen und wie das Leben dann tatsächlich verläuft.«

Wenn Sie jetzt den Eindruck bekommen haben, Wikinger hingen ausschließlich mit verschränkten Armen lässig im Stuhl, dann haben Sie sich getäuscht. In skandinavischen Unternehmen herrscht vor allem eins: entspannte Konzentration, eifrige Ruhe, leise Unterhaltungen, hier und da ein Lachen. Man kann durchaus sein Bestes geben und trotzdem relaxed sein. Man kann vielleicht nur sein Bestes geben, wenn man relaxed ist.

»Det skal nok gå«, würden die Dänen sagen. »Det ordner seg«, die Norweger, und »Det ordnar sig«, die Schweden. Und das ist mehr als nur eine Redensart. Denn, wo auch immer Sie in Skandinavien sind, im Allgemeinen macht man sich nicht so einen Kopf, weil die Wikinger darauf vertrauen, dass alles *sich schon irgendwie ordnen wird.* Zuversicht lautet der Name für Vertrauen in die Zukunft.

»Darüber kann sich ein Deutscher nur aufregen, denn der glaubt da nicht dran. Diese nicht vorhandene Unsicherheitsvermeidung der Dänen, das ist der größte Unterschied zwischen uns und ihnen und gibt auch immer wieder Anlass zu Irritationen«, so Reiner, der Geschäftsführer der deutsch-dänischen Handelskammer. »Dänen sind Optimisten, ja. Das hat allerdings auch seine Schattenseiten«, findet er. »Ich habe einen Freund, der sagt immer, Dänen sind deshalb so glücklich, weil ihre Erwartungen an das Leben so gering sind.« Deshalb hätten sie auch einen gewissen Hang zur Mittelmäßigkeit. Und auch da frage ich mich: Wo ist das Problem? Man kann es auch mit geringeren Erwartungen vom Roomboy bis zum Vorstandsvorsitzenden bringen, wie Frank mit den stechenden Augen, den Sie später noch näher kennenlernen werden. Und zwar glücklich. Das ist der Unterschied. Denn anstatt dass hohe Erwartungen ständig enttäuscht werden, werden sie ständig übertroffen. Sensationell! Und viel schlauer. Denn Erwartungen haben ja nichts mit der Höhe der Ziele zu tun. Ich zum Beispiel stecke mir immer höchste Ziele, erwarte aber nicht unbedingt, dass ich sie erreiche. Aber die Energie, die ich durch sie erhalte, die stecke ich mir schön in die Tasche. Skandinavier glauben nicht nur, dass Mitmenschen immer nur das Beste im Sinn haben. Sie glauben auch fest daran, dass die Zukunft nur das Beste für sie im Sinn hat.

Nachdem ich die weiße Hygienemütze, den Overall und die Schutzschuhe wieder abgestreift habe, komme ich aus Roboterland 4.0 zurück ins Land der Menschen. »Alles ist so viel einfacher, wenn du die Dinge positiv siehst«, so Nadja, eine 30-jährige schwangere Mama später im Besprechungsraum. »Anstatt immer zu schauen, was nicht funktioniert, einfach schauen: Was funktioniert denn? Und warum funktioniert es? Und wie können wir die anderen Probleme umgehen, so dass der Rest auch funktioniert? Was funktioniert, das mache!« Prima, wir kommen uns dann entwicklungstechnisch nicht in die Quere. Die Skandinavier konzentrieren sich immer auf das, was funktioniert, und wir auf alles, was nicht funktioniert.

Vertrauen ist in all seiner Naivität die Neigung, das Leben durchweg erst einmal positiv zu sehen. Und ist deshalb dem Glück zuträglich.

Mobil-Thorsten schaut blinzelnd in die Herbstsonne, in der die letzten Blätter orangegelb leuchten: »In Deutschland achten wir mehr auf die Details und sagen: *Das müssen wir jetzt mal geklärt haben* und so. Der Schwede sieht da erst einmal darüber hinweg. Sie sind relaxter, und dadurch stören sie sich nicht an so vielen Dingen. Ich glaube, wir Deutschen haben grundsätzlich erst einmal eine eher negative Einstellung und in Schweden ist erst einmal alles positiv. Es ist hier halt alles *lagom*.«

Lagom? Ein weicher Frühnebel liegt noch dösend über den sanften Abhängen der Insel Lidingö, einem Kleinod nördlich von Stockholm, als ich mit dem Kamerateam in unserem weißen Filmauto schwedischer Bauart über eine der 57 Brücken zu ihr hinüberfahre. Dort wartet bereits Christian, Chef der Fluglinie BRA, im Trainingsanzug und hellwach auf uns. Samstagmorgen. Anpfiff! Während das Filmteam sich noch träge aus dem Auto schält, ruft er bereits aufmunternd »snyggt« (ordentlich) oder »bra jobbet« (gut gemacht) über das Feld, auf dem seine Mädchen-Mannschaft heute zum jährlichen Fußballturnier aller Stadtteile Stockholms antritt.

Die sieben- bis neunjährigen Mädchen geben alles. Ich stehe fröstelnd am Rand und schaue zu, als sich Christian zu mir gesellt: »Das ist übrigens auch typisch schwedisch«, raunt er mir zu. Ehrlich gesagt, ich habe keine Ahnung, wovon er spricht. »Wir möchten, dass die Verlierer sich auch gut fühlen.« Das ist im Prinzip löblich, aber warum sagt er das jetzt? Ich nicke zustimmend und versuche inzwischen mit zusammengekniffenen Augen herauszufinden, was er meint. Ich solle mal nachzählen. Statt fünf gegen fünf spielen jetzt acht Mädchen gegen fünf. Na, ich weiß nicht, ob ich das jetzt so fair finde. »Doch, doch«, beruhigt Christian mich »niemand möchte gerne mit 20 zu 0 verlieren. Das ist doch nicht nötig. Und deshalb darf die schwächere Mannschaft ihr Team vergrößern. Fußball soll doch vor allem Spaß machen.« Nicht zu viel verloren, nicht zu viel gewonnen, gerade so viel, dass sich die Gewinner freuen können, ohne dass sich die Verlierer völlig vernichtet fühlen. Und die einen kein schlechtes Gewissen haben müssen, weil die anderen so traurig sind. Die besten Siege sind schließlich die ohne Verlierer. Willkommen im Land der Mitte, im Land der *halb*-vollen Milch, dem »landet *mellan*mjölk«, wie die Schweden ihr Land liebevoll-spöttisch nennen. Dort, wo die Menschen zwischen 3,5-, 1,5- und 0,8-prozentiger Milch wählen können, faktisch aber jeder die halb volle 1,5-Milch wählt. In der Mitte ist es immer gut. In der Mitte liegt das Glück.

Und das heißt in Schweden »lagom« und ist die grundlegende Haltung der Skandinavier, das Leben mit ein wenig Gelassenheit anzugehen. Alle Skandis tun dies, jeder auf eine etwas andere Art und Weise, doch das Ergebnis ist ähnlich. Bei den Dänen ist es das hygge, das inzwischen schon zum weltweiten Hype avanciert und Ausdruck eines entspannten, gemütlichen »Seins« ist. Bei den Norwegern zeigt es sich in der Haltung: Komme was komme, das Leben geht vor, am liebsten mit den Liebsten auf der hytta (Hütte). Und auch das lagom der Schweden zielt in gewisser Weise darauf ab.

Lagom ist die Kunst, im Einklang mit sich und der Welt zu leben, um seinem eigenen Wohlbefinden so nahe wie möglich zu kommen. Auf die optimale Balance im Leben kommt es an, das richtige Maß in allem. Das bedeutet für jeden dort oben etwas anderes, doch jeder versteht, *was* es bedeutet, nämlich sich seiner Mitte zu nähern. Und das geht am besten, wenn der Schwede auf seine Bedürfnisse und die der anderen Schweden Rücksicht nimmt. Lagom, stammt von »laget om« ab, sinngemäß »einmal für die ganze Mannschaft«. Reihum musste damals bei den Wikingern nach dem Plündern das Trinkhorn gehen, damit jeder ein wenig bekam und alle genug. Nehmen Sie sich zurück, reduzieren Sie Ihr Leben auf das Wesentliche und achten Sie auf andere. Das gilt für den Fußball, den Job und das Leben im Allgemeinen. Es ist nicht fair, den anderen die ganze Zeit unter die Nase zu reiben, wie gut du bist. Und das entspannt ungemein, denn dann müssen wir es auch uns selbst nicht ständig beweisen. Wir sind gut, so wie wir sind. Johan, der Produktmanager des Eye-Tracking-Herstellers Tobii, stimmt dem gerne zu: »Aus der Perspektive des Jantegesetzes (du solltest nicht denken, du wärst der Superheld und besser als andere) ist es ganz entspannt, auch mal auf die

Nase zu fallen. Dann bist du wenigstens auch einmal schlechter als die anderen«, lacht er. »Ich glaube, das gibt dir mental den Raum, dass es völlig okay ist, auch mal zu scheitern.« Das passiert. Das ist kein Drama. Lagom bedeutet ein Maximum an Freiheit. Denn wenn wir nichts groß aufbauschen, bleibt links und rechts immer noch genug Platz zum Ausweichen. Schweden ist kein Land mit großem Pathos, extremer Selbstdarstellung oder uferlosen Extravaganzen.

Das Auto muss fahren, nett aussehen und vor allem praktisch sein. Die Einrichtung schlicht und trotzdem umwerfend. Die Kleidung ist absolut trendy, muss aber vor allem bequem sein. Es geht darum, Dinge zu besitzen, die wir brauchen, nicht die, nach denen wir verlangen. Deshalb besitzen Schweden lieber weniger und schenken dem, was sie haben, mehr Aufmerksamkeit.

Lagom. Nicht zu viel, nicht zu wenig, sondern gerade richtig, so lautet die gängige Übersetzung. Ungefähre Punktlandung also. Dinge müssen tatsächlich nicht perfekt sein, um zu reichen. Johan, der Pilot, möchte sich da noch mal einbringen: »Meine Vision ist: Du musst versuchen, unter den Besten zu sein. Ich bin vielleicht nicht der beste Pilot, aber ich hoffe, dass meine Besatzung denkt, ich bin ein guter Pilot, eine gute Führungsperson, ein guter Kapitän. Jemand, der gut auf seine Crew achtet.« Gut ist gut genug, so lautet das Geheimnis der Gelassenheit. Oft verschenken wir Unmengen von Zeit und Energie auf den letzten Schliff. Der letzte Schliff der Schweden wäre der, der dafür sorgt, dass es glänzt. Bei uns hingegen, muss es oft hochglanzpoliert sein. Der Aufwand, den wir für einen solchen Hochglanz benötigen, ist jedoch oft unverhältnismäßig hoch. Das wusste schon der kürzlich verstorbene Gründer IKEAs und schrieb in seinem »Testament eines Möbelhändlers« 1976: »Wir wollen eine Gemeinschaft bescheidener und willensstarker Enthusiasten sein, die einen einfachen und positiven Lebensstil schätzen, die ihre Aufgaben erfüllen, wenn nicht 100-prozentig, dann aber doch annähernd so gut. Man kann später noch nachkorrigieren, wenn die letzten fünf Prozent nicht allzu teuer werden.« Es geht um das Optimale, und das ist etwas anderes als perfekt.

Die Zeit, die wir mit dem Polieren verplempern, können wir besser damit verbringen, andere Dinge zu tun, zusammen mit anderen zu kochen, Sport zu treiben, Kaffee zu trinken und dazu schwedische Zimtschnecken (Kanelbulle) zu essen.

Und vor allem niemanden unnötig zu stressen, wie mir Jasmin, der enthusiastische Bauarbeiter auf der Skanska-Baustelle, morgens um Viertel nach sieben erzählt. Lagom, so erklärt er mir, während er seinen Sicherheitshelm aufsetzt, bedeute, nicht zu viel Geld zu besitzen, auch nicht zu wenig, sondern gerade genug, damit du ein gutes Leben haben kannst. »Und hier auf der Arbeit gilt dasselbe. Wenn wir in einem Lagom-Tempo arbeiten, dann erreichen wir auch unser Ziel.« Und darauf nehme sein Arbeitgeber bei der Planung auch Rücksicht, denn es nutze niemandem, wenn die Bauarbeiter gestresst seien und Fehler machen oder schlimmer noch, sich verletzen würden.

Lagom wohnt also eine gewisse Fairness inne, wodurch Menschen sich nicht so oft aneinander reiben und das Leben schlicht etwas ruhiger fließt, wie auf schwedischen Rolltreppen übrigens. Dort stellt sich jeder selbstverständlich auf die rechte Seite, aus Rücksicht auf die, die es eilig haben und links mit großen Schritten vorüberziehen. Thomas, Chef aller Restaurants der Scandic Hotels in Stockholm, fügt in typisch schwedischem Singsang hinzu: »Der Stress ist ein anderer. Man stellt sich in die Schlange, man wartet, bis man dran ist, man ist sehr vorsichtig, wenn man sich äußert.« Die Mitte findet man durch sorgsames Austarieren und aufmerksames Beobachten von sich selber und der Umgebung.

Das klingt jetzt zugegeben etwas langweilig, ist aber letztendlich sehr entspannend, denn es ist eine Art, das Leben weniger kompliziert zu machen. Und das ist mitnichten eine Ode an die Mittelmäßigkeit! Obwohl das einer der Lieblingspunkte von Skandinavier-Kritikern ist. Schweden haben eine sehr hohe Arbeitsethik, genauso wie die Norweger: Sie möchten ihre Sachen gut machen. Sie möchten Dinge richtig machen. Aber nicht auf Kosten ihrer selbst. Auch nicht auf Kosten anderer. Denn damit ist letztendlich niemandem geholfen.

Nur, wie finde ich meine Mitte? Nun, prüfen Sie Ihr Verlangen. Ist das, was Ihnen wichtig erscheint, wirklich wichtig? Benötigen Sie es wirklich zum Glücklichsein? Das neue Auto, die göttlichen Schuhe, die höhere Position, den immensen Platz, das emotionale Drama, das Recht auf Vorfahrt? Muss es das perfekte Leben sein? Alles, immer, das Beste, das Meiste und das sofort? Oder wollen Sie einfach nur eine gute Zeit haben? Oft benötigen wir viel weniger als das, wonach wir verlangen. Die Lagom-Art des Lebens bedeutet nicht zu viel, nicht zu wenig, und damit genug zum Glücklichsein.

Jedes Mal, wenn ich aus Kopenhagen oder Stockholm am Flughafen Köln-Bonn im Rheinland lande, laufe ich an der gläsernen Trennwand entlang, auf der die zehn Gebote des sogenannten Kölschen Grundgesetzes in mattierter Schrift auf Spiegeln geschrieben stehen:

»Et es wie et es.« (Es ist, wie es ist.)

»Et kütt wie et kütt.« (Es kommt, wie es kommt.)

»Et hätt noch emmer joot jejange.« (Es ist noch immer gut gegangen.)

Das klingt verheißungsvoll für ein glückliches Leben. Doch die Frage bleibt, warum diese Gesetze, aller Volksweisheit zum Trotz, hier so schwierig umzusetzen sind.

Vertrauen mixt man im Verhältnis 90/10

Strecken Sie die Waffen. Trauen Sie sich, anderen zu vertrauen. Es lohnt sich. Sie werden erstaunt sein, wie wenig blauäugig das letztendlich ist. Fragen Sie doch mal, wie die angenehme Anna, Personalleiterin bei Skanska, zum Thema Vertrauen steht: »Ich würde sagen, in 90 Prozent der Fälle funktioniert Vertrauen. Unsere Vision ist, dass wir jedem erst einmal vertrauen, und wenn etwas nicht läuft, dann treten wir in den Dialog und versuchen, das Verhalten zu ändern. In anderen Kulturen ist das oftmals anders herum.«

Nicht in Dänemark natürlich, nicht in den nordischen Kulturen, denn dort bekomme ich von Søren exakt die gleiche Antwort. Der zurückhaltende Mann mit sanfter Stimme ist Chef von Marc und Kirk, beides Wissenschaftler Mitte 40 bei Novozymes. Nachdem die zwei Quasselstrippen ihren Chef dann auch mal zu Wort kommen lassen, sagt dieser bedächtig: »Einander zu vertrauen ist extrem wichtig. Ich glaube wirklich, dass 90 Prozent der Leute einen guten Job machen wollen. Du ersparst dir sehr viel Energie, wenn du einfach den restlichen zehn Prozent etwas mehr Aufmerksamkeit schenkst, statt alle 100 Prozent zu kontrollieren.« Und was sollte ein Manager wirklich niemals tun, möchte ich von den Herren wissen. Noch bevor ich meinen Satz ausgesprochen habe, platzt Kirk schon heraus:»Mikromanagen. Wenn sie dir versuchen zu sagen, was du zu tun hast. Kontrollieren.« Marc übernimmt den Stab:»Genau, wir sind zu stolz dafür. Wir können selbst Entscheidungen treffen. Wir fragen unsere Kollegen um Rat, aber wenn mir jemand erzählen würde, was ich zu tun hätte – hach! – das könnte ich echt schwer akzeptieren.« Søren zuckt kurz mit den Schultern.»Die Mannschaft muss funktionieren. Wenn ich dafür sorge, dass sie im Scheinwerferlicht steht, dann reflektiert das auch auf mich, denn ich habe dafür die Voraussetzungen geschaffen.« Marc quält schon wieder unkontrolliert dazwischen:»Und ich möchte noch eine Sache hinzufügen …«, natürlich möchte er das, denn der Franzose ist ja schließlich gut sozialisiert und ein Däne hält nie die Klappe, wenn er was zu sagen hat. Ich rolle mit den Augen, stöhne hinter meiner Kamera und zische:»Diese Dänen machen mich wahnsinnig!« Marc grinst breit:»Wir müssen hier kreativ sein und Dinge neu erfinden, und dann geschieht es oft, dass jemand eine Idee hat, die zwar nicht perfekt ist, aber man redet darüber. Dann greift jemand anderes die Idee auf und bringt sie auf ein höheres Niveau, und eine dritte Person verbessert das Ganze noch weiter usw. Wenn Leute einander vertrauen, dann teilen Sie ihre Ideen und plötzlich hast du eine neue Erfindung.«

90/10 scheint also die Formel für Vertrauenswürdigkeit zu sein. Und typisch nordisch ist jetzt der Ansatz, diesen 90 Prozent freien Lauf zu lassen und sie anzufeuern und den Rest als unvermeidlichen Schwund zu sehen. »Ich möchte nicht allen mit Kontrollmechanismen schaden, nur weil einige wenige nicht vertrauensvoll sind«, so Hans Olav, CEO von Making Waves aus Oslo. Nix für deutsche Gemüter, denn wir machen es lieber anders herum und kontrollieren alle, damit uns auch ja keiner durch die Lappen geht. Kaputtkontrolliert. Vollbürokratisiert. Plattreguliert. Aber Vorsicht! Regeln sind nimmersatte Energiefresser, denn sie bremsen den eigenen Antrieb. Deshalb: so wenig wie möglich, so viel wie nötig. »Wir sollten eine gute Balance zwischen Organisation und Freiheit anstreben«, so Peder, der sympathische CEO bei derselben Biotech-Firma, bei der auch Søren, Marc und Kirk forschen. »Damit alle Pfeile grob in eine Richtung weisen, wir aber nicht die Leidenschaft und die Kraft der Individuen verlieren.« Denn, so findet auch Jacob, 27-jähriger Berater der etwas anderen Unternehmensberatung IMC im dänischen Kopenhagen: »Ich glaube, jeder in der Welt möchte etwas erschaffen. Und wenn du die Möglichkeit dazu hast, dann tust du das. Wenn du aber zu oft um Erlaubnis fragen musst, wirst du deine Energie nicht freisetzen können.« Niemand bekommt Energie, ohne das Gefühl zu haben, autonom handeln zu können, gibt Niels, der Gründer der Beraterfirma, seinem Mitarbeiter recht. Wenig Haar, energetisch, schnell und Augen, die mich fixieren wie Pinnwandnadeln: »Vollständig engagierte Menschen brauchen das Gefühl, ihr eigenes Leben bestimmen zu können. Und jedes Mal, wenn du eine Regel oder eine Norm einführst, solltest du sehr vorsichtig sein, denn es zerstört die Energie. Ich sage nicht, dass du sie gar nicht benötigst, aber sei verdammt vorsichtig damit!«

Und da muss ich sie einfach stellen, die Frage aller Fragen, auch, weil die Reaktionen so köstlich sind: Kurzes, irritiertes Innehalten, bevor der Groschen fällt, und ich aus folgenden Reaktionen wählen kann:

a) schallendes Gelächter,

b) ein prüfender Im-Ernst-jetzt-Blick, oder

c) ratlose Beinahe-Sprachlosigkeit.

Die Frage lautet: »Und wie kontrolliert ihr dann die Menschen?«

»Du kontrollierst sie nicht! Das ist die Essenz. Du hast Vertrauen«, so Niels, mit dem Pinnwandblick, der sich für Reaktion b) entscheidet. Sofia, die Personalleiterin in Lastwagencity, entscheidet sich ohne Zögern für Kategorie a), während sie mich fragt: »Müssen wir Menschen kontrollieren? In meiner Wahrnehmung wollen Menschen sich entwickeln, sie wollen etwas beitragen, teilhaben, gemeinsam etwas erreichen. Gibt es denn irgendeinen Grund, sie zu kontrollieren?« In der skandinavischen Sicht auf die Welt ist Kontrolle einfach nicht vorgesehen. Auch einer meiner Lieblingsschweden, Vincent, der die IKEA-Verkaufskanäle der Zukunft managt (übrigens Reaktion c), lehnt sich vor, zieht die Augenbrauen hoch und wiederholt die Frage: »Menschen kontrollieren?« Pause. »Also ich übernehme für mein Handeln selbst Verantwortung, deshalb gehe ich mal davon aus, dass andere das auch tun.« Den Gedanken kann man übrigens auch super im Privaten anwenden, in Beziehung und Erziehung. Beides etwas unglückliche Wörter, wenn es um

Vertrauen geht, denn beide stammen von dem Verb »ziehen« ab und das bedeutet, »etwas mit Kraft zu sich hin oder hinter sich her bewegen«. Und genau das müssen wir nicht, denn wenn wir vertrauen, lassen wir los. Weswegen Niklas, der Kapitän der Star-Wars-Crew, uns für das Glück im Job rät: »Vertraue auf die Kraft der Menschen!«

»Vertrauen hat damit zu tun, Menschen loszulassen, anstatt ihnen im Weg rumzustehen«, so Henriks Reaktion (übrigens a), der Personaler der Scandic Hotelkette: »Also versuche ich, anderen Menschen nicht im Weg rum zu stehen, sondern ihnen die Voraussetzung zu geben, ihren Job so gut wie möglich zu machen.« Die angenehme Anna, Personalleiterin vom Stockholmer Baulöwen, entscheidet sich für Version a), schallendes Gelächter. Ich warte, bis sie sich wieder gefangen hat. »Wir kontrollieren sie nicht. Ganz einfach.« Wieder Lachen. »Es geht darum, was für Ergebnisse du am Ende des Tages lieferst. Wir gehen davon aus, dass du dich verantwortlich verhältst, engagiert bist, interessiert bist, das große Ganze des Unternehmens im Blick hast.« Man kann es aber auch einfacher formulieren, wie Ib aus der Augsburger Puppenkiste es in seinem charmanten Dänendeutsch tut: »Wir sind je schließlich keine blöden Hammeln! Kontrollieren ist gut, aber es ist besser, dass man sich selber kontrolliert.« Hm. Das klingt verheißungsvoll.

Dann fangen Sie doch mal damit an, während ich jetzt kurz eine Schreibpause mache und mal eben checke, ob meine Tochter ihre Hausaufgaben macht oder immer noch an ihrem iPhone daddelt. Geige hat sie auch noch nicht geübt. Und damit lasse ich meine Tochter wieder schrumpfen und nicht wachsen. Und stehe ihr wieder mal bei ihrer Entwicklung im Weg rum, weil ich ihr die Chance nehme, selbst Erfahrungen zu machen und daraus zu lernen. Und ein wenig schrumpfe auch ich. Allerdings eher, weil ich mich grässlich schäme.

»Wenn ich nicht das Gefühl habe, dass mir vertraut wird oder dass ich anderen Menschen vertrauen kann, würde ich mich unsicher fühlen. Und dann würde ich nicht in der Lage sein, irgendetwas zu bewirken, denn ich würde den Glauben an mich verlieren.« Torill, die Ex-Lehrerin, jetzt im Vertrieb der digitalen Beratungsfirma Making Waves in Oslo, springt voller Tatendrang auf, klappt eine Lage Papier über den Flipchart nach hinten und beginnt eine dreistufige Treppe zu zeichnen: »Kindern wird in der Schule eine Menge Vertrauen geschenkt. Sie bekommen eine Menge Verantwortung für ihr eigenes Lernen und die Möglichkeit, sich selbst für eines der drei Lernniveaus zu entscheiden.« Torill zeigt auf die erste Stufe. »Auf Niveau 1 lernst du den Stoff nur auswendig. Auf Niveau 2 bist du in der Lage, den Stoff anzuwenden, zum Beispiel die Grammatik. Und wenn du dich für Niveau 3 entscheidest, dann bist du in der Lage zu reflektieren, zu diskutieren, zu kombinieren und all diese Sachen. Und man vertraut den Kindern, dass sie sich nicht immer nur den einfachsten Weg aussuchen.« Nachdenklich schaut sie ein paar Kollegen hinterher, die an der Glaswand des Besprechungsraums vorübergehen. Wie ein paar Tage später auch Anne-Marit, die Vierfach-Mama bei Siemens: »Ich glaube, dass die nordischen Länder dadurch besser auf die Herausforderungen einer unsicheren Zukunft vorbereitet sind, denn für uns ist Arbeiten auf Basis von Vertrauen die normalste Sache der Welt. Wir wissen, wie wir das Beste

135

aus den Menschen herausholen können, ohne sie zu sehr zu kontrollieren.«

Und vielleicht weisen Unternehmen mit einem hohen Vertrauensniveau deshalb auch so ein hohes Maß an Qualität und Erfolg auf. »Das muss auch mal gesagt werden«, findet Maria, die in Schweden »great places to work« auf Herz und Nieren prüft. »Denn du brauchst nicht nur einen tollen Arbeitsplatz, um zusammen einen schönen Tag zu haben. Wir kreieren damit auch eine optimale Arbeitsumgebung, um tolle Ergebnisse zu erzielen.« Wir wollen alle erfolgreich sein, in dem, was wir erreichen wollen, was auch immer das ist. Und das klappt besser, wenn wir uns frei entfalten können.

»Von dort hinten bis hierher. Das ist das Headquarter. Aber nur diese kleine Ecke ist die Unternehmensführung.« Jens, der deutsche CEO des dänischen Ingenieurbüros Rambøll, weist mit seiner Hand nach links und rechts über eine Ecke der offenen Etage, in der wir in einem kleinen Besprechungsraum aus Glas sitzen. »Ich kann ein Unternehmen mit 13 000 Mitarbeitern nur mit 40 Leuten führen, indem ich ihnen vertraue und meinen Mitarbeitern die Vollmacht gebe, ihre Arbeit zu tun. Sonst müsste ich hier erst einmal einen Krisenstab aufbauen, der das halbe Gebäude in Anspruch nimmt. Und so habe ich hoch motivierte Mitarbeiter, weil sie das Vertrauen spüren.« Der freundliche Mann fängt an zu grinsen: »Und man muss nicht alles selbst machen. Man kann nur delegieren, wenn man vertraut.«

Denn die Tage sind vorbei, an denen wir Dinge noch kontrollieren konnten. Frank, der Roomboy-CEO durchbohrt mich wieder mit seinem Blick. »Die Tage sind vorbei, Maike! Heutzutage musst du loslassen. Deshalb fokussiere ich mich so sehr auf die Kultur. Weil du heutzutage nicht mehr in Handbüchern nachschlagen kannst, wenn du ein Problem hast. Wir haben die Gebrauchsanweisungen aus dem Fenster geschmissen. Was bleibt uns also?«

Til-liT.

Sei frech und wild und wunderbar!

Glück hat mit Selbstvertrauen zu tun.
Wenn du dich in deiner Haut wohlfühlst,
so tief wie möglich zu der Person wirst, die du bist.
Kjetil, Eigentümer Architekturbüro Snøhetta,
Oslo, Norwegen

Herbst. Frühmorgens verlasse ich mein zwölf Quadratmeter großes, gelbes Airbnb-Holzhaus in Lottas Garten in einem Vorort Stockholms. Meine blonde Gastgeberin sitzt schon mit einer Tasse Kaffee im geblümten Morgenmantel auf der Treppe ihrer Terrasse, bereit, mich in einen kleinen Morgenplausch zu verwickeln. Von wegen, Schweden reden nicht so viel! Ein Blick auf mein Smartphone sagt mir, dafür ist noch Zeit. In einer Stunde bin ich mit Lars verabredet. Lars Trägårdh, um genau zu sein, dem Historiker, von dem ich wissen will, warum die Skandinavier so sind, wie sie sind. Warum die ständig mit einer Arschbombe mitten ins Eisloch krachen, während der Rest der Welt nervös am Rand herumtippelt und sich erst einmal berät.

Ich lehne mich an einen Apfelbaum und folge Lottas Aufforderung, mir doch ein paar Äpfel für unterwegs in die Tasche zu stecken. Ein wundervoller diesiger Herbstmorgen begleitet mich und meinen klappernden Rollkoffer wenig später auf meiner Suche nach dem kleinen Café »Bakverket«, das mir Lars als Treffpunkt genannt hat. Es liegt im ehemaligen Arbeiterviertel Södermalm, das sich inzwischen zum angesagten Viertel für Künstler und Studenten gemausert hat. Dort angekommen, ruckle ich unsicher an der Tür, bis ich den Zettel entdecke, der an der Innenseite der Glastür klebt: »Tyvärr har vi stängt idag.« – »Leider haben wir heute geschlossen«. Nun gut, kein Problem. Setze ich mich halt auf meinen Koffer und lasse mir die ersten Strahlen der Morgensonne auf die Nase scheinen, bis Lars im Morgendunst um die Ecke biegt.

»Nun, schau dir Pippi an. Alle literarischen Figuren sind tief in ihrer Herkunftskultur verwurzelt«, erzählt er mir später in einem winzigen Wohnzimmer-Café, ein paar Meter weiter die Straße runter. Lars ist Autor des Buches mit dem etwas verwegenen Titel: »Ist der Schwede ein Mensch?« Der schlanke, attraktive Anfang-Sechziger deutet ein kurzes Lächeln an. Er ist erst vor kurzem aus Amerika in sein geliebtes Stockholm zurückgekehrt. Der Papa von zehnjährigen Zwillingen resümiert: »Pippi, das freche Mädel, ist ein Spiegel der schwedischen Kultur.«

Der schwedischen Kultur oder der skandinavischen, möchte ich wissen. Denn ich habe inzwischen verstanden, wie wichtig es den Bewohnern aller drei Länder ist, sich von ihren skandinavischen Nachbarn zu unterscheiden. Lars nickt nur wissend: »Sigmund Freud hatte dafür einen schönen Ausdruck: *Die Neurose der Minderheiten.* Das siehst du bei den Norwegern, Schweden und Dänen, dass sie besessen davon sind, unterschiedlich zu sein.« Lars findet das total übertrieben: »Es gibt graduelle Unterschiede, aber keine tiefen.«

139

Pippis Abenteuer wurden inzwischen in über 50 Sprachen übersetzt und über 50 Millionen Mal verkauft. Unangepasst, aufmüpfig und rotzfrech rührt sie unser Verlangen nach einer unverfälschten Klarheit, einer Unabhängigkeit von jeglicher Konvention, der Möglichkeit, einfach nur man selbst zu sein … Und damit wäre schon beinahe alles über das Glück der Nordländer gesagt.

»Lass dich nicht unterkriegen, sei frech und wild und wunderbar!«, so schrieb Astrid Lindgren 1944. Schon damals war sie – typisch schwedisch – berufstätige Mutter. Wobei ich mich gerade frage, ob es den Begriff »berufstätiger Vater« in Deutschland überhaupt gibt. Astrids Pippi ist das Beispiel des selbstbestimmt lebenden Menschen, der sich von nix und niemandem in die Suppe spucken lässt.

Doch sie ist mehr als nur aufmüpfig. Sie ist die Verkörperung einer großen Liebe, der schwedischen Liebe, wie Lars sie nennt, seine »schwedische Theorie der Liebe«.

Ich darf sie aber auch ruhig die nordische Liebe nennen, gesteht Lars mir zu. Und diese Art der Liebe sorgt dafür, dass die Nordländer das Leben auf eine für uns oft befremdliche Art und Weise führen.

Dabei ist das Grundprinzip recht einfach: Liebe ist nur dann echt und unverfälscht, wenn sich beide Partner als vollständig gleichwertige Individuen gegenübertreten. Wenn also weder Kinder von ihren Eltern abhängig sind, noch Eltern von ihren Kindern, Frauen nicht von ihren Männern, Männer aber auch nicht von ihren Frauen. Auch im Falle einer Trennung. Befreit von jeglichen Konventionen, Erwartungen, Religionen und damit einhergehenden lästigen Verstrickungen. Jeder Mensch soll die Möglichkeit haben, sich unabhängig und autonom zu dem entwickeln zu können, was er gerne sein möchte. Im Privaten, aber auch im Beruf, einfach überall. Dafür sorgt der Staat, und dafür zahlen die Skandinavier Steuern. Dafür arbeiten sie im Übrigen auch, denn wer nichts verdient, kann auch nichts beitragen, so die nordische Denke. Ich erinnere mich spontan an Neels Worte, die Happy-Hippie-Gelaber-Managerin aus Kopenhagen: »Ich glaube, ein Kern des Glücks der dänischen Menschen besteht darin, dass Arbeit als etwas Positives gesehen wird. Du willst etwas beitragen. Das ist ein sehr, sehr tief verwurzeltes Verständnis bei Männern wie Frauen, zumindest in Dänemark, und ich denke auch in Norwegen und Schweden.«

Wir arbeiten, wir zahlen Steuern, wir bleiben unabhängig, was auch immer im Leben passieren mag. Lars nickt. »Wenn du ältere Menschen in Schweden fragst, was sie bevorzugen, abhängig von ihren Kindern zu sein oder von öffentlichen Organen, dann entscheiden sie sich eindeutig für Letzteres. Das klingt jetzt herzlos …«, fügt Lars vorauseilend hinzu. Doch es ist ihnen lieber, dass der Staat sie duscht, anzieht und ihnen die Einkäufe bringt, als ihre Verwandten. Weil sie dann ihre Würde und Unabhängigkeit behalten. Denn sie nehmen einfach einen Service in Anspruch, für den sie bereits ihr Leben lang mit ihren Steuern bezahlt haben. Happy-Hippie-Neel, die verschmitzte Urbanisierungsbeauftragte des Ingenieurbüros aus Kopenhagen, weiß, dass das jetzt für deutsche Ohren komisch klingt: »Wir zahlen tatsächlich gern hohe Steuern, denn wir haben das Gefühl, dafür persönliche Freiheit zurückzubekommen.« Vielleicht lautet der Name für Steuern in Dänemark und Schweden deshalb »skat(t)«

(Schatz) – so wie man seine Lieben nennt. Steuern sind der Schatz fürs unabhängige Leben.

Wenn Kinder studieren, bekommen alle ungeachtet des Einkommens der Eltern die gleiche Studienfinanzierung vom Staat, der Sohn des Königs genauso viel wie der eines Bauarbeiters. »Wenn sie 18 Jahre alt sind, haben sie alle die gleichen Möglichkeiten«, erzählt Lars. Und das bedeutet, dass jeder werden kann, was er will. »Wir möchten, dass unsere Beziehung zu anderen Menschen auf Freiwilligkeit basiert und nicht auf Dingen wie Pflichtbewusstsein, finanzieller oder emotionaler Abhängigkeit. Und da unterscheiden sich die nordischen Länder sehr vom Rest der Welt.«

Was dabei herauskommt, sind ziemlich eigenständige, eigenwillige und rotznäsige Kreaturen, lauter Pippis also, die niemand zwingen kann, zum orangefarbenen Socken den farblich passenden zweiten zu tragen. Echte Liebe, das bedeutet doch, dass man den anderen so akzeptiert, wie er ist, und ihm die Möglichkeit gibt, das Beste zu werden, was er sein möchte. Also her mit der grünen Socke!

Und von dieser Art der Liebe ist auch die Arbeit nicht ausgenommen. Warum auch? Menschen sollen auch dort so weit wie möglich sie selber sein können. Beziehungen sollen ehrlich sein und der Austausch unverfälscht. Und dafür benötigen sie hohe Decken, Luft zum Atmen und vor allem keine kleinen Kartons.

Ola, der knuffige Professor für Entlassungen, den ich Ihnen bald persönlich vorstellen werde, lächelt schon beinahe etwas ratlos: »Die amerikanischen oder britischen Wirtschaftsschulen reden immer davon, außerhalb der Box zu denken. In Schweden waren wir nie in dieser Box. Wir wissen noch nicht mal, wo die Box ist.« In der man es sich so tierisch gemütlich machen kann. Weil Boxen ja auch eine gute Entschuldigung sein können, sich nicht zu bewegen. Manchmal ist es einfacher, wenn man Dinge nicht ändern kann, weil man deshalb auch nichts ändern muss. Man hat sich arrangiert und es sich bequem gemacht.

Doch stellen Sie sich vor, es macht einen lauten Knall. Und vor Ihnen steht ein Zauberer, heftig wedelnd die gelben Schwefelwolken vertreibend, in lila Umhang mit güldenen Sternen darauf. Er erhebt seinen schwarzen Zauberstab und ruft: »Du bist frei! Hüpfe aus deiner Box von dannen. Streiche alle Konjunktive deines Lebens und sei ganz du selbst!«

Die meisten würden wohl erst mal verdutzt aus der Wäsche gucken: »Wie, echt jetzt? Muss ich?« Nun, in Skandinavien leider: ja. Denn dort gilt: »Das Große ist nicht, dies oder das zu sein, sondern man selbst zu sein«, so befand es zumindest im 19. Jahrhundert der dänische Philosoph Søren Kierkegaard.

Auch wenn so mancher Gast, der das Hotel der schwedischen Scandic-Kette in Berlin betritt, vielleicht ein wenig irritiert ist, denn die Hotelmannschaft trägt Jeans und Bluse oder Hemd. Und zwar selbst ausgesuchte. Das freche Mädel mit dunklem Brillengestell, das mich an der Rezeption begrüßt, trägt eine blaugemusterte Bluse mit Fliege und Hosenträgern. Ihre südamerikanisch anmutende Kollegin dagegen eine weite, sanft wallende Bluse ohne Kragen mit auffälligem Dreiecksmuster. Michel, Hoteldirektor ohne Krawatte und mit Oberer-Knopf-offen-Hemd, schaut mich ruhig lächelnd an: »Wir wollen authentische Personen, wir wollen Personen, die man in anderen Hotels vielleicht nicht sieht.« Henrik, ein paar 100 Kilometer nördlich in Stockholm, zuständig für das schwedische Personal dieser Hotelkette, klimpert mit seinen langen blonden Wimpern: »Du musst in der Lage sein, du selbst zu sein. Wir wollen Maike an der Rezeption sehen und nicht irgendeine Person. Wir wollen dich!« Wie wollen wir einen einzigartigen Beitrag zu etwas leisten, wenn wir alle in dieselbe Box passen und dieselben Dinge tun? »Be you« ist deshalb einer der Kernwerte der Scandic Hotels. »Be you« ist der Kernwert des Nordens.

Seien Sie also eine eigenständige, eigenwillige und rotznäsige Kreatur, mit zwei verschiedenen Socken. Und achten Sie nicht zu sehr darauf, welche Farben die Socken der anderen haben. Konzentrieren Sie sich auf sich selber, wie Sunniva, die Schneemobilfahrerin mit Zahnlücke, von der Insel in Norwegen: »Natürlich möchte ich glänzen! Aber ich vergleiche mich nicht mit anderen.« Und das ist nach der nordischen Theorie der Liebe eindeutig gewünscht. Sie sollen sich ja so unabhängig wie möglich entwickeln. Und das tun Sie zu wenig, wenn Sie sich stets an anderen messen. Sie werden immer jemanden finden, der mehr hat oder besser ist. Deshalb ist Vergleichen aus Glücksperspektive so ziemlich das Dümmste, was Sie machen können. Denn oft übersehen wir dadurch das Wertvollste, das wir zu bieten haben: unsere Einzigartigkeit. Und genau die gilt es herauszuarbeiten, zu polieren und glänzen zu lassen. Konzentrieren Sie sich auf das, was Sie selbst haben und nicht auf das, was andere haben. Wer damit beschäftigt ist, selbst ein besserer Mensch zu werden, hat keine Zeit, andere zu kritisieren. Irgendwo habe ich das so oder so ähnlich mal gelesen.

Fredrik, das Energiebündel, zeigt sich mir empathisch,

direkt und unverblümt. »Ich habe mir geschworen, niemals Theater zu spielen, wenn ich auf der Arbeit bin. So, wie ich jetzt bin, bin ich immer. Ich bin so zu Hause, ich bin so bei meinen Freunden. Wenn ich meine Zeit darauf verwende, jemand anderes zu sein, den Geschäftsführer zu spielen, seriös zu sein, auf eine bestimmte Art zu reden, mich zu geben … wie viel Energie verschwende ich dann darauf, einen Charakter aufrecht zu erhalten, den ich nicht habe?« Sofia, eine bildhübsche Schwedin mit langen rötlichblond gewellten Haaren, übernimmt ein paar hundert Kilometer westlich seine Gedanken: Menschen können völlig sie selber sein. Und dann kannst du dich fokussieren, wenn du dich entspannt und ruhig fühlst.« Und glücklich mache es obendrein, lächelt sie. Lassen Sie doch mal Ihre Hüllen fallen. Kratzen Sie an Ihrer professionellen Schale, kommen Sie zum Kern. Und wenn Sie ihn gefunden haben, dann zeigen Sie ihn voller Stolz anderen Menschen, wie Jörg, der Unternehmensberater aus Kopenhagen, der sich vor mir auf seinem Stuhl lümmelt und lässig einen Arm über die Rückenlehne hängen lässt. Stylisch in dunklem Anzug und Krawatte? Ganz so, wie ich es von einem seriösen Unternehmensberater erwarte? Mitnichten. Stylisch ja, Anzug nein. Schwarzer Pullover über weißem T-Shirt, helle Jeans und Turnschuhe. Wo ist das glattgeschniegelte Unternehmensberater-Outfit plus dazugehöriges Benehmen, frage ich mich laut. Der Mitte 40-Jährige grient vergnügt, denn das gibt's hier nicht. Unnötige Energieverschwendung. »Klar passt man sich ein wenig den Kunden an, aber es ist wichtig, dass der Kunde weiß, der Jörg ist der Jörg. Wenn Jörg sich in irgendetwas hineinzwängt, dann fühlt er sich nicht wohl und verliert Energie, und dann bekomme ich nicht das Beste aus dem Jörg heraus. Deshalb ist mir scheißegal, wie er angezogen ist. Gut«, entgegnet dieser Jörg mir augenzwinkernd, »ich komme nicht in Badehose.« Also entspannen Sie sich, der Knigge des Nordens lautet eindeutig: *lagom.* Nicht zu viel Gedöns, genauso, wie Sie sich wohlfühlen.»Wenn du dich nicht wohlfühlst, dann fängst du an, dich selbst zu beschützen gegen andere, gegen Aufgaben. Wir müssen also dahin gelangen, dass Menschen sich nicht mehr schützen. Offen und tief«, sinniert Kjetil, der Architektenvater.»Du benötigst ein lockeres in sich ruhendes Vertrauen in was du kannst und was du nicht kannst. Dann findest du die tiefen Schätze in dir, die du für deine Kreativität benötigst.« Kreativität benötigen wir täglich für die Lösung jedweder Aufgaben. Über den Fjord schiebt sich langsam ein Schiff durch das Eis.»Und das Glück, das diesem Selbstvertrauen entspringt, ist vielleicht eines der wichtigsten Gefühle, die du für deine Arbeit benötigst.«

»Und deshalb ermutigen wir hier alle, sich selbst als vollständigen Menschen mit auf die Arbeit zu bringen. Dann können wir echt Spaß zusammen haben und die Energie nutzen«, fügt der Schwede Niklas hinzu, während er in einer Glasschale nach den passenden Lego-Steinen sucht: »Natürlich bin ich hier beruflich, aber das bedeutet nicht, dass ich einen Teil meiner Persönlichkeit wegradiere. Alle verschiedenen Teile meiner Persönlichkeit sollten auch hier präsent sein.« Wie die Teile des Autos, das wir hier gerade gemeinsam aus Lego bauen. Aber diese Geschichte erzähle ich Ihnen später. »Für mich heißt es also nicht Work-Life-Balance, sondern Life-Life-Balance«, so der Unternehmer, Papa, Ehemann. Alles zur gleichen Zeit.

So effizient, wie wir immer denken, sind wir also in Deutschland gar nicht, weil wir eine Menge Zeit und Energie darauf verwenden, so zu sein, wie andere oder wir selbst es von uns erwarten. Dafür lassen wir schon mal ein paar Seiten unserer Persönlichkeit zu Hause, die unsicheren, die schwachen, die unangepassten ... beginne ich meinen Gedanken und werde sofort von Marianne in Dänemark unterbrochen. »Wir nicht! Wir nicht! Wir teilen einfach alles. Wir sind hier sehr offen ...« Die Risikobeauftragte mit dem Porzellanpuppengesicht beim Weltverbesserer Novozymes in Kopenhagen streicht eine Falte ihres enganliegenden schwarz-weißen Blumenkleides glatt. Ein Lächeln huscht über ihr Gesicht: »Als meine Mutter Depressionen hatte, musste ich dringend ins Krankenhaus. Ich war damals Managerin von 120 Mann in der Fabrik. So richtige Kerle, du weißt schon. Ich sagte einfach: *Sorry, Jungs, meine Mutter ist im Krankenhaus, ich hab's gerade echt schwer.* Und sie sagten: *Okay, wir übernehmen hier. Toll, dass du das mit uns teilst.* Es ist einfacher für Menschen, dir zu helfen, wenn du offen bist.« Gut, aber wir sind hier ein Unternehmen, das Umsatz machen muss, und keine Psychotherapiepraxis. Tatsächlich aber bieten die meisten skandinavischen Unternehmen ihren Mitarbeitern auf Firmenkosten auch einen anonymen psychologischen Dienst an. Marianne, jetzt Chefin von 700 Leuten, lächelt versonnen: »Trotz meiner Probleme damals mit meiner Scheidung habe ich immer weiter gearbeitet. Und ich glaube, das war nur möglich, weil ich es geteilt habe und nicht versucht habe, eine professionelle Maske aufzusetzen. Ich glaube, es ist einfacher, ein High-Performer zu sein, wenn du ehrlich bist.«

Und das gilt auch für Hanna. Die blonde Einrichtungs-haus-Chefin von IKEA Malmö hat selbst 17 Jahre lang in Deutschland gelebt. Sie trägt dasselbe langärmlige, gelbe Poloshirt wie ihre 570 Mitarbeiter. Darüber eine dunkel-blaue, ärmellose Fleece-Jacke. Ihre Haare hat sie lässig zu einem kleinen Zopf verknotet. Auf ihrem Anstecker steht HANNA. HANNA ist mit ihrer sechsjährigen Tochter Flora vor dreieinhalb Jahren von Deutschland nach Schweden zu-rückgekehrt. »Und?«, möchte ich wissen. »Was ist Schweden für dich?«

»Das Gefühl, nach Hause zu kommen.« HANNA wärmt sich ihre Finger an der Kaffeetasse, nimmt dann noch einen Schluck: »Ich muss mich hier nie verstellen. Ich weiß, was für mich wichtig ist, und ich kann auch ganz klar darin sein, was ich brauche, damit es mir gut geht. Und das ist ja das Erste, was einen glücklich macht. Wenn man ständig ver-sucht, es anderen recht zu machen, geht das nicht.« HAN-NAs deutscher Freund Rüdiger hat den Absprung nach Schweden noch nicht gewagt, also ist HANNA schon einmal vorgezogen und ist unter der Woche quasi alleinerziehend. »Das bedeutet, dass ich wochentags pünktlich um 16.30 Uhr gehe, um Flora abzuholen. Und das ist okay, weil ich damit okay bin«, sagt sie mit reizendem, grammatikalischem Feh-ler. Nachdenkliche Pause. »Das wünsche ich den Deutschen: Einfach die Gelassenheit, sich zu trauen, authentisch zu sein und zu akzeptieren, es ist okay, so wie ich bin.« Auch mit den Schwächen? »Natürlich! Mit den Schwächen! Die sind ein Teil von dir!«

Sie brauchen also nicht wie wild im Verbandskasten zu wühlen und nach Pflastern zu suchen, um Verletzungen oder

Wunden so schnell wie möglich zu verdecken. Luft ist oft besser für den Heilungsprozess.

Gut, klingt nett, doch tendentiell gehen wir in Deutschland nicht auf die Arbeit, um über das zu reden, was wir nicht können, womit wir Probleme haben, was uns bedrückt. Das ist privat. Arbeit ist ein Ort, an dem wir alles können, und das, was nicht so supergut klappt, unsere Ängste und Zweifel, gerne verbergen. Doch im Job wie im Leben gibt es das eine nicht ohne das andere. Und Glück braucht alles. Auch die Tränen. Glücklichsein hat auch damit zu tun, dass man weiß, wie es ist, traurig zu sein, so gibt es uns der Opernsänger Vincent aus Stockholm mit auf den Weg. Wer glückliche, energiegeladene und engagierte Menschen um sich herum haben möchte, der lebe besser damit, dass sie auch mal traurig, schwach und verletzlich sind.

Thomas, König der Stockholmer Scandic-Restaurants, fährt mit charmant schwedischen Sprachwellen im deutschen Redefluss fort: »Ich fühlte mich in Deutschland immer eingeengt. Hier traue ich mich viel mehr, meine Gefühle zu zeigen. Ich könnte auch in einer Gruppe weinen als Mann. Ich glaube, ich habe das ein wenig vom Schwedischen übernommen, dieses Lockere und dieses *take it easy*. Ich bin so wie ich bin.« Vorsicht! Glücksgefühle verlassen Sie in dem Moment, in dem Sie sich selber verlassen. Sich bloß zu geben, nackt, unbedeckt, ohne Klimbim, Firlefanz und vor allem Schutz, ist nicht doof, sondern mutig.

Der Skandinavier ist das zugegebenermaßen eh schon gewohnt. Er steht als gläserner Mensch im Allgemeinen ziemlich »nackedei« da. Nackiger geht's kaum noch. Sich Blöße zu geben, ist ein Ausdruck, der im Deutschen hingegen leider eher negativ besetzt ist, denn es bedeutet eine Schwäche zu zeigen, sich einer peinlichen Situation auszusetzen, in Anwesenheit von anderen Fehler zu machen. Doch es kommt im Duden noch schlimmer: das Gesicht verlieren, einen Fauxpas begehen, Hohn und Spott ernten, keine gute Figur machen, zum Gespött werden, sich blamieren …

Na und? So what? Take it easy.

Großartige Kompositionen

Nur wenn wir die puren Farben ohne Grauschleier sehen, können wir großartige Bilder komponieren! Heute lautet die Grundfarbe eindeutig: grün. Mit Mundschutz. Nachdem ich ihn dann endlich gefunden habe. In welchem Land auch immer, Universitätskliniken sind stets richtig gute Orte, um sich zu verirren. Irgendwie entbehren sie in ihrem Aufbau jeglicher Logik. Mir auf jeden Fall erschließt sie sich nicht, und so laufe ich an einem grauen Dezembermorgen durch den Nieselregen und suche an dem kubus-artigen, rotbraunen Backsteingebäude des Sahlgrenska Universitetssjukhuset in der Blå Stråket 5 nach irgendeinem Hinweis auf »Gebäude OP 5«. Dort holt mich wenig später Martin ab, einer der deutschen Anästhesisten im Hause, in flaschengrüner Tracht, den pastellgrünen Mundschutz gewohnheitsmäßig unters Kinn gezogen. Frischrasiert ist er und weniger wild als auf dem Foto sieht er aus, das ihn auf seiner Plastik-ID-Karte mit Henriquatre-Bart, dem Vollbart ohne Backen, zeigt. Zurückhaltender und unaufdringlicher Typ, angenehm halt, so mein erster Eindruck. Wir setzen uns irgendwo in die Sitzecke seiner Abteilung, wo auch immer mal wieder jemand vorbeikommt und neugierig fragt, wer ich denn sei.

Er hat es langsam angehen lassen, erzählt er. Im Gegensatz zu Deutschland, wo jeder nach dem Studium sofort das ärztliche Praktikum macht und dann in den Beruf einsteigt. Denn er war sich gar nicht so sicher, welche Richtung er einschlagen wollte. »Ich brauchte einfach diese Zeit. Ich wollte viel Zeit auf der Ambulanz verbringen, viele Patienten sehen, mir ein Bild machen. Und das ist hier völlig akzeptiert. Man wird hier eher dafür belohnt, dass man den eigenen Weg gegangen ist, denn dadurch hat man ganz eigene Qualitäten, die man in die Gruppe einbringen kann.«

Wohlüberlegtes Nicken auch in Oslo bei Making Waves, von Matias, einem sanften Norweger, und Jonathan, gerade frisch aus Schweden importiert, beide Anfang 30. »Weil wir alle verschiedene Kompetenzen haben, sehen wir Dinge in einem anderen Licht. Er weiß mehr über Strategie, ich mehr über Software-Entwicklung ...«, so Matias. »Und so ergänzen wir uns und erwecken gemeinsam etwas zum Leben, das wirklich großartig ist.«

Wie komponiere ich ein spannendes Stück? Im Norden wird auf diese Frage eine Menge Zeit verwendet, auf das Schreiben großartiger Orchesterstücke und Opern. Steingrimur zum Beispiel macht das tatsächlich, also in echt. Er schreibt moderne klassische Musik, hat in Köln und Paris studiert und möchte das Operngenre erneuern. »Was würdest du den Deutschen für ihr Glück verkaufen?«, frage ich den Anfang 40-Jährigen in einem gemütlichen Restaurant in Kopenhagen. Wir hatten uns während meiner Recherche-Reise im Zug nach Malmö kennengelernt. Der in Island geborene und in Deutschland aufgewachsene Komponist wohnt jetzt mit schwedischer Freundin und Kind in Dänemark. Ein guter Querschnitt also. »Offenheit würde ich den Deutschen verkaufen, einfach zu sagen, was sie denken. Es ist erstaunlich, wie offen Menschen hier über Gefühle reden. Da gibt es schon Unterschiede, ob man in Deutschland Zug fährt oder in Dänemark. Okay, man fällt schon mal mit der Tür ins Haus, aber man hat auch keine Angst davor, sich lächerlich zu machen oder Schwächen zu zeigen. Man hat nicht dieses Huhu …« Der Komponist wirft seine Hände hoch und reißt die Augen auf. »Dann kann man sich ja auch besser helfen. Und ich denke, das macht die Dänen glücklich. Das soziale Netz und die Sicherheit, nicht nur durch das, was der Wohlfahrtsstaat bietet, sondern auch die Sicherheit, die durch Ehrlichkeit entstehen kann.« Deshalb spricht man wohl auch von der entwaffnenden Offenheit einer Person. Verschlossenheit jedoch entwaffnet nie. Wenn wir alle offen sind, haben wir eine größere Chance, dort zu landen, wo wir uns am wohlsten fühlen, an dem Ort nämlich, der uns entspricht. Dann haben wir auch den größten Wert für andere. Weil wir dann aus dem Vollen unserer Möglichkeiten schöpfen und andere ebenso.

»Ich bin eine Art Komponist!«, so Vincent, ursprünglich Bauernjunge und Hockeytrainer. Jetzt ist der blonde, gut aussehende Papa um die 40 für die Transformation der IKEA Verkaufskanäle in der Zukunft zuständig. »Der eine ist ein brillanter Planer, lass ihn die Planung übernehmen. Eine andere Person ist gut im Umsetzen von Ideen in konkrete Aktionen, ein Dritter gut im Stellen der richtigen Fragen. Das Team macht die Musik und deshalb musst du dir jedes einzelne Instrument anschauen.« Soviel zu den fehlenden Jobumschreibungen im Norden. Individualität ist im Norden ausdrücklich erwünscht, da jeder auf seine Art etwas beitragen kann. Und dementsprechend orientieren sich die Unternehmen an den Menschen, die sie bevölkern. »Du kannst ein Unternehmen auf zwei Arten führen, einmal so, dass du sagst, ich gebe eine Struktur vor und die Leute müssen sich einfügen, oder du entwickelst die Struktur um die Menschen herum«, so der dänisch-deutsche Jörg in Sneakern. Bei den Wikingern kommt der Mensch zuerst. Man benötigt starke Individuen für ein starkes Team. Einheitsbrei braucht kein Mensch. Aber irgendjemand braucht Sie, genauso, wie Sie sind. So sehen es auch die übrigen nordischen Kollegen von Jörg. Pernille, grüne Augen, blonde Haare, ehemals Hebamme, doch nach einem Studium der Wirtschaftspsychologie jetzt Partner bei der skandinavischen Unternehmensberatung ICG, erzählt mir von zahlreichen Studien, die untersucht haben, ob Teams, die nur aus den Top-Leistungsträgern bestehen, ihre Aufgaben auch am besten lösen. »Die Antwort lautet: nein.« Die Mutter zweier Teenager-Kinder lächelt mich an. »Du brauchst die Vielfalt eines Teams, die kollektive Intelligenz. Und das ist nicht nur der Hellste auf einem Wissensgebiet, es kann auch derjenige sein, der am besten darin ist, Menschen miteinander zu verbinden.« Mit lauter Stürmern gewinnt man kein Fußballspiel. Der Schwede würde da sagen: »Ingen kan allt, men alla kan något« – Niemand kann alles, aber alle können etwas. Fragen Sie mal Steingrimur. Opernkompositionen aus identischen Noten ergeben beileibe keine spannende Melodie. Dissonanzen hingegen können wie von Zauberhand Harmonien erzeugen.

Martin, der nette Anästhesist, hat seine ganz persönliche Lovestory mit Schweden, wie Sie später erfahren werden. Er schaut nachdenklich in die Kamera: »Eine Gruppe wird ja effektiv, wenn man sehr viele unterschiedliche Charaktere mit einbringen kann. Wenn man nur Menschen hat, die genauso denken wie alle anderen, dann wird da nichts draus. Es wird erst was draus, wenn wir jemanden haben, der total anders denkt. Das kann zwischenzeitlich sehr anstrengend sein.« Martin macht eine Pause, lächelt. »Aber darin liegt ja die positive Herausforderung: »Outside the box is where the magic happens!« »Welche Box?«, würde jetzt der Schwede fragen.

Skandinavier haben hohe Decken

Und wenn Sie jetzt voller Enthusiasmus aufspringen, um aus der Box zu springen und sich zu zeigen, dann sollten Sie vor allem eins nicht tun: sich die Birne an der Decke stoßen! Selbstvertrauen benötigt genügend Raum zum Wachsen. Nun, dafür hängen die Decken in Skandinavien generell etwas höher. Damit für jede Meinung Platz ist. »Høyt under taket«, sagt man dazu in Norwegen, »högt i tak« in Schweden. Sunniva, die blonde Schneemobilfahrerin, lächelt mich mit ihrer Zahnlücke an, als sie mir den skandinavischen Begriff erklärt: »*Hoch unter der Decke* bedeutet, wir haben hier viel Luft bis zur Decke. Und das heißt, dass für jede Meinung genug Platz da ist. Das sagen wir hier auch immer zum Spaß.« Sie zeigt in den offenen Dachstuhl der kleinen Internet-Beratungsfirma auf der schnuckeligen Insel Ålesund. »Hier ist die Decke tatsächlich hoch. Hier kann jeder sagen, was er denkt.« Hanna, ihre Kollegin, nickt zustimmend und fügt hinzu: »Du kannst übrigens nicht sagen *Ich habe eine hohe Decke*, sondern man kann nur sagen *Wir haben eine hohe Decke*. Du bist vom Austausch mit anderen abhängig.« Das sei übrigens auch schon in der Schule so, fügt Mama Hanna hinzu. Auch skandinavische Schulen haben hohe Decken.

Deutsche Schulen haben die Decken eher niedrig hängen. »Du-u … Mama«, der typische Anfang einer Erzählung, die für meine elfjährige Tochter Elisa von besonderer Bedeutung ist. »Heute war unsere Englischlehrerin voll doof. Wir haben einen Vokabeltest geschrieben, und da hat die Wörter gefragt, die wir noch gar nicht hatten.« Gut, kommt schon mal vor. »Da hat der Jöri sich beschwert, und alle haben ihm zugestimmt. Und da wurde Frau Immi[18] sauer und hat Jöri verboten, noch mal den Mund aufzumachen. Aber da hat er es noch mal gesagt, weil es ja stimmte, und da hat sie ihn vor die Tür geschickt, und er konnte den Test nicht mitschreiben.« Vor der Tür musste der Arme die Türklinke runtergedrückt halten, zur Kontrolle, damit er auch wirklich da steht, wo er stehen sollte. Geduckt – unter einer tiefer gehängten Decke. 2017. In einem Gymnasium. In Deutschland. »Das würde in Dänemark nie passieren!«, so Marianne mit dem Porzellangesicht. Und auch Håkan, ein Schwedenpapa, schüttelt entsetzt den Kopf. »Wenn du denkst, dass etwas, was der Lehrer sagt, nicht stimmt, dann lässt du es ihn wissen. Und dann kann man darüber reden.«

Und wenn diese jungen Menschen dann später auf den Arbeitsmarkt kommen, dann verlassen sie sich automatisch darauf, dass ihre Meinung wichtig ist. »Und das ist wirklich etwas Gutes, denn das bedeutet, dass sie eine Menge ihres

Enthusiasmus und ihrer Ideen in die Arbeit einbringen«, so Annika, die Geschäftsführerin von Ledarna, der schwedischen Gewerkschaft für Manager mit 93 000 Mitgliedern. Ich besuche sie in ihren hellen Büroräumen in der St. Eriksgatan in Stockholm. Diesmal habe ich Elisa mitgenommen, denn es sind Ferien. Und Elisa hat Durst. Annika ruft ihre Assistentin, um ihr eine heiße Schokolade zu bringen ... Tut sie nicht, denn wir sind ja in Schweden. Annika drückt Elisa ihren magnetischen Sicherheitsschlüssel in die Hand, erklärt ihr, wie die Türen funktionieren, wo der Lift ist, in welche Etage sie fahren muss und wo der Kakao-Automat steht. Nach einer halben Stunde steht Elisa stolz wieder vor uns. Das mit dem Magnetschlüssel hat nicht so gut funktioniert, aber sie hat sich so durchgefragt, kennt jetzt das Gebäude und ein paar Schweden mehr.

»Guter Unterricht sollte Kinder befähigen, den Mut zu haben, die Verantwortung für ihr eigenes Lernen und ihr eigenes Leben zu übernehmen«, so das Norwegisch-Königliche Ministerium. Was haben die Kinder hingegen in einem ganz normalen Bonner Gymnasium gelernt? Mund aufmachen lohnt sich nicht.

»Wir lernen schon sehr jung, Autoritäten in Frage zu stellen, und ich denke, das ist sehr hilfreich, denn es fordert dich auch ständig als Führungskraft, die richtigen Entscheidungen zu treffen. Ich benötige jedes Feedback, das ich bekommen kann. Ich muss wissen, wenn jemand denkt, ich treffe eine falsche Entscheidung«, sagt Marianne bestimmt, immerhin ist sie verantwortlich für die Abteilung Risk, beim Weltverbesserer in Dänemark. »Wir haben hier Laborassistenten, die dem CEO eine Mail schreiben, wenn sie denken, dass das Management jetzt total den Verstand verloren hat.« Und das sei gut so, findet die schlanke, blonde Endvierzigerin mit Kurzhaarschnitt, deren skandinavisch hohe Wangenknochen einen Kontrast zu ihren sehr zarten Gesichtszügen bilden. Sie bedanke sich deshalb für jedes Feedback, dass ihr geschenkt werde. Aufstehen, gerade stehen, sprechen. Nicht ducken, verbiegen und schweigen. Das ist viel besser für die Wirbelsäule und für das Unternehmen auch.

»Ja, das Autoritätsniveau ist schon ziemlich niedrig hier«, sinniert Susanne, verantwortlich für die Entwicklung der Mitarbeiter bei der Dachfensterfirma VELUX ein paar Kilometer weiter, bevor sie zugeben muss: »Eigentlich ist es non existent. Klar erkennst du an, das es verschiedene Positionen gibt, aber wir sind trotzdem irgendwie gleich.« Und wenn alle gleich sind, hat auch keiner das Recht, jemanden vor die Tür zu stellen, wie in Elisas Klassenzimmer. »Du musst in der Lage sein, geradezustehen für die Dinge, die du tust.« Geradestehen im wortwörtlichen Sinne. »Das führt zu Vertrauen. Und Vertrauen färbt alles ein, das wir tun«, so Kjetil, der Architektenbär. Und deshalb sind Wikinger, sagen wir mal, im Ducken und Verrenken charmant ungeübt. »Du kannst immer Fragen stellen. Du wirst immer ermutigt, neue Wege zu ergründen, den Mund aufzumachen und dich zu trauen, deine Meinung zu sagen. Ich glaube, das ist wirklich sehr schwedisch. Und ich liebe es!« Malin, die schlanke, große Wertehüterin des Baulöwen Skanska lehnt sich zu mir herüber, oder vielmehr herunter, um mir mit ihren vor Begeisterung sprühenden blauen Augen direkt in die Kamera schauen zu können: »Das macht mich wirklich, wirklich glücklich.« Sie lacht verschämt auf und wischt sich verstohlen eine Träne weg. So wichtig sind hohe Decken für Schweden.

Hoch im Norden pfeift ein rauer Wind, mach den Mund auf und schreie laut, damit man dich hört!

Sie machen damit nicht nur sich selbst das größte Geschenk, sondern auch dem Unternehmen. Wenn Sie also etwas Sinnvolles zu sagen haben, dann sagen Sie es bitte. Bringen Sie sich ein. Die beste Versicherung dafür, dass es im Unternehmen gutläuft, sind Sie. Ja, Sie, auch wenn Ihnen beim Putzen nur auffällt, dass ein Kabel locker sitzt. Transparenz ist top! Und wer es nicht hören will, ist selbst schuld. Wie blöd kann man sein? Zumindest aus nordischer Sicht. Nur ein paar Quellen anzuzapfen, wo das gesamte Wissen all Ihrer Kollegen vor Ihnen liegt.

Sissl, die drahtige, norwegische Rennradfahrerin und Personal-Chefin von Siemens, schlägt sich voller Elan mit den Händen auf die Knie: »Ich erwarte absolut von jedem, dass er seine Hand hebt, wenn er mit irgendetwas nicht einverstanden ist. Und normalerweise tun sie das auch. Wir können doch viel einfacher die richtige Entscheidung treffen, wenn jeder sagt, was er denkt.« Etwas gewöhnungsbedürftig für deutsche Geschäftsführer. Da grinst auch Neel, die Urbanisierungsbeauftragte beim Ingenieurbüro in Kopenhagen: »Jens ist nicht sehr formal, aber ich denke, er war trotzdem etwas erstaunt, dass irgendwelche Mitarbeiter einfach auf ihn zukommen und sagen: Was du hier gemacht hast, war echt dumm.« »Oh Gott ja!«, lacht Tonje die fidele Personalleiterin des Pflanzenfütterers aus Oslo: »Wenn Mitarbeiter mit der Entscheidung eines Managers nicht zufrieden sind, dann sagen sie es einfach: *Ich bin mit dem Müll nicht einver-*

standen. Und das ist eine ziemliche Herausforderung für eine Führungsperson.« Aber für alle motivierender, auch für den skandinavisch angehauchten Scandic-Hoteldirektor Michel in Berlin. Denn keiner dämmert langsam in einen mentalen Ist-mir-eh-egal-Zustand weg. »Für mich selber ist es einfach viel schöner, mit einem Team zu arbeiten, das selbst motiviert ist. Und das mich jeden Tag auf die Probe stellt, anstatt dass jeder immer sagt: Jawohl Chef!«

»Hierarchie hin oder her, wenn irgendwas nicht stimmt oder nicht richtig ist, dann sage ich das halt«, erklärt Axel, Diplompfleger und Professor für Pflegewirtschaft, und zuckt lässig mit den Schultern. Er sitzt entspannt in Shorts und T-Shirt auf einer Chaiselongue in seiner Wohnung in Göteborg. »Ich glaube, der Vorteil ist, dass du keine Informationen oder Zeit verlierst.« Denn alles, was nicht auf direktem Wege beim Empfänger abgeliefert wird, nimmt den Weg der stillen Post, über viele Ohren und viele Filter. Über das, was dann von der ursprünglichen Nachricht übriggeblieben ist, kann man sich oft nur wundern.

Alex' Kollege Peter, ein jugendlicher Chirurg Anfang 60, der die orthopädische Abteilung des Sahlgrenska Universitätskrankenhauses in Mölndal leitet, hält mich an, die Kanelbulle zu probieren, die er und seine Kollegin Marina mir auf den Tisch gestellt haben. Zehn Uhr morgens, Kaffeepausenzeit mit zwei Gestalten in blauer und grüner Tracht: »Wenn ich der Chirurg bin oder der Anästhesist, dann kann jeder mir sagen: *Peter, ich glaube, du hast hier nicht die richtige Entscheidung getroffen.* Und das ist das, was mir an der Teamarbeit so viel Spaß macht, dass die Basis einfach mit

159

den Ärzten, der Klinikdirektion oder den Professoren reden kann.« Er schaut lächelnd auf seine zustimmend nickende Kollegin. »Ja, definitiv. Und natürlich macht das die Leute auch glücklich, weil sie sich einbringen können.«

Und deshalb sind Peter und Marina auch so erstaunt über das enorme internationale Medienecho auf ihren Sechs-Stunden-Arbeitstag, der hier seit ein paar Jahren für die OP-Schwestern gilt. Denn das, so Peter, sei an sich ja nicht das Erstaunliche gewesen. Es sei lediglich ein Versuch, die unglaubliche Arbeitsbelastung zu verringern, die aufgrund der Zusammenlegung aller orthopädischen Operationen in Mölndal im Jahr 2000 auf die OP-Schwestern zugekommen war. Für jede OP müssten die nämlich circa 150 Kilogramm an Werkzeugen schleppen.

Seiner Meinung nach müsste das wirklich Bemerkenswerte an der Idee für andere Länder gewesen sein, dass sie von der Basis kam. »Die OP-Schwestern haben das Problem angekreidet und sich damals selbst eine Lösung überlegt, denn sie waren die Einzigen, die wussten, was man besser machen konnte«, erzählt Peter weiter. Eine der Schwestern treffe ich später: Gabi. Sie hatten sich eine Menge Gedanken gemacht, sagt sie. Die Idee aber, sechs Stunden zu arbeiten und dafür die Dienste so anzupassen, dass pro Tag mehr Operationen ausgeführt werden können, war der Vorschlag, der ihnen sowohl für sie selbst als auch für die Klinik am besten erschien. Peter nickt: »Und dann hatte sich die Direktorin des Krankenhauses mit den Schwestern zusammengesetzt und beschlossen, es auszuprobieren. Es bestand also eine Kommunikation zwischen der Basis des Unternehmens und dem absoluten Top-Management einer Klinik mit über 17 000 Mitarbeitern.

Und ich glaube, das ist typisch schwedisch. Es war kein Top-down-Entschluss. Es war genau anders herum.«

Auch wenn es eine Herausforderung ist, gegen den Sturm tausender anderer Meinungen anzubrüllen. Im Windschatten anderer darf man sich nicht verstecken.»Niemals! Denn wenn man keine Meinung hat, dann steht man still. Meinung ist ultimativ das Allerwichtigste, was ich verlange. Das verlange ich von allen!« Da wird Ib aus der Puppenkiste, der liebenswerte Gründer eines Übersetzungsbüros in Aarhus, schon wieder ganz aufgeregt,»Man muss eine Meinung haben, sonst sind einem ja die Dinge egal.« Und egal ist im Norden schon mal prinzipiell gar nichts. Schon gar nicht Sie.

Mund aufmachen ist wichtig, so wichtig, dass es in Schulen und auf der Arbeit trainiert wird.»Åhhh«, so beginnt der junge Björn[19] aus der Fertigung bei Scania seine Gedanken zu spinnen:»Vom allerersten Tag an wird uns bei Scania eingeimpft, dass wir hier hohe Decken haben. Dass wir einander Feedback geben dürfen. Wir werden sogar darin trainiert, Rückmeldung zu geben.« So wichtig ist den Schweden Ihre Meinung.

Freiheit. Ein Wort. Ein Versprechen.

Komme, wer da komme. Es war einmal eine wichtige Unterredung in Södertälje, an einem lauen Sommertag mitten in Schweden. Menschen, die Lastwagen bauten, trafen sich mit Menschen, die Volkswagen bauten, denn sie gehörten ja ab jetzt zusammen ... Beatrice, die mit mir durch den glitzernden Schnee auf dem Fabrikgelände knirscht, erzählt mir diese kleine Episode als Antwort auf meine Frage, was sie den Deutschen für ihr Glück verkaufen würde:

»Vor ein paar Jahren hatten wir hier ein Treffen mit ein paar Leuten von Volkswagen. Zwei ranghohe Volkswagen-Manager aus Deutschland sonderten sich kurz davor in einem separaten Raum ab, um noch etwas zu besprechen. Und wir waren eine Menge Kollegen und standen draußen herum, haben Kaffee getrunken und auf sie gewartet. Es dauerte und dauerte. Das Treffen hätte schon lange anfangen sollen. Also habe ich an die Tür geklopft, den Kopf reingesteckt und gesagt: *Es ist Zeit, anzufangen!* Da kam deren Assistenz völlig entgeistert zu mir und fragte, was ich da täte? Ich dürfe diese Herren niemals unterbrechen, außer jemand von oben würde mir das auftragen. Da habe ich sie nur erstaunt angeschaut und erwidert: *Sie verplempern unsere Zeit! Wir sind hier eine Menge Leute und meine Kollegen gehen bald nach Hause, um ihre Kinder vom Kindergarten abzuholen.«* Beatrice lacht schallend und reibt sich genüsslich ihre behandschuhten Hände. »Das war echt schockierend für mich. Ihr solltet nicht so unterwürfig sein, würde mein Rat lauten. Seid ein wenig mehr verrückt! Mehr frei.«

Recht hat sie, denn Menschen, die im Job frei handeln können, fühlen sich gegenüber denen, die das nicht können, um gefühlt 2,5 Traumhochzeiten glücklicher. Das ist schön. Doch noch wichtiger ist, dass diese »Acht Stunden mehr Glück« Studien zufolge auch die *gesamten* 24 Stunden Ihres Lebens glücklicher färben.[20] Freiheit im Job sorgt also auch für ein rundum glücklicheres Leben.

Freiheit. Ein Wort. Ein Glücksversprechen.

Schließen Sie die Augen – natürlich nur, wenn Sie wollen.

Und stellen Sie sich vor, Sie wären – frei! Würden alles von sich streifen, was Sie bindet. Alle Verpflichtungen, Zwänge, Probleme. Diese eine Minute dürfen Sie einfach mal ihr eigenes Universum sein, in dem alles möglich ist und Sie all Ihre geheimen Wünsche wahr werden lassen. Welches Bild erscheint vor Ihrem inneren Auge? Welche Musik erklingt in Ihnen? Atmen Sie tief ein und aus. Welches Gefühl erfüllt Sie?

Sie werden größer, Sie fühlen sich kraftvoller und ganz sicher auch ein wenig glücklicher.

Nein, dieses Kapitel wendet sich jetzt nicht spontan der Esoterik zu. Und doch, wenn Sie nur ein kleines bisschen gespürt haben, was allein der Gedanke an Freiheit in Ihnen bewegen kann, dann werden Sie verstehen, warum das Gefühl der persönlichen Freiheit einer der wichtigsten Glückstreiber überhaupt ist.

Egal, wo. Auch auf dem Bau, wo ich morgens um Viertel nach sieben Uhr ungeschickt mit Helm, Schutzbrille und Kamera hantiere. Da wo's dreckig ist, laut und ungemütlich. Mitten im Hotel. Das wird hier nämlich gerade auf dem Gelände des neuen Karolinska Krankenhauses gebaut. Über hohe Decken gesprochen ... ein Blick nach oben verrät mir, hier fehlt noch die gesamte Dachkonstruktion. »Wie schlimm ist das, jeden Tag zur Arbeit zu kommen und mich nicht zu trauen, zu sagen, was meiner Meinung nach schiefläuft, aus Angst davor, dass mein Boss mich dann schikanieren wird? Wir können hier über alles sprechen, die Entscheidung unseres Chefs auch in Frage stellen und unsere Meinung sagen ohne Angst. Und das macht mich glücklich hier, dass ich

Dinge, die ich nicht gut finde, nicht in mich hineinfressen muss.« Jasmin, der energiegeladene Bauarbeiter, strahlt wie eine Baulampe und wechselt in seinem Enthusiasmus vom Englischen ins Schwedische mit bosnischem Akzent.

Und das ist mitunter der Grund, weshalb die Skandinavier, inklusive Island und Finnland, immer unter den Top Ten der glücklichsten Länder der Welt landen, so Professor Christian Bjørnskov, Ökonom an der Universität in Aarhus. Ich hatte ihn bereits für mein erstes Buch interviewt. Die Skandinavier sind die glücklichsten Menschen der Welt, weil sie in allen Lebensbereichen extrem frei sind.

Kunststück, diese Fähigkeit trainieren sie ja schon als Dreikäsehoch. Der 15-jährige Schüler, Nikolai, den ich ein paar 100 Kilometer weiter und ein paar Wochen später in Kopenhagen beim Produktentwickler Attention treffe, nickt zustimmend. Er schaut heute seinem Patenonkel bei der Arbeit über die Schulter.»Es ist eine sehr freundliche Lern-Atmosphäre in Dänemark. Es gibt kaum strenge Regeln, und du wirst motiviert, selbst Verantwortung zu übernehmen, aber du musst definitiv selber Initiative ergreifen. Du bekommst eine Menge Freiheit. Sie empfehlen dir ein paar Handbücher, aber niemand zwingt dich, irgendetwas im Besondern zu verwenden. Nur wenn du nicht sicher bist, dann helfen sie dir. Ich finde das sehr gut.«

Ob in der Schule, im Büro oder auf der Baustelle. Die Antwort ist dieselbe:»Jeder ist selber verantwortlich für sein Wohlbefinden und seine Entwicklung.« Das findet auch Martin, Anfang 50, der in der In-house-Abteilung für Werbung bei IKEA Schweden arbeitet.»Wenn mich etwas unglücklich macht, dann muss ich das zur Sprache bringen.

Du kannst dich nicht einfach nur hinhocken und erwarten, dass es jemand anderes für dich tut.« Haben die gut reden! Weil die schon in so eine Kultur hineingeboren worden sind? Ja, wenn Sie Christian, den Professor aus Aarhus fragen, das haben sie:»Je regulierter eine Gesellschaft ist, desto weniger Chancen haben die Menschen selbst, etwas an ihrem Leben zu ändern.«

Gut. Buch zuklappen, weglegen und schmollen.

Gegenfrage: Wollen wir warten, bis andere etwas ändern? Unser Leben geschieht jetzt, in diesem Moment. Es ist unseres. Und wir haben nur eins. Und jeder Moment, in dem wir etwas tun, was uns nicht richtig erscheint, ist ein verlorener Moment. Kein Nordländer würde jemals die Verantwortung für sein eigenes Leben anderen überlassen! Unter keinen Umständen! Niemals nicht!

IKEA-HANNA schürzt die Lippen, während sie an mir vorbei in das fizzelige Grau eines kalten Wintertages irgendwo in Schweden schaut:»In Deutschland treffen überwiegend die Chefs die Entscheidungen. Und die Mitarbeiter finden das auch ganz angenehm.« Dann müssen sie sich wenigstens nicht selbst in die Schusslinie begeben.

Freiheit ist keine festgesetzte Größe.»Es ist nichts, was du in einer Jobumschreibung festhalten kannst. Es ist etwas, was zwischen Menschen entstehen muss«, so die sanfte CEO-Vierfachmutter Anne-Marit bei Siemens in Oslo. Wenn die Freiheit fehlt, hat einer sie nicht eingefordert oder der andere sie nicht gewährt. Oder man steht da und weiß nicht so recht, was zu tun ist mit dieser Freiheit. Denn Freiheit ist nicht messbar, sie ist ein Gefühl und somit niemals greifbar.

Doch eines ist sicher: 100 Prozent frei werden wir nie sein. Denn so frei Sie auch sind, es gibt trotzdem einen Rahmen, Regeln, Normen und Resultate, die geliefert werden müssen. In Skandinavien oder in Deutschland, wir befinden uns immer in einem Abhängigkeitsverhältnis, sobald wir uns in ein Beschäftigungsverhältnis begeben. Doch das im Norden scheint mit unserer formalen Definition eines Arbeitsverhältnisses nicht wirklich übereinzustimmen. Denn juristisch ist ein Arbeitnehmer, wer aufgrund eines Arbeitsvertrages sozial abhängig ist und unselbständige, fremdbestimmte Dienstleistungen gegen Entgelt zu erbringen hat. Zugegeben, das klingt nicht gerade sexy. Und wenn ich meiner Tochter diese Zukunft in Aussicht stelle, hoffe ich inständig, dass sie schreiend die Flucht ergreifen wird.

Ein Rahmen ist dehnbar. Und Wikinger stemmen sich dagegen, dehnen ihn auf Biegen und Brechen. Jeden Tag. Wäre doch gelacht, wenn da nicht noch was geht.»Vielleicht nehmen wir uns in Deutschland einfach nicht oft genug die Freiheit, die wir haben?«, mutmaßt auch Tobii-Thorsten, der seit 15 Jahren in Schweden wohnt.

Ja, dann macht das doch einfach.

HANNA, die 13 Jahre bei IKEA Deutschland gearbeitet hat, ist noch nicht fertig mit uns.»Immer, wenn meine Mitarbeiter in Deutschland mit einer Frage zu mir kamen, habe ich sie gefragt: *Was würdest du denn tun?* und dann kamen sie mit einer Idee: *Ja, dann würde ich das tun. – Ja, dann mach das doch einfach.*«

In den Kaltländern haben Sie wenig Chancen, sich zu dumm zu stellen, zu wenig zuständig, zu schwach, zu arm, zu unbedeutend, zu … hilflos. Diesen Schwächezustand der erlernten Hilflosigkeit, des Gefühls, sein Leben nicht beeinflussen zu können, werden Sie dort oben kaum finden. Hier gibt es nur Gründe, etwas zu tun, keine Entschuldigungen, etwas zu lassen. Das war schon immer so. Und wird auch immer so bleiben. Robert, der ruhige Landschaftsarchitekt aus Oslo, startet einen Erklärungsversuch: »Über Jahrhunderte hinweg war es normal, dass Länder Könige mit einem System von Hierarchien und Adelsgeschlechtern hatten. Und ganz unten hattest du all die Bauern.« Doch in Norwegen bestanden diese Unterschiede von jeher nicht. Jede Person lebte irgendwo weit weg in den Bergen, an einem Fjord oder auf irgendeiner Insel in der Nordsee. Sie waren frei, besaßen ihr eigenes Land oder ihr eigenes Fischerboot. »Und das formte unsere Mentalität, dass du für dein Wohl selbst verantwortlich bist. Dass du dein Leben selber geregelt bekommst, dass du selber entscheiden kannst, was gut für dich ist.« Hover, sein Kollege, der Ingenieurs-Philosoph, starrt abwesend auf den großen Obstkorb, der auf der Bar der hochglanzroten Küchenzeile von Snøhetta steht. »Und das ist für uns selbstverständlich. Für uns ist das Lebensqualität, dass du eine große Freiheit hast und eine große Verantwortung im täglichen Leben.«

FRIHET UNDER ANSVAR, lautet der Ritterschlag der Wikinger, mit dem du dich keines Adelstitels, aber der Freiheit als würdig erwiesen hast. Egal ob Dänisch, Norwegisch oder Schwedisch, in allen drei Ländern wird es gleich groß und, bis auf einen Buchstaben, auch genau gleich geschrieben. Freiheit unter Verantwortung. Es gibt keine Freiheit ohne Verantwortung. Peter, mit modernem Vollbart und lässig blauem Pullover, Ingenieur bei MOE, lehnt sich zurück und verschränkt seine Arme vor seiner durchtrainierten Brust: »Du kannst nicht einfach nur Freiheit haben. Du musst auch die Verantwortung für dein Handeln übernehmen. Und so lange du das tust, bist du frei.« Karen, seine Abteilungsleiterin, stimmt ihm zu. »Ich glaube, Menschen fühlen sich hier ihrer Aufgabe sehr verpflichtet, weil sie die Freiheit haben, Dinge so zu tun, wie sie es wollen: Hier ist deine Aufgabe, das ist das Ziel und dein Job ist es, uns dorthin zu bringen. Das ist definitiv richtig dänisch.« Nein, das ist definitiv sehr norwegisch, findet zumindest Lena, eine ruhige blonde Vertreterin der Frauentruppe im pinken Design auf der Insel Ålesund. »Und dann blühen wir auf, wenn wir frei sind. Wir sind abhängig davon, frei zu sein.« Richtig frei werden wir immer erst ab dem Moment, wenn wir unsere Freiheit auch nutzen. »Das ist definitiv skandinavisch! Menschen schnappen sich die Verantwortung und kommen irgendwann zurück«, so Kia. Wie Jacob, dessen Name auf seiner orangefarbenen Bauarbeiter-Jacke steht: »Wir bauen hier ein Gebäude, und es ist an uns, das hinzubekommen. Wenn der Chef sagt, die Mauer soll am Ende so aussehen, dann überlegen mein Kollege und ich uns: *Wie willst du es machen? Ich würde es so machen.* Und dann entscheiden wir zusammen, wie wir es anpacken. Es ist unsere Entscheidung, und das ist eine große Freiheit.«

Nordische Manager bestimmen nicht, sie moderieren, coachen, inspirieren. Was sollen sie auch anderes tun? Denn freie Menschen lassen nicht über sich bestimmen. Hans Olav schaut an mir vorbei auf den königlichen Park, der direkt an der Straße vor Making Waves liegt: »Wir geben die Richtung an, wir stellen die Fähnchen auf.« Er weist in eine Richtung. »Wir geben den Menschen Autonomie und Verantwortung und sagen: *Das ist, was du liefern musst, wie, ist uns egal. Du kennst das Ziel, niemand schreibt dir den Weg vor.* Und ich glaube, dass das die Menschen hier sehr glücklich macht.« Ein einfacher Arbeiter habe deshalb in Skandinavien das Gefühl, ein wichtiger Teil des Ganzen zu sein, mehr als in anderen Ländern, greift Frank, der CEO aller Scandic Hotels, den Gedanken auf und schaut mich wieder durchdringend an: »Denn er hat mehr Verantwortung, und wir erwarten auch mehr von ihm. Ich denke, es macht Menschen generell glücklich, Verantwortung übernehmen zu können. Menschen lieben es, wenn sie merken, dass jemand ihnen vertraut. Du wirst deshalb selten jemanden in Skandinavien finden, der dir sagt, dass er etwas nicht entscheiden kann, dass er erst den Vorgesetzten fragen muss. Er regelt das selbst.« Ehrensache! Warum auch jemand anderen fragen, der dann wieder jemand anderen fragen muss, bevor er jemanden anderen fragt, was der jemand anderen fragen muss, der das leider nicht entscheiden kann? Wo kämen wir denn da hin? Nach Deutschland?

»Du führst dich immer selber. Und das heißt, dass du selbst die Verantwortung für deine Entwicklung übernimmst. Ich bin mein eigenes Unternehmen. Ich bringe meine eigene Entwicklung voran«, so Dino, 22. Frisch, jung, selbstbewusst, ganz ohne Ausbildung, aber voller Pläne ist er und Leiter des Personals des vor kurzem eröffneten IKEA-Museums in Älmhult, IKEA-City, in *the middle of nowhere*. Lauter selbständige Unternehmer da oben, die etwas wagen und dafür geradestehen. Die warten nicht mit hochgelegten Beinen auf die nächste Gehaltsüberweisung. »Das ist superschön, und so eine Firmenkultur möchte ich haben!«, so der 38-jährige Schweinehändler, Thorsten, den ich in Kopenhagen auf der Straße treffe. »Der Vorteil für mich ist, dass ich engagierte Mitarbeiter bekomme, die nicht nur für mich arbeiten, weil sie dafür Lohn bekommen, sondern sie arbeiten für mich, weil sie gerne an der Entwicklung der Firma teilhaben möchten.« Tonje, die fröhliche Mama beim Pflanzenfütterer in Oslo, zieht nachdenklich ihre hübsche Nase kraus: »Ich glaube, die Menschen hier haben wirklich ein immenses Verantwortungsbewusstsein, was ihre Arbeit angeht. Sie möchten, dass ihnen gelingt, was sie angehen, dass sie bedeutungsvoll sind, dass sie etwas beitragen, dass sie Einfluss nehmen können. Ich glaube, sie geben wirklich viel. Es ist nicht Yara, dass das von uns erwartet. In meinem Falle bin ich es selbst.«

Nordlinge arbeiten selbständig, und das bedeutet: selbst und irgendwie ständig. Doch das *selbst* scheint in den meisten Fällen für das *ständig* zu entschädigen, denn laut Berechnungen des Glücksatlas sind selbständige Unternehmer überdurchschnittlich glücklich[21], obwohl sie oft sehr viel mehr arbeiten als der Durchschnitt.

Manchmal ist »frihet under ansvar« auch einfach nur anstrengend. Beatrice, die Verrückte, zieht den Kopf zwischen die Schultern. Langsam wird wohl auch ihr kalt, denn auf ihren blassen Wangen zeichnen sich zwei blassrote Flecken ab: »Wenn jemand dir erklären soll, was man genau von dir erwartet, dann sind diese Erwartungen sehr vage. Weil uns ja sehr viel Freiheit geboten wird. Das ist ein hoher Anspruch an dich, denn du musst irgendwie für alles selber sorgen. Manchmal ist es hart, die ganze Verantwortung selbst zu tragen. Wenn du nicht glücklich mit deiner Situation bist, ändere sie. Niemand anderes kümmert sich um deine Entscheidungen.«

Freiheit kann verdammt hart sein. Bevor Sie sich also das nächste Mal über mangelnde Autonomie beschweren, überlegen Sie es sich gut, denn der Preis ist hoch. Aber der Gewinn ist unbezahlbar: ein glückliches Leben. »Åhhh.« Zustimmung auf Schwedisch. Von Jacob, dem jugendlichen Bauarbeiter in Sicherheitsjacke, der gerade vor meiner Kamera seinen orangefarbenen Helm über dem Zeigefinger drehen lässt, während in der anderen eine Tasse Kaffee dampft: »Egal, was für einen Job du hast. Wenn du nicht glücklich bist, musst du etwas ändern. Das Leben wird es nicht für dich tun. Jeder ist Kapitän auf seinem eigenen Schiff und muss es in seine eigene Richtung lenken, um glücklich zu werden.«

Die Neugierde der furchtlosen Eroberer

Ich glaube, der Tag, an dem du aufhörst neugierig zu sein,
ist der Tag, an dem du dein eigenes Grab
schaufeln kannst.
Monica, Vorstandsmitglied IKEA Centres,
Malmö, Schweden

Nordländer sind Eroberer, selbstbewusste Menschen, die den Kurs ihres Lebens selbst bestimmen. Menschen, die sich ihrer Entscheidungsfreiheit bewusst sind und folglich danach handeln. Damals wie heute. Kein Meer war den Wikingern zu weit, kein Feind zu mächtig, keine Brücke zu tief. Schon im achten Jahrhundert lehrten sie mit ihren kleinen und wendigen Langbooten ihre großen, trägen Nachbarn das Fürchten und entdeckten so nebenbei ein halbes Jahrtausend vor Kolumbus Amerika. Bis heute hat sich an diesem stürmischen Freigeist nicht viel geändert.

Gut, heute tragen sie trendige Laufschuhe zu Anzug ohne Krawatte. Doch wild ist es immer noch, neugierig, begierig, furchtlos, das skandinavische Dreigespann mit den Dänen als heimlichen Anführern in Sachen Draufgängertum und Sorglosigkeit. Und vielleicht ist diese Unbekümmertheit ja auch gerade der Schlüssel zum Glück. Einfach mal ohne Umschweife volle Kraft voraus, wie der Vorstandsvorsitzende der skandinavischen Hotelkette Scandic, Frank, ein Däne, den ich allerdings im Hauptquartier in Stockholm interviewe. Auf einem kompakten Körper ragt aus einem weißen Hemd mit (ausnahmsweise!) Krawatte ein prägnanter Kopf mit mich exakt fixierenden Adler-Augen. Eilig wurde ich zwei Minuten vorher die Treppe runter geschickt, jetzt hätte Frank genau 20 Minuten Zeit! Ich fühle mich ein wenig unter Zeitdruck. »Frank, kannst du dich bitte einmal kurz vorstellen?«, versuche ich hoffnungsvoll die Zeit zu strecken, während ich hastig meine Kamera aufstelle und nervös die Kabel fürs Mikro anstöpsel.

»Nein«, so die knappe Antwort. »Warum?«

Volle Breitseite. Ich rolle gedanklich mit den Augen.

»Jetzt erzähl *du* mir erst mal, was *du* hier machst«, fährt er resolut fort. Das, so würde ich jetzt mal behaupten, ist eine ziemlich dänische Antwort und auch echt nicht böse gemeint, sondern einfach nur ehrlich. Warum sollte ich etwas tun, wenn ich nicht weiß, warum? Nordlinge klopfen nicht dumpf Steine, sie möchten Kathedralen bauen. Sie möchten verstehen.

Wer nicht fragt, bleibt dumm

Stellen sie sich der Tatsache: Skandinavier befinden sich ihr Leben lang auf dem Entwicklungsniveau eines Dreijährigen. Und genauso lange stellen sie dieselbe Frage, die deutsche Unternehmen, mit denen sie zusammenarbeiten, regelmäßig an den Rand des Wahnsinns treiben. Die Frage: W-a-r-u-m?

»So ist das hier«, schmunzelt Maria, die ich im Zentrum Stockholms in ihrem Büro in der Kungsgatan aufsuche. Sie sollte sich auskennen, immerhin prüft sie regelmäßig schwe-

173

dische Unternehmen auf Herz und Nieren und bestimmt dann mit ihrem Team den »great place to work« oder einfach Schwedens beste Arbeitgeber. Die kleine Frau um die 50 mit flottem Kurzhaarschnitt und charmanten Lachfältchen erklärt mir die skandinavische Rotznäsigkeit: »Die Leute möchten nicht gerne, dass man ihnen sagt, was sie zu tun haben. Sie möchten dazu inspiriert werden, das tun zu wollen, was sie tun sollen.«

Frei nach Kant: Ich kann, weil ich will, was ich muss. Nur, wie bringt mich jemand dazu, das tun zu *wollen*, was ich tun muss? Mit aus deutscher Sicht schwachen Managern zum Beispiel, die nicht sagen, wo es lang geht, sondern nur andeuten, wo das Ziel liegen könnte. Mehr brauchen sie auch nicht zu tun, denn in kürzester Zeit wird es Fragen hageln.

»Skandinavier sind versessen auf Informationen! Was ich tun werde, was mein Kollege tun wird, was die anderen tun, was die ganze Welt tut! Und dann kann ich meinen Job machen, denn dann fühle ich mich komfortabel. Ich weiß genug.« Und damit müssen Unternehmen hier oben konstant arbeiten, so Maria. »Unsere Mitarbeiter müssen eine Menge wissen über die Vision der Firma, wo wir hin möchten, wo wir sind, wer was getan hat, was wir entschieden haben, nicht zu tun ... eine Menge mehr, als du eigentlich wissen müsstest, um deine Arbeit zu tun«, erklärt Maria mir versonnen.

Irgendwann ist dann aber echt mal genug mit der Fragerei. Und die Deutschen, inzwischen am Rande des Nervenzusammenbruchs, denken sich: »Können die nicht einfach mal die Klappe halten und nur das machen, was wir sagen?« Klar können sie das, sie wollen nur nicht. Um *nur* seine Arbeit zu tun, dafür schält sich im kalten Norden keiner aus dem warmen Bett.

Denn was bedeutet »seine Arbeit zu tun«? Genau das ist ja der Punkt. Ihre Arbeit tun Sie, wenn Sie dumpf Steine hauen. Für etwas leben tun Sie, wenn Sie Kathedralen bauen. Sprich, wenn Sie innerlich sehen, wofür die Steine stehen. Und Skandinavier leben auch auf der Arbeit, weil sie hehren Visionen folgen, weil sie wissen, warum sie etwas tun. Denn sie haben ja gefragt. Inzwischen nenne ich die Nordländer übrigens gerne die »Why-Länder«.

Passt, findet Jess, ein imposanter Däne, der den Schwebestuhl unter sich gefährlich zum Quietschen bringt: »In Amerika sagt man: *Alle Mann rechts!* Und jeder sagt: *Jawohl!* und läuft nach rechts. Und hier in Dänemark würden Sie fragen. Warum? Warum rechts? Warum nicht nach links? In den USA würdest du vielleicht keine Erklärung bekommen, in Dänemark immer. Und dann kannst du sagen: Okay, das ist fair, klingt nach einem guten Plan, kein Problem. Und wenn du das nicht findest, dann kommst du mit einer konstruktiven Idee.« Der Vertriebsleiter des Übersetzungsbüros World Translation verschränkt zufrieden seine Arme und schaut nach draußen in die dunkle Herbstluft, durch die sich tapfer die Sonne wühlt und die letzten Blätter orange-gelb leuchten lässt. »In dänischen Unternehmen wirst du ständig angehalten zu fragen. Das schärft unsere Wahrnehmung und sorgt dafür, dass wir Dinge aus verschiedenen Blickwinkeln betrachten und mit neuen Ideen kommen. Das ist wirklich, wirklich positiv.«

Denn die Fragen sind kein Zeichen von Rebellion, sondern ein Zeichen der Teilhabe, wie mir Hans in der schwedischen Stadt Upsala schmunzelnd erklärt. Er unterstützt in der ganzen Welt Unternehmen dabei, das skandinavische Führungsmodell anzuwenden. »Alle Kinder kennen diese Fragen, und wir haben alle diese Fragen in uns. Du musst sie nur zulassen. Es ist eine Herausforderung, die die Entwicklung ankurbelt.«

Die Skandinavier haben den Mut zur Frage, und das ist für die Umgebung reichlich anstrengend. »Wenn du einen Prozess oder eine neue Struktur einführst«, so erklärt mir Anne-Marit, die vierfache Mutter und freundliche Geschäftsführerin von Siemens, die typisch norwegische Mentalität, »dann wird das nicht sofort jeder umsetzen. Du musst die Leute überzeugen. Sie müssen den Grund dafür verstehen. Warum so und nicht anders? Für dieses Commitment musst du hart arbeiten und vielleicht auch deine Ursprungsidee ändern. Die meisten Norweger machen nichts, bevor sie nicht verstehen, warum sie etwas tun sollen.« Ebenso wenig wie die Schweden. Der deutsche Konstantin nickt und fegt ein paar Herbstblätter von der Tischplatte. Ich konnte ihn davon überzeugen, mich nach draußen in die kühle Herbstsonne vors Bürogebäude des Eye-Tracking-Herstellers Tobii in Stockholm zu begleiten: »Der Schwede ist als Mitarbeiter dann vielleicht doch etwas komplizierter als der deutsche. Tendentiell empfinde ich es als Nachteil, dass er alles in Frage stellt. Jeder meiner Mitarbeiter sagt regelmäßig: *Nö – finde ich nicht.* Das kann einem echt auf den Keks gehen.« Skandinavier haben den Mut, sich ihres eigenen Verstandes zu bedienen! Hier wackelt kein Schaf dem anderen einfach nur so hinterher. Skandinavier sind Herdentiere, das ja, aber ohne Leithammel.

Drum wage die Frage! Weg von der Bevormundung, rein in die Mündigkeit und leider für Konstantin bis an den Rand der Übermü(n)dung. Konstantin lenkt zögernd ein: »Es hat für mich als Chef den Vorteil, dass ich darüber nachdenke, ob die Entscheidungen richtig sind, die ich treffe. Natürlich kann ich als Chef nicht alles wissen. Ich bin ja nicht Chef, weil ich alles weiß, sondern, weil ich die Informationen zusammenbringe.« Das ist allerdings eine sehr skandinavische Sicht der Führung. Die da lautet: Keiner weiß es wirklich, aber alle wissen mehr.

Und deshalb fragen auch die Manager hier, was das Zeug hält. Wer also eine Frage nach oben stellt, bekommt genauso schnell eine zurück: Was denkst du? Wie siehst du das? Was würdest du tun? Warum fragst du? Es ist ein ständiges Verhandeln, eine endlose Fragerei. So entstehen dynamische Prozesse mit einer Menge Fragen-Ping-Pong.

»Für mich wäre es echt eine Herausforderung, in Deutschland zu arbeiten, denn ich weiß ja auch nicht alles. Ich wäre zu bescheiden und ehrlich dazu. Wenn sich die Leute einfach zurücklehnen und fragen würden, was sie tun sollen, dann würde ich sagen: *Ich weiß es ehrlich gesagt nicht. Was denkst du?*«, so Vincent, der sportliche, gut aussehende Papa um die 40, der für die Transformation der IKEA-Verkaufskanäle in der Zukunft zuständig ist. »Ich würde den Ball wieder zurück spielen.« Selberdenken ist angesagt. Und das ist doch schön. Wenn jeder mitdenkt, dann brauchen Sie nicht alles allein zu tun. Auch die Last des Denkens kann man teilen. »Ich mag den Dialog wirklich sehr, denn Leute haben verschiedene Sichtweisen auf Dinge. Und vielleicht sehen sie Dinge, die mir helfen, unser Ziel schneller zu erreichen«, so Karen, die freundliche und bestimmte Abteilungsleiterin beim Ingenieursbureau MOE in Kopenhagen. Doch teilen bedeutet, dass wir etwas weggeben müssen, was für uns wichtig ist, ein wenig Wissen, ein wenig Macht, ein wenig Omnipotenz. Peter vom Boot schmunzelt und blinzelt in die raue Herbstsonne: »Ich habe sechs Jahre lang für einen Konzern in Deutschland gearbeitet. Und als ich gerade neu war, nahm ich an einem Meeting teil. Da saß der Manager am Tischende und an jeder Seite des Tisches saßen ungefähr 10 Personen. Und er sagte, wie es war und alle sagten ja, Professor Doktor … Es gab keine Diskussion, es wurde keine einzige Frage gestellt!« Peter schaut mich entsetzt an. »Ich denke, das ist gefährlich für ein Unternehmen und macht das Leben auch langweilig. Mein Manager zum Beispiel«, es ist Fredrik, das Energiebündel, »geht bei jeder wichtigen Entscheidung um den Tisch herum, tippt jedem auf die Schulter und fragt: *Was ist deine Meinung? Sollten wir diese, diese oder diese Entscheidung treffen?* Klar muss er letztendlich entscheiden, aber er involviert jeden, und das macht die Arbeit sehr spaßig. Dass von dir erwartet wird, etwas beizutragen, dass von dir erwartet wird, deine Meinung zu sagen. Es gibt kein richtig oder falsch.« Denn auch, wenn Sie anderer Meinung sind, bedeutet das ja nicht, dass Sie nicht recht haben.

Fragen bergen aber auch immer die Gefahr, dass man keine Antwort hat, und gehören somit nicht wirklich zu den deutschen Kassenschlagern. Eine Antwort schuldig zu bleiben, keinen deutlichen Standpunkt zu vertreten und selbst nicht genau zu wissen, wo es lang geht, das wird südlich von Flensburg eher als Schwäche ausgelegt. Eine klare Ansage vermittelt vielmehr den Eindruck von Stärke und Sicherheit, auch wenn dann vielleicht alle in die falsche Richtung laufen.

Auf diese Art der Sicherheit pfeifen die Skandinavier. Zumindest laut dem weltweit bekannten Experten für Kulturwissenschaften Prof. Geert Hofstede[22]. Er hat die Zusammenhänge zwischen nationalen Kulturen und Unternehmenskulturen analysiert und diese in verschiedene Kulturdimensionen eingeteilt. Eine davon ist das Maß an Unsicherheitsvermeidung[23], das ein Volk zeigt. Skandinaviern machen uneindeutige oder unbekannte Situationen überhaupt nichts aus. Wir in Deutschland hingegen können Unsicherheit so gar nicht ab. Fragen kratzen zudem an unserer Autorität und könnten ein Zeichen des Misstrauens sein. Im Norden ist eine Frage eine Öffnung und ein Vertrauensbeweis. Denn sowohl der, der fragt, als auch der, der antwortet, setzt sich der Blöße des eventuellen Nicht-Wissens aus. Dem kann natürlich Abhilfe geschaffen werden. Sie machen eine wegwerfende Handbewegung und sagen: »So wird's gemacht!« Karen schaut mich sanft an. »Aber dann würde jeder die Entscheidung in Frage stellen.« Na und? »Sie könnten damit recht behalten. Menschen haben unterschiedliche Standpunkte, und sie können eine Ansicht vertreten, die mir in meinem Entscheidungs-Prozess helfen kann. Wie ich die Dinge sehe, muss nicht immer stimmen. Ich möchte gerne hören, was Leute denken. Ich mag das, und ich denke, sie mögen es auch. In Dänemark ist die Funktion des Anführers eher die eines Moderators.« Wer eine Frage stellt, ist bereit, zuzuhören und Neues zu erfahren. Und vielleicht ist das der Kern des seltsamen, nordischen Kommunikationsmusters, in dem oft lange, sehr lange Pausen entstehen, nur unterbrochen durch das hörbare Einziehen von Luft oder durch ein träges Å-jaaaa. Es gibt den Fragen Raum zum Atmen und den Gedanken eine Chance, sich zurechtzurücken. Wer ständig selbst redet, erfährt nur das, was er eh schon weiß. »Eine Antwort ist immer ein Stück des Weges, der hinter dir liegt. Nur eine Frage kann uns weiterführen«, so schrieb der norwegische Schriftsteller Jostein Gaarder in seinem Kinderroman »Hallo, ist da jemand?« (Schon wieder eine Frage!) Die Warum-Frage ist tatsächlich der Grund, weshalb die Skandis in vielen Bereichen sehr viel experimentierfreudiger, innovativer und erfolgreicher sind als andere Länder. Denn Wissen ist statisch, Fragen treiben an.

Skandinavier sind neugierig, ein Leben lang. Warum? Weil es ihnen nie jemand abgewöhnt hat. Immer zu hinterfragen ist auch in Norwegen Zeichen eines gesunden Wissensdurstes und erklärtes Entwicklungsziel schon für die kleinen Wikis. »Ausbildung sollte Individuen als moralische Wesen sehen, verantwortlich für ihre Entscheidungen und ihre Handlungen mit der Fähigkeit nach dem zu suchen, was wahr ist und zu tun, was richtig ist«, so das königlich-norwegische Ministerium für Bildung. Bei dieser Beschreibung sind Diskussionen über das, was wahr oder richtig ist, schon vorprogrammiert. Und gerade das ist vielleicht ja auch so gewollt?

»Es ist in Norwegen sehr wichtig, dass Kinder in der Schule eine Stimme haben«, erzählt mir Irene, eine der Wissenschaftlerinnen der Kunststoff-Entwicklungsfirma Norner, die in der Nähe eines Fjordes liegt, der sich im Süden Norwegens tief in das Landesinnere zieht. Sie sieht das täglich bei ihren beiden Söhnen. »Kinder sollen sichtbar sein, denn das, was sie sagen, ist wichtig.« Das gilt auch für die dä-

180

nischen Dreikäsehoch, wie mir Anne-Marie (Søderberg), die nette Professorin der Copenhagen Business School, lächelnd bestätigt:»Kinder werden auf der Schule immer angehalten kritisch zu sein, zu reflektieren. Uns wird nicht eine Wahrheit erzählt, sondern uns werden Informationen weitergereicht. Und ich denke, das ist sehr gut, denn die Schule hat einen großen Einfluss darauf, wie wir uns als Bürger entwickeln werden.« Und das zieht sich weiter bis zu den Universitäten, so weiß mir die Dänin mit weißem Kurzhaarschnitt und blauer Pünktchenbluse zu berichten, die seit 1984 mit einem Deutschen verheiratet ist:»Studenten sollen immer alles kritisch hinterfragen und nichts für gegeben ansehen, auch nicht das, was ich doziere.« Schule sei eine phantastische Plattform für Kinder, unabhängig zu werden und das Leben mit eigenen Augen zu sehen, so auch in Schweden, wie mir der Sportlehrer Andrew erzählt, den ich auf Stockholms Straßen mit der Kamera erwische.»Ich bin glücklich, wenn ich sehe, dass Kinder Dinge von mir annehmen, auf ihre eigene Art und Weise kombinieren und dann selbst denken. Denn im Leben musst du eigenständig denken können, um Probleme zu lösen.« Und zum Leben gehört später die Arbeit ganz natürlich mit dazu. Diese Verantwortung für unser Leben sollten wir aus nordischer Sicht so schnell wie möglich erlernen und niemals und an keinem Ort wieder ablegen.

Irgendwann jedoch werden wir in Deutschland erwachsen (also älter als drei Jahre alt), und mit dem Alter wächst die Erfahrung und schwindet die Unbedarftheit, mit der wir den Dingen begegnen. Und deshalb gibt mir Kjetil, der in sich ruhende norwegische Architekten-Brummbär mit Knopfaugen, voller Inbrunst zu verstehen, dass Erfahrung so ziemlich das Schlimmste ist, was dir passieren kann.«Weil die kleine Stimme im Kopf dir immer erklären möchte, was noch nie geklappt hat. Es geht also darum zu vermeiden, in eine negative Spirale der Gewohnheit zu kommen, in der du keine neuen Dinge mehr entdeckst. Glück bedeutet, dein Leben zu verbessern, indem du immer weiter vorwärtsstrebst.« Manchmal müssten wir dafür kämpfen, und wenn wir kämpften, seien wir nicht immer glücklich, aber es sei eine Voraussetzung dafür, ein glückliches Leben zu führen. Probleme, so der Norweger, seien nur die Überleitung zum Glück. Glück sei eben kein Einzeiler. Jetzt lächelt der sanfte Mann, den ich auf der Galerie der Fabrikhalle interviewe, in der Architekten, Ingenieure und Designer Ideen spinnen. Auf einer langen Tafel brennen bereits die Kerzen, die hauseigenen Köche klappern eifrig in der Küche. Bald gibt's Mittagessen.»Wenn wir unseren Leuten die Möglichkeit geben, andere Seiten an sich zu entdecken, werden sie sich eindeutig glücklicher fühlen«, sagt Kjetil. Und davon hat dann jeder was, davon ist er überzeugt. Aber die Verantwortung dafür trägt eindeutig der Mitarbeiter.»Wir motivieren hier niemanden, schlichtweg, weil du Menschen nicht motivieren kannst. Aber wir werden dich definitiv dazu inspirieren, deine eigene, innere Motivation auf die beste Art zu nutzen.« Also will er, dass wir fragen, hinterfragen! Damit wir in den Antworten unseren inneren Antrieb finden. Wie damals, als wir noch jung waren und das ganze Leben ein Abenteuer. Damals, als wir vor Neugierde platzten.

»Ich glaube, der Tag, an dem du aufhörst neugierig zu sein, das ist der Tag, an dem du dein eigenes Grab schaufeln kannst«, sagt Monica, während sie sich, wie ich mutmaße, ein wenig schwedischen Mundtabak, genannt »snus«, unter die Oberlippe schiebt. Die burschikos anmutende 55-jährige Managerin ist für das Personal der Einkaufspassagen verantwortlich, die das IKEA-Imperium weltweit besitzt. »Wenn du nicht neugierig bist, dann entwickelst du dich nicht weiter. Und wenn du dich nicht weiterentwickelst, dann tut das dein Unternehmen auch nicht.« Wir zusammen können nur das Beste sein, wenn Sie das Beste aus sich selbst machen. Und das tun Sie und ich, wenn wir unserer Gier nach neuen Erkenntnissen folgen.

»Wenn wir uns die Geschichte anschauen, dann haben wir in Schweden immer versucht, neue Lösungen zu finden, und deshalb kommen so viele Innovationen aus den nordischen Ländern«, erklärt mir Jenny ein paar Wochen später. Über den Sicherheitsgurt, Spotify, bis hin zu dem Fahrradairbag, der sich seit Kurzem in meinem Besitz befindet. Etwas aufgedreht und mit einer Wahnsinnsenergie kommt der 31-jährige Blondschopf ins Besprechungszimmer gerauscht, zeigt mir als Intro ein Video ihrer Lieblingsband Babymetal (einer schrägen japanischen Girl-Metal-Band) und plaudert gleich drauf los. Tatsächlich machen Skandinavier nur 2,8 Prozent der Weltbevölkerung aus und sind trotzdem extrem erfolgreich im Bereich der (Pop-)Musik, Wirtschaft und Wissenschaft. Jenny ist für die PR-Abteilung der Scandic Hotels zuständig. Ich treffe sie dort, wo ich kurz zuvor von Frank die Nein-Breitseite kassiert habe. Blasser Teint, schwarze Brille mit einem überschäumenden Temperament: »Ich kann dir das skandinavische Erfolgsrezept nicht verraten!«, grinst sie mich an. »Das ist nämlich ein Geheimnis. Ich könnte, aber dann müsste ich dich töten!« Als sie dann endlich damit fertig ist, sich vor Lachen wegzuschmeißen, fährt sie nachdenklich fort:»Wir sind neugierig! Wir lassen Leute neugierig sein und neue Wege erkunden. Wir machen Dinge nie so, wie wir sie immer schon gemacht haben.«

Und da kann es schon mal passieren, dass Sie den Zug von Stockholm nach Göteborg nehmen, wie ich, als mich plötzlich ein »Hej Maike« aus meinem Schreibfluss reißt. »Äh – Kennen wir uns?«, frage ich etwas verdutzt den netten Mann, der mit einem Smartphone in der Hand neben mir steht. Der Vielfahrer mir gegenüber kann sich ein breites Grinsen nicht verkneifen. »Nein, aber ich weiß, dass Maike Sitz Nummer 22 reserviert hat«, entgegnet mir der Zugbegleiter. »Wenn du zu viel Erfahrung hast, dann besitzt du diese gängige Weisheit darüber, wie Dinge normalerweise laufen. Wenn dich diese Erfahrung nicht begrenzt, dann kannst du die Dinge total anders machen. Ich habe keine 24 Jahre Erfahrung in der Eisenbahnbranche«, erklärt mir später Johan, jugendlicher CEO der neu gegründeten Zuglinie MTR-Express, die einmal die beste in der Welt sein möchte und übrigens die kleine Schwester des Betreibers der Tunnelbana ist. Sie besitzt eigene knallrote Züge. Die allerdings legen bisher nicht mehr als die 500 Kilometer zwischen Stockholm nach Göteborg zurück. Was soll's? David war auch mal klein. Und vor allem die kleinen sind heutzutage die, die bei den Goliaths für lästige Überraschungen sorgen. Denn die stellen sich auf einmal Fragen wie: Warum braucht man zum Zugfahren eine Fahrkarte? Von vielen weiteren Interviewpartnern höre ich folgende simple Fragen: Warum benötigst du Quittungen aus Papier? Warum Erfahrung im Job? Weshalb musst du mit einem Stift unterschreiben? Warum wählen nicht die Mitarbeiter ihre Vorgesetzten? Warum im Hotel immer wieder dasselbe Formular ausfüllen? Warum mein Auto persönlich abmelden? Und warum tragen Johans Pendants, die Geschäftsführer der Deutschen Bahn, eigentlich keine blau-orangefarbenen Nike-Laufschuhe? Der Johan, der mit der Mini-Eisenbahngesellschaft MTR-Express der Deutschen Bahn in Zukunft ans Bein pinkeln möchte. Warum auch nicht? Probieren kann man es ja mal. Und wenn es nicht klappt, dann versuchen wir es halt noch einmal. Das Schöne daran ist: Neugierig sein kann wirklich jeder.

Inzwischen sitze ich beim vorzüglichen Mittagessen in diesem weltberühmten Architekturbüro am Fjord zwischen den zwei Mitarbeitern von Kjetil, die Sie bereits kennen: Hover, dem Ingenieur mit dem Zeug zum Philosophen, und Robert, dem stillen Landschaftsarchitekten. Wie gewohnt ergreift Hover das Wort: »Das ist wirklich erstaunlich, wenn du dir Snøhetta anschaust, dann erwartest du, auf lauter brillante Köpfe zu stoßen, die den ganzen Tag nur herum schreiten und großartige Ideen haben. Und dann kommst du hierher, und dann sind das nur Leute wie Robert.« Hover weist lachend mit seiner Gabel auf Robert, der mit den Augen rollt. »Snøhetta ist wirklich die Geschichte normaler Menschen mit normalen Interessen und einem normalen Leben, die gemeinsam unglaubliche Dinge erschaffen.« Es sind Menschen ohne besondere Begabung, sondern nur leidenschaftlich neugierig, wie es bereits Albert Einstein von sich selbst behauptet hat.

»Wer neugierig ist, wird lernen, was er nicht weiß«, bestätigt mir auch Peter mit den Schlittschuhen von der Insel in den Schärengärten Stockholms. »Wenn du ein Set an Fähigkeiten besitzt, aber nicht wissbegierig bist, wirst du keinen guten Job machen. Wenn dir hingegen ein paar Fähigkeiten fehlen, du aber neugierig bist auf das, was du tust, dann wirst du die andere Person überragen. Immer. Neugierde und Leidenschaft ist der Anfang von allem.«

Deshalb sinken Sie dankbar auf die Knie, anstatt sich zu ärgern, dass jemand vermeintlich Ihre Kompetenz in Frage stellt, bloß weil er eine Frage stellt. Ihre Kollegin zum Beispiel, die ja von Ihrem Aufgabenbereich so überhaupt keine Ahnung hat. Oder der Mitarbeiter, der lieber die Aufstellung der Zahlen liefern soll, anstatt hier groß mitdenken zu wollen. Ganz abgesehen von dem Praktikanten, der noch grün hinter den Ohren ist und sich schon anmaßt, mitreden zu können … Ja, also genau die.

Jede Frage, die einer offenen Neugierde entspringt, ist ein Geschenk an Sie. Ein Angebot. Eine Öffnung. Ist ein Ausdruck der Bereitschaft, für etwas Verantwortung zu übernehmen, sich einzubringen, mit ins Wikingerschiff zu steigen. Gemeinsam in eine glorreiche Zukunft zu segeln! Mündige Menschen fragen nach. Nicht nur für sich selbst. Sie machen zusammen auch das Team mündig, das Unternehmen, die Gesellschaft. Auch wenn das Wort mündig ursprünglich nicht von »Mund« kommt: Willst du mündig werden, dann hilft es sehr, den Mund aufzumachen. Denn wer eine Antwort auf sein Warum bekommt, der bekommt mit der Antwort gleichzeitig den Grund dafür mitgeliefert, etwas zu tun. Sprich, mit jeder Antwort, die wir erhalten, können wir besser den Sinn erfassen, der uns antreibt. Und Sinn verpflichtet zu Loyalität, denn Dinge, die wir verstehen, können uns schlecht egal sein.

Regeln brechen

Deshalb fragt man nicht nur am Anfang, man hinterfragt die ganze Zeit. Für Fragen gibt es keine Endstation. Entschluss gefasst? Regel aufgestellt? Auftrag gegeben? Während Sie jetzt entspannt ausatmen und sich den Schweiß von der Stirn tupfen, fragt sich der Nordmann schon wieder, ob das unter den gegebenen Umständen denn jetzt noch so gilt. Wenn ein Beschluss nicht mehr sinnvoll scheint, muss man ihn halt noch mal ... modifizieren.

»Typisch schwedisch ist es, nicht das zu machen, was uns aufgetragen wurde«, lacht Beatrice. Tatsächlich? Gut. Na da haben wir den Salat. »Wir sind nicht davon überzeugt, dass unser Chef immer das ganze Szenario überschaut. Wenn dein Manager dir etwas aufträgt, woran du nicht glaubst, dann sagst du: *Okay, ich habe gehört, was du gesagt hast, aber ich mache es so, wie ich denke. Und dann sorge ich dafür, dass ich eine gute Argumentation habe.* In Deutschland ist es eher so: Er möchte das, also liefere ich das. Und in Schweden machst du es einfach nicht, wenn du nicht davon überzeugt bist, dass es sinnvoll ist.« Denn sie können ja selber denken. Sie lacht herzlich und gibt dann gespielt verschämt zu: »Also sind wir ein wenig – åhm – ungehorsam vielleicht«, so die Zukunfts-kompetenz-Beauftragte von Scania, dem Brummibauer. Meuterei auf dem Wikingerschiff! Skandalös! Henrik, der lausbubenhafte Produktentwickler-CEO aus Kopenhagen, lächelt versöhnlich: »Wir sind einfach sehr gut darin, Regeln auf eine kontrollierte Art zu brechen.« Ein wenig anarchistisch, würde Peter es nennen. Er war federführend beim Bau der Kopenhagener Metro und ist beim dänischen Ingenieurbüro Rambøll zuständig für alles, was Schienen hat: »Es gab in diesem Unternehmen schon immer diese Akzeptanz von leichtem Anarchismus«, grinst er ein wenig verwegen, sieht aber ansonsten total brav aus. »Viele gute Ideen kommen ja von den Menschen, die out-of-the-box denken, die Sachen anders machen, egal, was jemand ihnen aufträgt.« Gut, das sollte nicht jeder machen, und auch nicht ständig, sondern nur dann, wenn es Sinn ergibt. Und das hat einen immensen Vorteil, findet auch der schwedische Peter vom Boot, der im Winter auf Schlittschuhen zur Arbeit fährt, denn seiner Meinung nach wird sich eine Organisation niemals entwickeln, wenn jeder brav macht, was der Manager sagt. Das sei schwedische Dynamik. Da lächeln die Dänen nur müde, denn am dynamischsten sind eindeutig sie, und Schweden sind für sie nur folgsame Schafe. Ich kann mir schon so ungefähr denken, welchen Titel wir aus dieser Perspektive als Deutsche bekämen, als ich mit Katarina von Siemens Norwegen spreche: »Ja, dieses Autoritätsgedöns würde ich in Deutschland abschaffen, denn dann machst du immer zuerst die Aufgabe, die dir dein Chef überträgt, aber das mag vielleicht nicht im Sinne des Unternehmens sein. Vielleicht ist die Frage der Sekretärin viel wichtiger.« Matthias, ihr deutscher Chef, hat sich inzwischen augenrollend dran gewöhnt, dass sein Wille noch lange kein Gesetz ist. Anordnungen, Hierarchien, Abteilungen, alles uninteressant, so erzählt er mir am Abend: »Regeln interessieren uns auch nicht, es sei denn, jemand überzeugt mich davon, dass sie richtig sind.« Er häuft mir die nächsten Phantasie-Pfannkuchen-Teile auf den Teller, während seine Sprösslinge die Kalibrierung meines Mikrophons strapazieren. Aber norwegischen Kindern sagt man ja ebenfalls nicht, dass jetzt Mal Schicht im Schacht ist. Länder, denen Unsicherheit schnuppe ist, stellen alles in Frage, wie Randi, die lange Blonde mit schwarzem Rock, auch bei Siemens tätig. »Das würde ich den Deutschen verkaufen!«, ruft sie begeistert aus und klatscht in die Hände: »Dass sie sich nicht immer an Regeln halten sollen! Stellt Fragen! Fordert heraus. Ist es wirklich sinnvoll, das jetzt so zu machen? Können wir das nicht anders machen?« Und wenn jetzt noch der CEO der Truppe Siemens Norwegen, Anne-Marit, zu Wort kommt, dann ist beim deutschen Mutterkonzern in München das Maß wirklich voll: »Für uns ist es schwierig zu verstehen, warum die Deutschen sich immer an Prozesse halten, und anders herum ist es für sie schwierig zu verstehen, warum wir uns manchmal nicht an Prozesse halten, weil wir denken, dass wir einen besseren Weg gefunden haben.« Kein Wunder also, dass da zwischen Mutter und Tochter manchmal die Fetzen fliegen.

Doch wer jetzt denkt, in den Kaltländern halte sich niemand an Regeln, der irrt sich gründlich, wie auch der Kulturforscher Gerard Hofstede schon einsehen musste: »Es ist paradox, dass Regeln in Ländern mit schwacher Unsicherheitsvermeidung zwar weniger strikt sind, aber oft besser befolgt werden.« Die Regeln, auf die man sich geeinigt hat, an die hält sich jeder, auch, wenn sie ungeschrieben sind – oder gerade deswegen: an der Haltestelle brav in der Reihe stehen, alle Kinder der Klasse zur Geburtstagsparty einladen, Rechnungen sofort überweisen, eine Nummer zum Warten an der Kasse ziehen, nicht blöd rumhupen, ordentlich parken, beim Reden nicht unterbrechen, beim Steuernzahlen nicht bescheißen und tatsächlich pünktlicher als Deutsche sein.

»Die Idee dahinter ist natürlich«, so der Erklärungsversuch von Reiner von der Handelskammer, »dass wir eine Solidargemeinschaft sind, und wir halten alle zusammen. Und wenn dann jemand aus der Gemeinschaft ausbricht, falsch parkt oder zu spät bezahlt, dann gibt es was auf die Mütze.« Ein breites Grinsen erscheint in seinem Gesicht.

Denn neben Pippi Langstrumpfs benötigt man auch Annikas und Tommis. »Auf der einen Seite die totale individuelle Autonomie, auf der andren Seite die absolute Notwendigkeit einer stabilen sozialen Ordnung«, so erklärt mir das Lars, das Richard-Gere-Double. Keine Freiheit ohne Regeln. »Das Interessante dabei ist, dass die extreme nordische Individualität nicht zum Zusammenbruch sozialer Normen geführt hat, die eine Gemeinschaft zusammenhalten. Im Gegenteil, das Vertrauensniveau ist hier immens hoch.« Ungeschriebene Gesetze und Regeln, die man einsieht, sind heilig, vor allen anderen formellen Regulierungen haben Nordlinge Gerards Kultur-Forschungen nach einen gefühlsmäßigen Horror. Vielleicht, weil sie so ein enormes Konfliktpotential beinhalten? Denn was niedergeschrieben ist, das gilt. Auch wenn etwas anderes schlauer wäre. Schwarz auf weiß geht vor gesundem Menschenverstand. Und da es immer nur eine Regel gibt, aber Tausende von individuellen Umständen, kann es natürlich schon mal sein, dass eine Regel voll daneben ist. Sich aber jeder dran halten muss. Das frustriert. Deshalb, wie der Unternehmensberater Niels bereits sagte, seien Sie verdammt vorsichtig mit Regeln, sie schaden im Zweifel mehr, als dass sie nutzen.

Regeln gibt's also nur für den Notfall, z. B. um festzulegen, ob man im Straßenverkehr links oder rechts zu fahren hat. Auch Alkohol ist so ein Notfall, denn die Schweden und Norweger hatten Anfang des vorigen Jahrhunderts ein mittelprächtiges Alkoholproblem. Deshalb gibt's Alkohol über 3,5 Prozent nicht mehr im Supermarkt und an Tankstellen schon gar nicht!

Ha! Aber Bier gibt's trotzdem an der Supermarktkasse. Leichtbier. Das habe ich genau gesehen! Gestern habe ich Sport gemacht, heute war ich ausnehmend fleißig, das Bier habe ich mir verdient. Um Viertel nach acht stürme ich den Supermarkt um die Ecke meines Airbnb-Apartments in Oslo und lege genießerisch mit Feierabend-Habitus eine Dose Bier neben einer Tüte Chips aufs Band. »Das Bier kann ich dir leider nicht verkaufen«, teilt mir die Supermarktangestellte mit. Etwas perplex frage ich mich, ob ich mich über das Kompliment freuen soll. Ein Blick in die verspiegelte Säule gegenüber verrät mir jedoch, dass ich beim besten Willen nicht mehr wie 17 aussehe. Verdutzt entflutscht mir ein: Warum? Nach 20 Uhr dürfe kein Alkohol mehr verkauft werden. Ich fluche mit Worten, die man eigentlich nicht in den Mund nimmt, und verkrümle mich mit einer läppischen Tüte Chips. Das, so erfahre ich später, nervt auch die Norweger. Doch prinzipiell halten sie die Regulierungen des Alkoholmarktes für sinnvoll. »Systembolaget« heißt der einzige Laden, in dem man in Schweden Wein und Hochprozentiges kaufen darf, und der räumt seit Jahren Preise ab. Das Personal ist kompetent und hingebungsvoll, die Weine ausgezeichnet.

Je weniger Regeln, desto weniger Widerstand und desto mehr Gewicht haben die Regeln, auf die man sich geeinigt hat. Denn die Wikinger haben von jeher Gesetz und Regeln gemeinsam erarbeitet. Kein König hat sie einfach so erlassen.

Sie wurden schon Ende des 13. Jahrhunderts in der damaligen Mundart niedergeschrieben, denn sie sollten allen Menschen als Richtlinie dienen, den Reichen wie den Armen. Nicht einmal der König konnte sich über sie hinwegsetzen. Und das mag ein Grund sein, weshalb die Skandis den Staat und die Gesetze so sehr akzeptieren. Weil sie von ihnen selbst, für sie selbst gemacht wurden. So wurde zum Beispiel nach intensiven Diskussionen von Politik, Presse und Bevölkerung über Gendergerechtigkeit in den 1960er-Jahren in Schweden das Ehegattensplitting abgeschafft. Man kam zu dem Schluss, dass Frauen sich nur emanzipieren können, wenn sie arbeiten und ein eigenes Einkommen haben, welches unabhängig vom Partner besteuert wird. Wie übrigens in den anderen skandinavischen Ländern auch. Und im Sommer 2018 führte Schweden auf Grund der #meetoo-Kampagne und massenhafter Proteste aus der Bevölkerung als erstes Land der Welt ein Gesetz ein, das für Sex ein ausdrückliches Einverständnis aller Beteiligten vorschreibt. Und wenn Sie nach dem Warum fragen, dann werden Sie von Nordmann und -frau eine Antwort erhalten, die für die Menschen dort oben einen Sinn ergibt. Der Skandinavier besitzt ein tiefes Vertrauen darin, dass Gesetze zu aller Gunsten erlassen wurden und werden.

Schluss mit egal!

Die Sonne scheint zwar leider nicht, ich laufe aber trotzdem unter babyblauem Himmel und kunterbuntem Regenbogen beschwingt an der Kamera vorbei. »*Nein!* Nicht nach rechts

schauen!« Stöhnen. »*Erst* links vorbei an der Kamera und
dann nach rechts schauen!«, meckert Horst, mein allerliebster Fernseh-Kameramann kribbelig. Also, zum dritten Mal
zurück zur anderen Seite des Bahnsteiges und warten, bis
der nächste Zug kommt. Dann wieder so tun, als ob ich hier
gerade zufällig geschätzte zehn Meter unter Stockholm, aussteige. »Linje fjorton ankommer om åtta minuter«, säuselt
die Informations-Stimme durch den Tunnel. Also noch acht
Minuten bis zur nächsten Bahn. Genau acht Minuten! Stockholms U-Bahnen kommen zu 98 Prozent pünktlich. Acht
Minuten und zehn Sekunden später laufe ich an Horsts richtiger Seite vorbei, halte kurz inne und moderiere in die Kamera: »Ich finde Stockholms Tunnelbahn super, und da hörte
ich: *Weißt du, dass sie auch noch total zufriedene Mitarbeiter
haben?* Das konnte ich mir nun wirklich nicht vorstellen!
Kaum Tageslicht, gestresste Reisende – in einer Großstadt!«
Ende des Textes, lächeln, weiterlaufen.

Hier habe ich allerdings leicht geflunkert, denn ich kann
es mir sehr wohl vorstellen. Die zehntausend Gäste, die
hier täglich 1 203 000 Mal die Metro nutzen, sind superflink, aber rücksichtsvoll. Kein Gedränge, kein Gebrüll, kein
Müll. Blitzblank die Bahnsteige. Und anstelle von schmierig grau-schwarzem Spritzbeton in fiesem Neonlicht haben
über 150 Künstler die meisten der Stationen in thematische
Gesamtkunstwerke verwandelt, die sie mit der Welt über
ihnen verbinden. In sonst muffelnden Tunneln können Sie
hier riesige Kunstobjekte bestaunen, die sich in die Wände
schmiegen: phantasievolle Mosaike an den Decken, Zitate
auf Wandfliesen, magisch rote Decken über knallgrünem
Nadelwald oder blaue Raumwelten mit stilisierten Pflanzen

und Bauarbeiter-Silhouetten. Stockholms Tunnelbana ist die längste Galerie der Welt. Kein Grund zu meckern also. Auch nicht bei den Mitarbeitern der Firma MTR, die diese U-Bahn betreibt. Ihre Zufriedenheit lag bei den rund 2700 Mitarbeitern 2017 bei 94 Prozent, und sie wächst stetig an.

Das liegt allerdings an mehr als nur Pünktlichkeit, Sauberkeit und Kunst. Es liegt daran, dass die Mitarbeiter auf die Frage, warum sie hier arbeiten, eine sinnvolle Antwort geben können: nämlich eine Weltklasse-Metro sein zu wollen. Die Mission der Tunnelbana ist es, einen Beitrag zu einer nachhaltigen Gesellschaft zu liefern. Wie kann man die Stadtplanung beeinflussen? Stadtteile anbinden? Wie die Städte sicherer machen? Ich würde mal sagen, dass Henrik bisher alles richtig gemacht hat. Denn er ist der CEO von all den Menschen, die Fahrkarten verkaufen, Touristen informieren, Bahnsteige säubern oder die Züge fahren: »Unsere Aufgabe ist es, die Einwohner Stockholms glücklich zu machen. Sie sind der einzige Grund, weshalb wir bestehen. Das ist unser Wert für die Gesellschaft. Jeder weiß also, warum er hier ist und was sein Beitrag ist.« Wie Katharina, eine drahtige Mittfünfzigerin mit dunkelbraunem Kurzhaarschnitt, die tagein, tagaus hinter einem der Fahrkartenschalter sitzt: »Ich fühle, dass ich ein Teil dieser Stadt bin, denn die Metro ist die größte Kommunikationsader, die wir haben. Und wenn Kunden uns mögen und sagen, wir seien die beste Metro in der Welt, dann habe ich das Gefühl, dass ich daran einen Anteil habe.« Wie Jessika. Auch, wenn sie mit ihrer neongelben Signalweste den ganzen Tag unter Tage herumwuselt, es ist ihr Traum: »Wenn ich hier rauskomme, ist es draußen dunkel, aber ich habe das Gefühl, dass meine Arbeit wichtig ist!«, strahlt mich die Anfang 30-Jährige mit ihren klaren blauen Augen unter blondem Pony an. Sie ist Teamleiterin an T-Centralen, dem Herzen des Stockholmer U-Bahn-Netzes und steht auch selbst parat, wann immer Menschen Hilfe benötigen. »Die Metro, das ist der *blodomlopp*, der Blutkreislauf Stockholms. Und wenn irgendetwas nicht stimmt, kommen die Leute nicht dahin, wohin sie wollen. Dann bin ich da und kann ihnen helfen!«

Das Bedürfnis nach dem persönlichen Sinn kann man nicht abstellen. Wie die Metro düst es durch unser Leben und gibt die Richtung an. Und da Sie ja jetzt wissen, dass die Skandis ungern etwas einfach nur so machen, wird es Sie nicht verwundern, dass dort oben die meisten Menschen auch nicht einfach nur bei irgendeinem Unternehmen arbeiten, das irgendetwas produziert oder irgendetwas verkauft, nur um irgendetwas zu verdienen. Nur Geld verdienen, ist echt zu wenig, sie wollen mehr. Eislochhüpfer verlangen, dass ihr persönlicher Sinn mit dem des Unternehmens deckungsgleich ist. Wer Kathedralen bauen möchte, sollte schließlich nicht bei einem Abrissunternehmen arbeiten.

Und deshalb fordern sie frech auch die Unternehmen auf, sich ständig weiter zu entwickeln. Bei allem Ungehorsam, der ihnen Schweißtropfen auf die Stirn treiben mag, Wikinger verlieren nie den Kontext und das gemeinsame Ziel aus dem Auge. Deshalb sind sie ja so aufmüpfig, *weil* sie eben ihr Bestes geben und einen sinnvollen Beitrag leisten wollen. Bei allem Eigensinn sind sie absolut verlässlich. Jenny Babymetal, die blonde, freche PR-Managerin aus Stockholm, lehnt sich entspannt zurück: »Ich glaube, das ist wirklich eine skandinavische Sache, dass du eine große Loyalität deinem

Unternehmen gegenüber empfindest. Es ist nicht nur ein Ort, an dem du arbeitest, sondern ein Ort, an dem du stolz bist zu arbeiten.«

Woher dieses enorme Engagement, fragt sich manch deutscher Manager neidisch und schaut ratlos auf seine Peitsche in der Hand. Es ist die Kraft der Sinngebung, die Menschen vorantreibt und sie als kleinen Nebeneffekt auch noch glücklich macht.

Es ist ganz einfach: Menschen möchten bedeutungsvoll sein für sich *und* andere. Jeder Mensch ist glücklich, wenn er frech und wild und wunderbar sein kann. Aber es macht einfach noch glücklicher, wenn wir unsere Talente nutzen, um darüber hinaus bedeutungsvoll für die Welt zu sein. Denn das bedeutet Glück, auch für Sara, Wissenschaftlerin, Biotech-Unternehmen Novozymes: »Ich möchte die Welt retten. Wenn es uns gelingt, mit Einsatz von Enzymen alle Waschmaschinen um zehn Grad niedriger waschen zu lassen, dann helfen wir einer großer Zahl von Menschen, weniger CO_2 zu produzieren. Das ist großartig! Ich weiß nicht, wie ich es sagen soll, aber ich würde meinen Arm für dieses Unternehmen geben.« Kein einziger Nordmann sitzt allein in seinem Kämmerlein und denkt: »Fein, ich bin jetzt glücklich für mich allein.« Und dieser Hunger nach Relevanz ist in den nordischen Ländern so groß, weil auch der Zusammenhalt bei den Eislochhüpfern auf der Prioritätenliste ganz oben steht: Alle oder nichts. Alle Menschen, jederzeit, wie Sie bald verstehen werden. Immer weiter schauen als die eigene Nase lang ist, seit neuestem auch gerne Richtung Boden. Denn Schweden joggen jetzt mit Mülltüten durch die Wälder. Sie haben das »plogging« erfunden, eine Kombination des Wortes »jogging« mit dem schwedischen Wort »plocka upp«, das aufheben bedeutet. Wer ein guter Schwede ist, der steckt jetzt jeden Müll, der ihm begegnet, gleich mit in die Tasche. Alles, was wir als Einzelner tun, macht doch viel mehr Spaß, wenn wir es auch für andere tun. »Ich für dich«, ist ein riesiger Glücksmotor und sorgt laut Glücksatlas 2017 auch dafür, dass Menschen, die sich gemeinnützig engagieren und / oder ökologisch verhalten, glücklicher sind als die, die das nicht tun. Denn nachhaltig sind wir immer für andere. Nie für uns allein. Wir werfen den Joghurtbecher in die gelbe Tonne, weil wir damit das Gefühl haben, es für die Gemeinschaft oder den Planeten zu tun, aber nicht, weil wir denken, dass der eine recycelte Joghurt-Becher jetzt unbedingt unser eigenes Leben rettet.

Und diesem ganzheitlich nordischen Anspruch können sich auch Unternehmen nicht entziehen. »Kein Unternehmen hat ein Existenzrecht, wenn du keine Antwort auf die Frage geben kannst: Was tun wir, um diese Welt ein wenig besser zu machen? Keine Organisation hat den Sinn, *nur* Geld zu verdienen.« Ich sitze in der schönen beschaulichen Stadt Uppsala in einer freundlichen Wohnung, einem ruhigen, bescheidenen Mann um die 60 gegenüber. Hans heißt er, hat prägnante buschige Augenbrauen über sanften Augen und trinkt Wasser aus einem Flacon mit lilafarbenen Kristallen. Aha. Er berät Manager in der ganzen Welt in Bezug auf die skandinavische Art der Führung. »Ob du in einem Hotel, einer Schule oder in einer der anderen Organisationen arbeitest. Die erste Frage, die du dir stellen solltest, ist: Für wen betreibe ich das Hotel? Für wen ist die Schule? Und wie soll dieser Ort aussehen?«

Genau diese Frage stellt sich auch regelmäßig die Truppe von Kjetil, dem Bären aus Oslo, genau genommen immer, denn es ist einer ihrer Kernwerte: sozial und ökologisch nachhaltig bauen. Hover, der Philosophen-Ingenieur mit Bart, kaut nachdenklich auf seiner Unterlippe: »Ich denke, die Oper in Oslo ist ein tolles Beispiel: Wie können wir die Oper zu etwas machen, das mehr ist als nur ein Gebäude mit guter Akustik und schönem Design? Mehr als nur ein Ort für Opernbesucher? Wie sorgen wir dafür, dass das Gebäude für jeden zugänglich ist? Zu einem guten Ort wird, für Menschen drinnen wie draußen?« Und so erhebt sich das Operngebäude strahlend weiß und eisschollengleich aus dem blaugrauen Wasser des Fjords, das es an zwei Seiten umgibt. Auf ihrer begehbaren Dachfläche sind, von weitem gesehen, lauter kleine bunte Punkte zu erkennen. Und einer davon bin ich, auf der Spitze des Eisschollen-Dachs die Aussicht genießend. Robert, neben Hover sitzend, streicht nachdenklich über die Sofagarnitur und nickt: »Jeder kann den Ort nutzen, sich mit ihm identifizieren und dort glücklich sein, ohne dafür eine Karte kaufen zu müssen. Wir versuchen bei jedem Projekt, der Gemeinschaft etwas zurückzugeben.« – Stille – Mit einer großen Armbewegung beschreibt Hover einen Kreis: »Es geht um mehr als um das, was du tust! Auf der Arbeit zu sein, bedeutet mehr, als nur zu arbeiten. Ein Gebäude zu erschaffen, bedeutet mehr als nur ein Gebäude zu erschaffen. Es geht um etwas Größeres. Es geht darum, etwas Bedeutungsvolles zu kreieren!« – Stille – »Ich glaube, Snøhetta schenkt der Welt gute Orte.«

Und dadurch werden auch Arbeitsorte, wie Snøhetta selbst, zu einer guten Umgebung für die Menschen, die dort täglich Neues erschaffen. Weil auf der Arbeit zu sein mehr bedeutet, als stumpf zu arbeiten. Es ist eine Möglichkeit, Spuren zu hinterlassen, findet zumindest Catarina, die herbe Schwedin und Personalleiterin beim Brillendesigner Smarteyes, ansässig in einem Dachstuhl mit Start-up-Atmosphäre in Göteborg: »Du hast nur eine begrenzte Zeit hier auf dem Planeten. Deshalb ist es wichtig, dass du dafür sorgst, dass alles, was du tust, einen Wert kreiert. Für mich ist es deshalb recht einfach, mich zwischen zwei Dingen zu entscheiden: Wenn ich positive Spuren hinterlassen kann, dann werde ich das tun. Wenn nicht, dann nicht.«

Wir möchten alle gute Fußstapfen hinterlassen, in die andere treten können. Und Unternehmen, die sich das ebenfalls auf die Fahne geschrieben haben, machen es uns leicht, uns selbst treu zu bleiben und unser Glück in der Arbeit zu finden. Deshalb tue nichts, was für dich keinen Sinn ergibt. Mache nie etwas, das du nicht einsiehst, so die Devise. Entweder Sie fragen nach, Sie machen es anders oder gar nicht. Denn wenn Sie nicht nach dem Sinn fragen, wird es früher oder später jemand anderes für Sie tun.

»Wenn mein Sohn mich später einmal fragen wird: *Mama, warum habe ich dich so wenig gesehen, als ich klein war?* Dann möchte ich sagen können: Weil ich meinen Job wirklich geliebt habe und weil ich wirklich an das geglaubt habe, was ich getan habe«, so Beatrice, während sie lachend einige Schneebälle pariert, die ein paar Kollegen aus dem Nichts auf uns niederprasseln lassen. Wenn Sie sich dafür entscheiden, täglich die Menschen, die Sie am meisten lieben, für ein paar Stunden zu verlassen, dann sollten Sie dafür einen guten Grund haben. Je wichtiger Ihnen Ihre Beziehung oder Familie ist, desto wichtiger sollte Ihnen deshalb auch Ihre Arbeit sein! »Ich glaube an unsere Nachhaltigkeitsziele.« Scania möchte führend in nachhaltigen Transportlösungen werden. »Es ist nicht nur Marketinggelaber. Und das ist total wichtig für mich. Ich möchte später in die Augen meiner Enkel schauen und sagen können: *Ich habe es zumindest versucht!*« Ungefähr dieselbe Antwort in grün gibt mir später ihre energiegeladene Kollegin Suzanne, die dafür gesorgt hat, dass ich während meiner Interviews mit dem Shuttle durch die gesamte winterweiße Scania-City cruisen konnte.

Hört mal Ladies! Ihr baut Lastwagen! Stinkende, laute, donnernde Lastwagen!

»Ich weiß«, lacht Suzanne kurz auf »aber wir müssen immer noch Waren transportieren. Wir müssen den Broccoli irgendwie zu dir bekommen«, so die Mama lachend. »Züge sind nur ein Teil der Lösung, denn wir haben ja nicht an jedem Zugbahnhof einen Supermarkt. Also versuchen wir, es auf jede erdenkliche Art und Weise so effizient und umweltschonend wie möglich zu tun. Und hinter diesem Ziel stehe ich.«

Geld ist echt nicht genug, um jeden Morgen deine Kinder zu verlassen, deinen Partner im warmen Bett zu vergessen und die Tür zu dem Ort abzuschließen, der dein Zuhause ist. Bloß Geld verdienen, wird Ihr Leben nicht bereichern. Im Gegenteil. Bloß Geld verdienen macht Ihr Leben arm. »Wenn du dich eines Tages fragst: *Was mache ich hier eigentlich?* Und die Antwort lautet: *Ich verdiene Geld.* Dann solltest du auf dich aufpassen, denn Geld ist nichts, was dich glücklich macht«, so Michael, der Vice President vom Dachfensterhersteller in Dänemark.

Nur Geld ist in den Lagom-, Hygge- und Hytta-Ländern bei weitem nicht genug. Ist das so? Natürlich wollen alle Skandinavier auch Geld verdienen. Doch sind weder bei IKEA noch bei Scania, Snøhetta oder Scandic die Gehälter exponentiell hoch. Eher nicht. Eher lagom. Gutes Gehalt, von dem man gut leben kann. Faires, marktkonformes Gehalt ist wichtig. Und manchmal auch weniger als das, um eine Firma wie Norner aufzubauen, Scania durch die Weltwirtschafts-Krise zu hieven, Snøhetta durch seine regelmäßigen Täler. Weil Menschen an das glauben, was sie tun. Und das muss man sich erst mal leisten können. Das ist auch in Norwegen nicht anders, denn entgegen der geläufigen Wahrnehmung, dass die Norweger nur faul auf ihren Ölfässern sitzen und gelangweilt Karten spielen, kämpft Snøhetta Tag für Tag. Denn Norwegen ist auch verdammt teuer. »Aber wir versuchen immer zusammen eine Lösung zu finden. Jeder gibt sein Bestes, denn wir wollen zusammen, dass dieses Unternehmen überlebt«, so Romana, die österreichische Architektin.

Über Geld gesprochen. Messen Sie dem nicht zu viel Gewicht bei. Es aktiviert zwar kurzfristig das Belohnungssystem im Hirn und lässt Sie vor Freude überschäumen, aber nur kurz, weil Menschen sich an Geld und Materielles einfach zu schnell gewöhnen. Das Auto verliert seinen Glanz, die Schuhe bekommen die ersten Kratzer. Das Besondere wird gewöhnlich. Deshalb benötigen wir bald wieder etwas Neues für das nächste Hochgefühl. Hedonistische Tretmühle nennt das die Glücksforschung. Es ist also schlauer, sich auf die langfristigen Glücksbringer dieses Buches zu konzentrieren, als auf die verliebten 10er auf der Glücksskala, denn die sind nicht nur anstrengend, sondern auch flüchtig. Was das Finanzielle und Materielle angeht, so ist lagom eine gute Richtlinie, die dafür sorgt, dass Sie ein reiches Leben führen mit einer Arbeit, die für Sie Sinn ergibt. Auch wenn Sie dadurch finanziell etwas ärmer werden.

Kommen Sie also nicht auf die Idee, den Wikingern irgendwelche fluffigen Unternehmenswerte unterschieben zu wollen, die Sie sich so in der Vorstandsetage zusammengereimt haben, um sie dann taraa! in Hochglanz auf 150 Gramm starkem Papier zu präsentieren. Wegen der wertigen Ausstrahlung. Nicht wegen des wertigen Inhalts.

Die lange Malin, die uns Saunen für unser Glück verkaufen würde, hat beim Baulöwen Skanska kürzlich die gesamte Neudefinition der Werte geleitet. Über 4000 Mitarbeiter wurden dabei involviert. Denn man hatte das Gefühl, die Werte aus den 1990er Jahren würden das Unternehmen nicht mehr widerspiegeln: »Einer unserer Mitarbeiter hat es einmal so erklärt: Ich habe einen dreijährigen Sohn. Ihm erkläre ich: *Stecke deinen Finger nicht in die Steckdose.* Aber ich habe auch einen 15-jährigen Sohn. Ihm sage ich das nicht mehr, sondern spreche mit ihm darüber, was ich später von ihm erwarte, welche Werte wir in der Familie haben, was uns wichtig ist. Denn er ist reifer geworden, und ich denke, Skanska ist das auch.« Wertebasiertes Handeln ist das Gegenteil von regelbasiertem Handeln und deshalb typisch nordisch. Besser man spricht darüber, so Malins Kollegin Christel. »Wenn du nicht über deine Werte sprichst, dann bedeuten sie nichts. Wann immer man sich also trifft, kann man übers Wetter reden, aber man kann auch über etwas reden, das beide Menschen angeht. Und wenn ich das im freundlichen Ton tue und nicht *rampampam*, dann hörst du mir auch zu«, erklärt mir die lebhafte Frau mit dem schwarzen Wuschelhaar. Malin nickt:»Es ist wie Bewusstseinsgymnastik. Um fit zu bleiben, musst du konstant trainieren, und um korrekt zu handeln, musst du konstant reflektieren.« Papa, Schwester, Freund, Oma gedruckt auf der Rückseite von Signalwesten. Das ist die einfache Fitness-Übung für den Skanska-Wert »Leben schützen«. Und die Warum-Länder beweisen, dass die Werte eines Unternehmens auch die Gesellschaft verändern können. So kommt an einem verschneiten Winterabend mein befreundeter Architekt Per ganz unschwedisch zu unsere Verabredung zu spät mit den Worten:»Sorry, wir hatten Probleme mit Skanska. Sie haben uns dafür gerügt, dass unsere Architekten zu lange Tage machen.« Malin lächelt und hmmt zustimmend:»Es gibt mir dieses gute Gefühl im Magen, weil ich sehe, dass Skanska seine Werte wirklich lebt.«

Menschen möchten sich selbst und ihren Ansichten treu sein können. Nichts ist im Norden gefährlicher, als sich als Unternehmen nicht an die Werte zu halten, denn dann gibt's eine Revolte von innen heraus. Denn Werte und die Vision des Unternehmens sind der Grund, weshalb die Leute dort arbeiten. Katja, die durchtrainierte Personalerin beim dänischen Dachfensterhersteller auf dem Land, lächelt frech: »Es ist ein wenig so wie *daten*. Ich meine, wenn du nach einem Mann oder einer Frau suchst, dann passen eure Werte im Allgemeinen auch zusammen. Und wenn nicht, dann bleibt ihr nicht lange zusammen. Und wenn deine persönlichen Werte nicht mit denen des Unternehmens übereinstimmen, dann ist es kein gutes Match.« Und deshalb ist auch die Frage nach den Werten und deren wahrhaftige Umsetzung in den Kaltländern gang und gäbe, denn wer stetig hinterfragt, der hört ja nicht einfach an einem bestimmten Punkt damit auf. Der macht das ja immer. Der fragt nicht nur: Warum sollte *ich* das tun? Sondern auch: warum sollten *wir* das tun? Passt das zu uns? Als Unternehmen? Sehe ich den Sinn des Unternehmens?

Monika, die burschikose Managerin der IKEA-Einkaufszentren nickt energisch. »Es beginnt mit den Werten. Wenn du nicht die gleichen Werte teilst – tut mir leid – dann kannst du der Schlaueste unter allen sein und der Kompetenteste auf deinem Gebiet, aber es wird nicht funktionieren. Nicht für uns und auch nicht für dich.« Deshalb fallen die Blicke auf Ihren Lebenslauf oder gar so etwas Absurdes wie Zeugnisse eher flüchtig aus. Man weiß ein paar Eckdaten, doch ob es funkt, hängt mit Ihrem Lachen zusammen, Ihrer Ausstrahlung, dem, was Sie wichtig finden. Das, was Sie sind. Als Person. Als Individuum. »Es ist nicht der Uniabschluss, die Werte sind die Eintrittskarte.«

Jens, der freundlich-deutsche CEO von Rambøll lässt seinen Blick nachdenklich nickend über die Galerie seines Unternehmens schweifen: »Skandinavier legen ganz großen Wert auf Werte, das Individuum, auf Nachhaltigkeit, welche Mission ein Unternehmen hat. Es geht nicht nur ums Geld verdienen, sondern auch darum, welche Rolle wir in der Gesellschaft spielen.«

Und Sie wissen, was der Wikinger einsieht, daran hält er sich auch. »Wenn du Menschen dazu bringst, zu verstehen, warum wir etwas tun, werden sie das Richtige tun und dir sogar bei der Umsetzung helfen«, davon geht Marianne, die

Chefin der Abteilung für Risikomanagement bei Novozymes in Bagsværd aus. »Sie werden sagen: Ich verstehe, wo wir hin möchten, aber das ist nicht der richtige Weg. Das ist die Macht von Werten, dass sie Kräfte eint.«

Denn in diesen enorm autoritätsimmunen Ländern, in denen jeder macht, was er will, sind es die Werte, die dafür sorgen, dass diese wilde Horde Wikinger wenigsten annähernd zusammen in eine Richtung stürmen. »Unternehmen in Schweden müssen ihren Mitarbeitern eine Menge Freiheit geben. Aber für unsere Art der Arbeit brauchen wir auch klare Grenzen oder einen Rahmen, und das ist die Vision. Das sind die Werte«, so Henrik, der Chef der Tunnelbana. Und das klappt ganz gut. Denn es ist das gemeinsame Ziel, was sie eint und die gemeinsamen Werte, die ihnen helfen, ihr Ziel zu erreichen. Es ist der Glaube daran, etwas Sinnvolles zu tun, der sie führt. »Es ist wirklich erstaunlich«, erzählt mir Simon, den Sie bald schon ob seiner schrägen Fehlertheorien lieben lernen werden. Ich sitze mit ihm in der Kantine des Lastwagenherstellers Scania: »Du kannst hier alle Maschinenbediener zur Seite nehmen, und sie können dir das große Ganze erklären. Sie können dir schildern, welche Rolle sie im Gesamtkonstrukt einnehmen, und dir zeigen, dass sie nicht nur Schrauben verschrauben. Und das ist das Interessante, denn faktisch schrauben sie tatsächlich nur Schrauben. Den ganzen Tag lang. Aber sie empfinden es anders und deshalb stellen sie sich konstant die Frage: *Wie kann ich das Verschrauben verbessern? Was kann ich zum Gesamtbild beitragen?*«

Babbel, babbel, babbel!

Der Duft von schwarzem Kaffee mischt sich mit dem frisch geschälter Mandarinen. Von irgendwoher vernehme ich das rhythmische Schlagen eines Löffels gegen den Rand einer Tasse. Sanftes, aber stetiges Gemurmel steigt im Hintergrund von den gut besetzten Tischen zu uns auf. Kaffeehausatmosphäre auf der Schneekuppe. Kjetil murmelt auch, der bärige Architekt mit den dunklen Knopfaugen. Während des Redens ordnet er stetig seine Gedanken, so scheint es. Reden – Pause – Gedanke – Reden. Er sinniert über die Kunst, zusammen etwas zu erschaffen. »Natürlich ist alles, was wir tun, offensichtlich subjektiv – doch letztendlich sollten wir zumindest versuchen, an Dinge objektiv heranzugehen.« Er lächelt kurz. »Es geht um eine objektive Akzeptanz, und das bedeutet, dass du versuchst, so weit wie möglich ein vorurteilsloses Bild zu bekommen – mehrere Seiten zu verstehen und dann zwischen ihnen zu verhandeln. Viele denken, der Grund, weshalb Norwegen immer versucht, in anderen Ländern Frieden zu verhandeln, sei, dass wir keinen eigenen Standpunkt hätten. Doch wenn du ein guter Unterhändler zwischen zwei Parteien sein möchtest, musst du neutral sein können.« – Pause – »Selbstgewählte Neutralität vielleicht. Wir haben diese Art der Entscheidungsfindung beim Ground-Zero-Projekt verwendet.« Dem »National September 11 Memorial Museum Pavilion«, der an genau dem Ort gebaut wurde, an dem vor dem Anschlag des 11. September das World Trade Center stand. »Wir haben es deshalb auch nicht Design-Projekt genannt, sondern Verhandeltes-Projekt. Denn es gab mehr als 100 Interessengruppen und ebenso viele Sichtweisen, und wir haben all diese verschiedenen Ansichten in den Entwurf aufgenommen.« Und das dauerte insgesamt elf Jahre. »Du bist geduldig«, fährt Kjetil ruhig fort. »Du gibst nicht einfach auf. Du siehst dich selbst als eine Quelle, um basierend auf dem Input vieler anderer etwas Neues zu kreieren.«

Nichts ist wertvoller als der Blickwinkel des anderen. Das ist der Basisgedanke, der dem berühmt-berüchtigten skandinavischen Konsens innewohnt. Und deshalb lebt der Norden vom Dialog. Und zwar jeder mit jedem. In Scania-Terminologie bedeutet das: alle Menschen – jederzeit. Keine Entscheidung wird in Skandinavien getroffen, ohne dass nicht jeder die Möglichkeit hatte, seinen Input zu liefern, der in irgendeiner Weise eventuell davon betroffen sein könnte. Und deshalb würden die Norweger auch bei einem internationalen Wettkampf gewinnen, davon geht Robert, ein exzentrischer Planer beim Osloer Pflanzenfütterer Yara, aus. Weil sie so gut durchtrainiert sind, so sein erster schlapper Erklärungsversuch. Breites Grinsen des Anfang 30-Jährigen: »Spaß beiseite. Wir fangen sofort an zu beratschlagen, wie wir etwas am besten lösen können. Niemand hält aus Angst den Mund. Alles geht durcheinander.« Und das macht Menschen glücklich, Anna zumindest: »Ja, wenn ich Dinge beeinflussen kann, die Offenheit, dass Menschen dir zuhören, es keine Machtspielchen gibt. Und das bedeutet nicht, dass alles so laufen muss, wie ich das möchte, aber ich werde gehört. Den Dialog mit anderen haben zu können, das ist wichtig. Zu sehen, dass meine Idee etwas bewirkt und die Ideen anderer ebenfalls, dass alles aufeinander aufbaut. Das ist doch die ideale Situation, oder?« Die blonde Personalleiterin des Baukonzerns schaut mich erwartungsvoll an. Fragezeichen. Ach so! Ähm, ja, klar. *Nur* Fragen stellen, ist nicht in Schweden. Anna möchte natürlich auch mit mir an ihrer Idee bauen. Wo bleibt denn sonst dieser Dialog?

Meinung haben, einbringen! Und wenn diese Meinung von einer anderen abweicht, egal ob vom CEO oder Praktikanten, warum schweigen? Damit wir anfangen, Dinge dann doch wieder egal zu finden? Die angenehme Anna schaut nachdenklich an die Deckenlampe im nachhaltig konzipierten Bürogebäude von Skanska im Zentrum Stockholms. Die ist gerade ausgegangen, weil wir uns zu wenig bewegt haben. Strom sparen. Sie fuchtelt einmal lässig mit der Hand durch die Luft, und der Raum erhellt sich wieder. »Als ich aus den USA und England nach Schweden zurückgekehrt bin, hat mich diese freundliche Atmosphäre so berührt. Man kümmert sich hier wirklich. Niemandem ist etwas egal, jeden geht alles etwas an. Bei jeder Fragestellung war die Reaktion: *Ich denke das. Ich denke so. Vielleicht sollten wir, usw.* Engagement von allen Seiten! Ich hatte das ganz vergessen, diese Offenheit und dieser Einsatz.« Ihre lebhafte Kollegin Christl mit dem Wuschelschopf klatscht vor Begeisterung beinahe in die Hände: »Ich *liebe* dynamische Diskussionen! Wenn jeder am Tisch sitzt und dieselbe Meinung hat, beginne ich, mir Sorgen zu machen. Ich glaube nicht an Entwicklung ohne Krise, und ich glaube auch nicht, dass es eine Krise ohne Entwicklung gibt.«

Und jede Konsensfindung ist eine Krise, allein schon deshalb, weil jeder früher oder später die Krise kriegt. Und davon träumt, dass jemand mit der Faust auf den Tisch schlägt. Vor allem die Deutschen, die dort oben wohnen. Thomas, der Scandic Restaurantchef, lacht laut auf: »Dann lass ich

208

manchmal den Deutschen raushängen und sage: *Jetzt ist Schluss! Jetzt möchte ich Handlung sehen.* Tatatata. Und das ist dann auch okay. Die freuen sich. Dann müssen sie es nicht selber machen.« Und wenn dann endlich ein Entschluss gefasst wurde, ist jeder so unheimlich glücklich!, grient Robert, der Landschaftsarchitekt in Oslo. »Ja, Puh. Endlich! Wir haben einen Beschluss gefasst. Lasst uns mit der nächsten Entscheidung weitermachen.« Robert und Hover schauen sich an und werfen sich lachend zurück in das Sofa. Wenn Sie nicht über sich selbst lachen können, dann haben Sie in Skandinavien schnell verloren. »Es gibt nichts, dass zu ernst wäre, um drüber zu lachen«, erklärt mir später Kjetil, der Architektenvater. Auch wenn man sich dort oben nicht die ganze Zeit grölend wegschmeißt vor Lachen, Humor ist der ständige Begleiter der Wikinger. Wie sonst sollte man aushalten, dass in Skandinavien zwar alles tierisch gut läuft, aber meist nicht so, wie Sie sich das jetzt persönlich vorgestellt haben. Genau! Grinsen hilft. Schöner, direkter, einfacher Humor, das ist Skandinavisch. Der sorgt dafür, dass weder Konflikte noch Personen sich unnötig aufblähen oder irgendjemand die Luft anhält. Wer lacht, muss ausatmen. Probieren Sie's mal aus. Binia, die die Kommunikation bei Ib im Übersetzungsbüro regelt, grinst breit: »Man muss sich an den Humor gewöhnen. Ich habe deutsche Freunde, die finden, das geht ein bisschen zu weit. Für mich passt das ganz gut, weil ich sehr direkt bin.« Und nein, man erwartet nicht wirklich, dass wir als südliche Nachbarn nordischen Humor unbedingt verstehen. Wir haben ja keinen. Denn nordischer Humor steht auf einem ganz festen Grund: Der Bereitschaft, nicht alles allzu ernst zu nehmen.

Dann erträgt man auch Meeting, nach Meeting, nach Meeting auf der Suche der besten Lösung für alle. Wenn's sein muss elf Jahre lang mit 100 verschiedenen Interessen. Und auf diese Weise soll man Außergewöhnliches erschaffen können, frage ich mich zweifelnd. Hover, der Ingenieur mit Philosophen-Touch antwortet engagiert: »Ja, definitiv. Absolut! Das ist das Wundervolle daran. Das kannst du! Weil du viel mehr Blickwinkel integrierst.« Nach einer Weile nickt er zögernd: »Ich glaube nicht an diesen gemeinsamen kleinsten Nenner. Ich glaube an das Prinzip, dass zwei und zwei fünf ergibt. Ich glaube an die Kraft des Konsens.« Und das ist etwas anderes als ein fauler Kompromiss, bei dem man sich halt irgendwo in der Mitte trifft. Wie bei einer Orange, die drei Personen haben wollen. Kompromiss: Dritteln wir sie! Das ist eine redliche, aber nicht die beste Lösung. Denn hätte man Wikinger-like ein wenig länger miteinander geredet, und ein wenig mehr nach dem »Warum?« gefragt, dann wüsste jetzt jeder, dass der eine die Orangenschale in den Kuchen raspeln wollte, der andere einen Smoothy mixen und der Dritte nur auf die Kerne aus war, um sie keimen zu lassen. Die ganze Orange reicht also prima für drei, gedrittelt ist sie jedoch für alle zu wenig.

Konsens ist immer der optimale Weg bei einem Interessenkonflikt. Denn es geht nicht darum, wer recht hat, sondern darum, was die beste Lösung ist. Und diese findet man im Norden am laufenden Band, *muss* man finden. Sie haben einfach keine andere Wahl, wenn Sie es mit Menschen zu tun haben, die mit ihren einzigartigen Meinungen selbstbewusst und völlig autoritätsimmun vor Ihnen stehen. Und mehr ist ein Konflikt ja nicht, als dass zwei oder mehr unterschiedliche Meinungen und Interessen aufeinandertreffen. Wahrscheinlich aber auch ebenso viele Lösungsvorschläge. Und je mehr Lösungsvorschläge auf den Tisch kommen, desto unwahrscheinlicher ist es, dass ein Streit entsteht, davon geht der norwegische Konflikt- und Friedensforscher Johan Galtung aus.

Das allerdings funktioniert nur, wenn wirklich alle eine Lösung finden wollen, die über die Befriedigung der eigenen Bedürfnisse hinausgeht. Denn dann lassen wir uns auf andere ein und versuchen wirklich, andere Standpunkte zu begreifen. Frank, der Controller vom Felsen lächelt: »Ich denke, dass ist einer der Gründe, warum die skandinavischen Länder so erfolgreich sind. Weil die Kommunikation groß geschrieben wird.« Der Wahlschwede nickt sinnend: »Man überlegt sich immer: Ich habe ein Problem. Wer ist von der Lösung betroffen? Und dann nimmt man alle mit ins Boot, das dauert halt etwas länger, aber man hat es von vornherein besprochen. Man entscheidet nicht bei Finanzen irgendetwas, und die Logistik hat auf einmal ein Riesenproblem damit. Hier gibt es absolut kein Silodenken.« Wenn ich jetzt mal ein wenig pathetisch werden darf: Wie sähe wohl unsere Welt aus, wenn jeder sich bei allem, was er tut, überlegt, welchen Einfluss das auf das Wohl eines anderen haben könnte. Und – und das ist die Crux – ihn das auch noch kümmern würde.

Doch machen wir uns nichts vor. Konsensfindung ist nichts für schwache Nerven. Und auch nichts für ungeduldige Menschen (wie mich). Denn einen Konsensus zu finden benötigt s-e-h-r v-i-e-l Z-e-i-t. Quasi ewig.

Falls Sie also – tatsächlich auch jetzt noch – mit dem skandinavischen Konsens etwas vertrauter werden wollen, empfehle ich Ihnen, lieber in Dänemark anzufangen. Schweden würde Sie eventuell etwas überfordern. Denn die diskutieren so lange, dass sogar die Dänen anfangen ungeduldig mit den Zehen zu wippen und sich mit rollenden Augen auf die Fingernägel beißen. Martin, ein ruhiger Schwede aus Malmö, der zwei Mal täglich die Öresundbrücke überquert, um seinen Job als CEO von Attention in Kopenhagen machen zu können, kennt das. »Für einen Schweden kann es ziemlich schockierend sein, in einem Meeting mit Dänen zu sitzen, denn sie reden und reden und dann plötzlich sagt einer, dass das Treffen vorbei ist und niemand hat dich gefragt, was du denn denkst!« In Dänemark muss du selbst dafür sorgen, dass du gehört wirst, wenn du etwas zu sagen hast. Martin nickt. »Wohingegen wir in Schweden es gewöhnt sind, dass jeder die Chance bekommt, sich einzubringen. Du schaust in die Runde, hat jeder die Möglichkeit gehabt, seine Meinung zu sagen?« In Schweden muss jeder vorher zustimmen, in Dänemark muss es wenigsten jeder hinterher verstehen. Jens grinst genüsslich: »Ich komme aus einem deutschen Unternehmen, da hat man am 1. Oktober im Internet über die neue Struktur gelesen und am nächsten Tag hat man mit dieser Struktur gearbeitet.« Herzliches Lachen. »Das kann man in Dänemark nicht machen.« Jens rollt mit den Augen. Er hat ein umfassendes Veränderungsprojekt bei Rambøll durchgeführt: »Der Aufwand war ungeheuerlich. Ich habe bestimmt 40 …?« Der CEO des 13 000 Mitarbeiter zählenden Ingenieurbüros denkt kurz nach, »oder mehr Meetings, Arbeitsgruppen und Stakeholder-Workshops organisieren müssen, um alle mitzunehmen. Das Schöne ist, wenn man sie dann mitgenommen hat, dann sind sie auch mit Leidenschaft dabei. Wir haben später eine Umfrage gemacht, und an die 90 Prozent der Mitarbeiter waren davon überzeugt, dass wir in die richtige Richtung gehen.«

Wenn er sich da mal nicht täuscht.

Denn nach dem Konsens ist vor dem Konsens. Und typisch dänisch wäre es jetzt, so Susanne, zuständig für die Abteilung »People Strategy« von VELUX, »dass die Dänen nach einem Konsens den Raum verlassen, sich dann überlegen, dass das in ihrem persönlichen Fall doch etwas anders ist und es dann anders machen.« Ein Witz! Den gibt es tatsächlich. Also: Treffen sich ein Norweger, ein Däne und ein Schwede zu einer Besprechung irgendwo im Schnee. Dort fassen sie einen gemeinsamen Beschluss. Was passiert? Der Norweger geht nach Hause und macht es ungefähr so, wie besprochen. Der Däne macht es genau entgegengesetzt, und der Schwede überlegt sich, ob man das ein oder andere nicht vielleicht noch mal ausdiskutieren sollte.

Schließlich, so wissen wir ja bereits: »Et bliev nix wie et wor.« Was heute gilt, kann morgen schon wieder anders sein. Im Gegensatz zu Deutschland (Köln ausgeschlossen) ändert sich bei den Eislochhüpfern ja immer alles. Und deshalb nickt Oscar, Mitte zwanzig und blonder Schwiegersohn in spe, auch zustimmend: »Du magst dem ersten Entschluss zustimmen, aber bei näherem Hinsehen ist eine andere Lösung vielleicht besser, und dann machst du das.« Toby, dunkle Haare im Dutt und Drei-Tage-Bart, der neben Oscar bei der Star-Wars-Firma Centiro auf der Bank sitzt, nickt zögerlich, bevor er spricht: »Wenn unser Boss sagt, wir machen es auf diese Art und Weise, dann erwartet er nicht, dass das jeder auch tatsächlich so macht. Und das ist einer der Hauptaspekte des schwedischen Konsens, dass der Manager weiß, dass er zwar etwas bestimmen kann, und wenn er Glück hat, dann machen die Leute das auch, aber er geht da erst mal nicht von aus.« Oscar lacht: »Aber wir haben immer alle dasselbe Ziel im Auge, jeder arbeitet leidenschaftlich in dieselbe Richtung.« Immerhin.

Wie gesagt, die Schweden haben Humor und dementsprechend findet sich auf der Webseite sweden.se ein lustiges Video über »Swedishness« mit einer Szene, in der sich zwei Soldaten unter Beschuss hinter einer Mauer verstecken und gegen den Lärm explodierender Bomben anbrüllen:

Soldat 1: »Sollen wir auf mein Kommando angreifen? Also, wenn das für dich okay ist, ich muss hier nicht alles entscheiden. Möchtest du den Entschluss fassen?«

Soldat 2: »Vielleicht sollten wir Ingrid fragen. Ingrid. Ingrid, willst du angreifen?«

Ingrid kommt dazu.

Ingrid: »Ich denke, wir sollten das in der Gruppe ausdiskutieren.«

Soldat 2: »Das ist eine gute Idee. Wir sollten Lasse dazuholen. Lasse, willst du angreifen?«

Das Herumgeeiere geht tatsächlich nicht immer. Manchmal müssen einfach Befehle gegeben werden, wie bei der Kommandozentrale von Stockholms Tunnelbana bei Visal und Linda. Noch ist zwar alles ruhig, konzentriert und friedlich hier, schon beinahe ein wenig langweilig, muss ich enttäuscht zugeben. Bis ein Baum auf eine Schiene fällt. Dann ist die Hölle los und alles muss in null Komma nix umdisponiert werden. Fahrpläne und Routen müssen geändert werden, um die rund eine Million Passagiere, die hier unter der Woche von A nach B transportiert werden, dennoch pünktlich abzuliefern. Wenn da nicht binnen Minuten reagiert wird, kann es zu stundenlangen Verspätungen kommen. Keine Zeit für Erklärungen und Diskussionen. Und deshalb versuchen die Verkehrsleiter Visal und Linda, all ihre Zugführer persönlich kennenzulernen, bei einer Kaffee-Pause oder einfach mal während der Fahrt. Nach jedem Zwischenfall gehen sie runter zu den Fahrern, um ihnen zu erklären, warum sie das Problem auf diese Art und Weise gelöst haben. »Es ist wichtig, dass wir uns dafür die Zeit nehmen. Manchmal schreien sie uns an, weil die Nerven blank liegen, und das ist okay«, so Linda. »Wir lernen voneinander. Nicht jede Entscheidung ist eine gute gewesen.« Ihr Kollege Visal stimmt lachend zu, als Linda bedächtig fortfährt: »Es sind ja nicht sie gegen uns. Wir sind Kollegen. Wir können nicht immer einer Meinung sein. Manchmal können wir uns darauf einigen, dass wir uns nicht einig sind. Aber es sind immer *wir*. Zusammen. Das ist wichtig.«

Konsens. Jeden nervt er und jeder liebt ihn. Denn er hat einen unschlagbaren Vorteil:

Die Kraft der Leidenschaft.

Beatrice, die ungehorsame Vertreterin des Brummibauers im Schnee, haucht ihre Worte in die Luft: »Ich glaube, unsere Kultur ist uns manchmal selbst lästig, dieser Konsens und diese langsame Entscheidungsfindung. Aber, wenn wir einmal einen Entschluss gefasst haben, dann sehen wir auch, was der Vorteil für uns ist und warum wir etwas tun sollten, und dann sind wir super engagiert.«

Was ist schon Zeit? Und was ist Effizienz? »Auch wenn wir das Ziel nicht erreichen, so haben wir unterwegs doch etwas entdeckt, das die Basis für etwas Neues war. Wenn wir uns nur darauf konzentrieren, Vollgas in eine Richtung zu geben, können wir für Unerwartetes blind werden. Wenn du zu strikt bist, woher sollen die neuen Ideen kommen?«, spricht die Wissenschaftlerin mit Engelslocken, Sara, die ihren Arm für ihre Firma geben würde. Ob etwas ergiebig ist oder nicht, hängt ja mitunter davon ab, welche Zeitspanne man sich anschaut. Über die ersten hundert Meter ist der Sprinter bestimmt schneller als der Marathonläufer. Aber wer wird den Run über 40 Kilometer gewinnen? Was hilft ein glorioser Start, wenn Ihnen nach der Hälfte der Strecke die Puste ausgeht? Niklas, der Chef der Lego-Star-Wars-Crew, nickt zustimmend: »Das Witzige hier ist ja, dass es so klingt, als ob es lange dauert, aber es ist wirklich, wirklich ein rasanter Prozess. *Wenn es um Menschen geht, ist langsam schnell und schnell langsam*«, so zitiert Niklas die amerikanische Managementautorität Stephen Covey. »Die Schnelligkeit, mit der wir Veränderungen durchführen können, ist phänomenal!« Oft verlieren wir also Zeit, weil wir in Eile sind. »Es ist wirklich eine Herausforderung, eine Lösung zu finden, mit der jeder glücklich ist, aber was ich sehe ist, dass die Leute Veränderungen super enthusiastisch gegenüberstehen, denn sie sind ja ein Teil der Entscheidung gewesen«, so noch eine Hanna, diesmal die finnische Kommunikationsmanagerin bei Skanska. Und dann geht die Post ab.

216

Leidenschaft und Enthusiasmus können Sie nicht in Effizienz messen. Wie hoch ist der Energieaufwand, Menschen durch einen Prozess zu schleifen, im Gegensatz zu der Energie, die entsteht, wenn Menschen johlend auf die Veränderung zustürmen. Mit Wikingergebrüll. »Mein Freund sagt immer: *Man, setzt dich halt mal auf deine Hände!* Aber das kann ich nicht.« Line, verantwortlich bei VELUX für alles, was digitalisiert werden kann, und mit einer unglaublichen Begabung, die witzigsten Grimassen zu schneiden, hebt entschuldigend ihre Hände in die Luft. »Denn wenn ich sehe, dass etwas Wichtiges geschieht, das uns dorthin bringen kann, wohin wir wollen, hebe ich meine Hand: Ich! Ich! Ich!« Und, wer kommt jetzt schneller ins Ziel? Für Claus, den Entwicklungsleiter der Weltverbesserer von Novozymes, steht es außer Frage, dass es nichts Effektiveres gibt als die skandinavische Konsenskultur. Denn eins ist ganz sicher: »Es motiviert die Menschen und macht sie meiner Meinung nach glücklicher. Und mehr Glück bedeutet mehr Engagement, und mit mehr Engagement kommen wieder bessere Resultate.«

Was auch immer ein Nordling tut, er hüpft mit Herzblut an Bord. Die Dänen voller Elan, um dann unterwegs einige Male unter hitzigen Diskussionen den Kurs zu ändern. Die Schweden und Norweger springen erst nach langen Diskussionen an Bord, setzen flink die Segel oder rudern wie blöde und kommen auch flugs ins Ziel.

Und die Deutschen? Keine Ahnung? Der Anführer springt mit einem »Alles hört auf mein Kommando!« ins Boot und wundert sich mitten auf See über die geringe Fahrt. Erst jetzt fällt ihm auf, dass er die Hälfte der Besatzung nicht mit ins Boot genommen hat.

Egal wohin Sie fahren, vergessen Sie die Herzen Ihrer Besatzung nicht, denn Einhandsegler sind einsame Menschen und kommen selten glücklich ans Ziel.

Dauerzustand Veränderung

Warte nicht darauf, bis alles perfekt ist!

Beatrice, Kompetenzbeauftragte Scania,
Södertälje, Schweden

Irgendwer muss nach dem Dreh eines Astrid-Lindgren-Films die kleinen pastellfarbenen Holzhäuschen hier vergessen haben, wundere ich mich, als ich auf der Haga Nygatan durch die malerische Altstadt Göteborgs zu meiner letzten Bestimmung heute schlendere. Ziel: Universität von Göteborg, Abteilung Betriebswirtschaftslehre.

Wenig später betrete ich, eine gefährlich volle Tasse Kaffee balancierend, das Büro von Ola, Ola Bergström, Professor hier und Experte für Entlassungen, wie er sich mir scherzend vorstellt. Ola hat mir ein wenig zu voll eingeschenkt. Dementsprechend badet jetzt meine Tasse in Kaffee. Das passiert, so grinst er mich breit an, wenn man, wie in Schweden, effizient ist und keine Sekretärin hat, die einem Kaffee und Kekse bringt.»Und das ist ein Teil unserer Produktivität, denn wir müssen kein Gehalt zahlen für diese Dienste, mal ganz abgesehen davon, dass wir nicht möchten, dass Menschen anderen Menschen dienen. Wir möchten unabhängige Mitarbeiter.« Der Professor ohne Allüren und ohne Haar sitzt mit wachen Augen und jugendlichem Habitus auf einer schwarzen Couch. Ich mag ihn. Im Fenster hinter ihm leuchten bereits die Lampen des typisch schwedischen Adventsbogens. Es ist Dezember. Und eigentlich wollte ich nur wissen, warum in Skandinavien so selten gestreikt wird, CEOs die gute Zusammenarbeit mit den Gewerkschaften loben und weshalb mir skandinavische Unternehmen immer wieder Gewerkschaftsvertreter als Interviewpartner vor die Nase setzen.

Was ist hier los?

Ola lächelt breit: »Wir haben tatsächlich eine ausgezeichnete Zusammenarbeit zwischen den Arbeitnehmern und Arbeitgebern. Und das liegt am Umgang mit Veränderungen.« Er schaut mich mit prüfendem Blick an, bevor er weiter ausholt: »Wir sind ein kleines Land, und die Industrien, die wir entwickelt haben, waren von jeher sehr vom Handel abhängig, vom Export und niedrigen Handelsbarrieren. Und deshalb sind wir es gewöhnt, uns ständig wieder anzupassen.« Ähnlich wie ich es aus Holland kenne, sprechen auch die Bewohner der nordischen Länder deshalb exzellentes Englisch, weil keiner erwartet, dass du dich an sie anpasst, sie passen sich an dich an. Ola nickt. Denn ihr Markt ist zu klein, als dass er sich selber bestäuben könnte. Zum Beispiel dadurch, eine Abwrackprämie einzuführen, um in Zeiten der Wirtschaftskrise den innerdeutschen Automobilmarkt anzukurbeln, so Ola. Diese Möglichkeit hat ein kleines Land wie Schweden nicht. »Es war also nur eine Frage der Zeit, welche der beiden schwedischen Automarken untergehen würde«, sagt Ola. Nun, es war Saab, und das ist recht traurig, aber das ist dann halt so. »Und da interveniert auch keine Regierung, denn weshalb sollte sie die Steuergelder aller Bürger in ein Unternehmen investieren, an das auch sonst niemand auf dem Markt mehr glaubt? Der Staat stellt die Grundregeln auf, die Sozialpartner regeln den Rest untereinander.« Friedlich, konsensorientiert und streiklos.

Notfalls durch Bankrott, so denke ich laut. Ola nickt und schlürft den unglaublich starken Kaffee in sich hinein.»In vielen Ländern sieht man Institutionen als sichere Pfeiler, die die Stabilität in der Gesellschaft gewährleisten. Nach jeder Phase des Wandels kehren wir wieder in den stabilen Zustand zurück. Man hat die Neigung, Veränderungen zu vermeiden, und verwendet eine Menge Geld und Energie darauf«, so sein kleiner Schwenker für Laien in die Volkswirtschaftslehre. Doch, inzwischen mag es niemand mehr erstaunen, dass die Skandinavier das mal wieder total anders sehen.»Wir gehen davon aus, dass alles immer im Wandel ist. Veränderungen werden passieren. Die Frage ist nur wann. Und manchmal stabilisiert sich die Sache. Und *das* ist dann erstaunlich!« Wie konnte das passieren? Ola legt den Zeigefinger an seine Lippen. Dass sich alles verändert, ist keine Überraschung, sondern der Ausgangspunkt. Ola hebt die Hände und macht eine Kunstpause, während der er mich bittet, doch meinen Kaffee zu trinken, bevor er kalt wird.»Und deshalb denke ich, dass wir hier in Schweden besser auf die Zukunft vorbereitet sind, weil wir nicht diese Angst vor Veränderungen haben wie in Deutschland. Die Leute hier oben sind ziemlich gelassen.«

Ähnlich wie in Dänemark. Auch da ist ständig alles im Wandel und quasi kein Job sicher.»Flexicurity«, nennt sich das System.»Wenn die Amerikaner auf Dänemark schauen, dann sagen sie: *Das ist wirklich übelster Sozialismus, was hier stattfindet.* Wenn Franzosen auf dieses Land schauen, sagen sie: *Das ist der übelste Wildwestkapitalismus, in dem die Unternehmen Leute entlassen können, wie sie wollen.* Ist ja gar kein Ding hier«, so Reiner, der deutsche Geschäftsführer der deutsch-dänischen Handelskammer, mit dem ich gleich ins »Du« abgerutscht bin. Das ist der Flex-Teil an der Geschichte. »Einer von vier Dänen wechselt pro Jahr zwischen verschiedenen Jobs«, so Professor Per Kongshoej Madsen, für Sie – klar – Per, dänischer Arbeitsmarktspezialist an der Universität von Aalborg, jetzt aber auf einer Terrasse in Kopenhagen mit mir einen Kaffee schlürfend.

Und das ist völlig in Ordnung und auch kein Grund zur Panik, weil alle drei Länder eines nicht vergessen: Es geht um Menschen. Das schwedische Motto lautet dementsprechend: »Rette die Menschen, nicht die Jobs«, so verrät mir Ola. Unternehmen, die sich nicht rentieren, müssen schließen oder automatisiert werden. Doch jeder, der auf der Straße landet, wird sanft aufgefangen und bekommt eine individuelle, hochwertige Begleitung, um wieder fit zu sein für den nächsten Job. Auch in Dänemark. Das ist nämlich der Security-Teil an dem Flexicurity-Konzept. Damit bleibt in Skandinavien auch jeder auf dem neusten Stand, denn irgendwann erwischt es jeden mal.

Per, der Flexicurity-Spezialist blinzelt in die Sonne, die uns Ende Oktober beehrt: »Auf dem dänischen Arbeitsmarkt können wir unsere Arbeitskräfte schnell von einem Sonnenuntergang zu einem Sonnenaufgang bewegen. Und das ist ein Vorteil, weil wir uns dadurch an die Kräfte anpassen können, die durch die Globalisierung auf uns einwirken.« Und irgendwo geht immer die Sonne auf, davon sind die Dänen prinzipiell überzeugt. Wenn ein Sektor, wie Braunkohlebergbau oder Schiffsbau, untergeht, wird irgendwo ein neuer entstehen. Reiner findet beileibe nicht alles toll, was Dänisch ist, aber das, so findet er, funktioniere richtig gut:»Und das ist kulturell bedingt, weil die Leute halt optimistisch sind.« Arbeitslosigkeit ist nur ein Zwischenzustand. Es sei hier völlig normal, dass Dänen einfach den Job kündigen, wenn er ihnen nicht mehr gefällt. Und auf Nachfrage, ob sie denn schon etwas Neues hätten, antworteten:»Nö«, weil sie drauf vertrauen, dass das schon klappen wird.

Auch die Firma VELUX in Hørsholm nördlich von Kopenhagen hat inzwischen beinahe alle Produktionsstätten in den Osten und nach China verlegt. Was sagen denn die übriggebliebenen Produktionsmitarbeiter in Dänemark dazu? Ich fahre mit dem Auto drei Stunden lang von Kopenhagen gen Westen nach Østbirk, in eine kleine Fabrik mit 370 Mitarbeitern, mitten auf dem Land. Niedrige Backsteingebäude empfangen mich am frühen Morgen mit frostbedeckten Dächern. Hier werden all die Fenster hergestellt, die vom Standard abweichen, also nicht in Massen hergestellt werden. Neben Carsten, zuständig für das Personal, schlängle ich mich an blauen und weißen Markierungslinien entlang bis hin in die Lagerhaltung.»Wie bekommst du es hin, auf der Arbeit glücklich zu sein?«, rufe ich Ole zu, dem ersten Mitarbeiter, dem wir hier begegnen, und bedeute ihm gleichzeitig trotz des Lärms, der in der Halle widerhallt, nicht näherzukommen. Die Kamera ist so gerade perfekt eingestellt. Der lange Ole, mit an den Schläfen leicht ergrauendem Haar und Drei-Tage-Bart schaut mich mit seinen leuchtenden,

Augen enthusiastisch an: »Ich habe gemerkt, dass es besser ist, Veränderungen als spaßig zu sehen, anstatt sich über sie zu ärgern, und das macht mich glücklich! Ich liebe es, Dinge zu verändern. Ich sehe überall nur Möglichkeiten«, fährt er fort. Man sagt ja immer, wenn du mehr produzieren sollst, musst du halt schneller rennen. Aber ich sehe das anders. Klar musst du schneller werden, aber du solltest vor allem schauen: Wie kann ich es besser machen? Und wenn wir das als Kollegen zusammen tun, dann haben wir das Gefühl, dass wir wichtig für das Unternehmen sind«, lacht Ole. »Das macht mich glücklich! Sehr glücklich!«

Wider der Struktur!

»Es ist nicht die stärkste Spezies, die erfolgreich überlebt, und ebenfalls nicht die intelligenteste, sondern diejenige, die am ehesten bereit ist, sich zu verändern«, so Darwins Credo schon im 19. Jahrhundert. Und deshalb sollten Sie eines niemals tun, wie mir Sissl, die drahtige Rad-Rennfahrerin bei Siemens in Oslo, erklärt: »Negativ sein und die Initiativen von andern niedermähen. Am allerwichtigsten ist es, positiv zu sein und offen für jede Veränderung.«

»Damit Veränderungen als etwas Positives wahrgenommen werden, ist es wichtig, dafür zu sorgen, dass sie stattfinden können, wenn sie nötig sind«, so Ola weiter. Und das geht am besten ohne Boxen. Deshalb ist die Tendenz zur Strukturlosigkeit, die in Skandinavien herrscht, die optimale Vorbereitung für die Zukunft. Denn sie garantiert Offenheit und lässt Neugierde ihren Raum. Nicht nur auf dem Arbeitsmarkt, sondern auch am Arbeitsplatz. »Den meisten Leuten wird hier ein Schreibtisch hingestellt und irgendein Titel für den Job gegeben, und dann sagen sie: *Wie du es machst, ist deine Sache. Finde raus, welcher Weg für dich persönlich am besten ist*«, grinst Suzanne entspannt, die Assistentin der Personalabteilung beim schneebedeckten LKW-Hersteller. Das erfordere natürlich viel mehr Zeit und Einsatz. Aber auf diese Art bekomme jeder neue Ideen und neuen Input – frisches Blut in die Venen des Unternehmens, so denke man hier. »Leute sollen ihren eigenen Weg finden, damit wir von ihnen lernen können.« Und das, so erzählt mir Simon mit den huskyblauen Augen, den ich später im Betriebsrestaurant interviewe, ist der Grund, weshalb Scania so glücklich mit all seinen Ausländern ist, die gerade hungrig das Restaurant fluten, während ich meinen letzten Fleischball verputze. »Menschen aus anderen Kulturen bringen eine ganz eigene Dynamik ins Unternehmen. Du kannst dich nicht zurücklehnen und sagen, das machen wir schon seit zehn Jahren so. Du musst dich anpassen, du musst versuchen, dich auf die andere Kultur einzulassen.« Alles, was immer schon so gewesen ist, wie es vorher war, scheint den Leuten im Norden äußerst suspekt zu sein. Ola, der wie ich finde knuffige Professor für Entlassungen, schmunzelt entschuldigend: »Wir sind in Schweden nicht gut darin, Aufgaben zu definieren oder Verantwortungsbereiche unter Menschen aufzuteilen. Und vielleicht sind wir deshalb auch in der Lage, schneller Veränderungen durchzuführen.«

Weil ständig jeder irgendwie zuständig ist. Trine stützt amüsiert ihr Kinn mit ihrer Hand: Wenn man in Deutschland bei Behörden anruft, dann bekommt man oft die Antwort:

Da bin ich nicht für zuständig, ich kann Sie durchstellen«. Hier ist es dann eher so, dass die Person, die du gerade am Telefon hast, sagt: *Ich guck mal*, auch wenn sie nicht dafür zuständig ist; und dann mit einer Antwort zurückkommt.« Jeder kennt den Moment der Verzweiflung, wenn er zum dritten Mal sein Anliegen vortragen muss. Vielleicht liegt es aber auch daran, dass wir selbst gerne genau den sprechen wollen, der dafür zuständig ist. Am besten natürlich den Geschäftsführer. Je höher, desto mehr Vertrauen haben wir in die Person. Oder glauben Sie etwa, ein Praktikant kann Ihr Problem lösen? Im Norden kann er es, weil er's nämlich darf. Sofia, Chefin von Suzanne, lehnt sich mit einem Arm auf die Stuhllehne des Bürostuhles:»Es gibt hier nicht wirklich Rollenbeschreibungen, sprich, Leute können wachsen. Mit genauen Umschreibungen würdest du sie begrenzen. Aus deutscher Perspektive würde das wahrscheinlich als sehr unklar wahrgenommen werden, aber es ist eine sehr positive und flexible Art, sich an die Entwicklung von unseren Leuten anzupassen.«

Jemand, der da frisch ankommt und auf einmal alles anders macht, ist im Norden niemals eine Bedrohung, sondern bloß ein äußerst interessantes Teilchen, das zu beobachten sich lohnt. Bald wird es seinen Platz gefunden haben in den wabbeligen»Strukturen«. Einfach leicht reindrücken, und die Masse formt sich neu. Zumindest bis zur nächsten Veränderung. Trine zum Beispiel, die die Kommunikation für die deutsch-norwegische Handelskammer in Oslo schmeißt, ist eine völlig andere Person als ihre Vorgängerin: anderes Temperament, anderes Alter, andere Erfahrung, andere Nationalität, andere Ausbildung, andere Ideen … »Und da könnte man vielleicht sagen: *Na ja, aber die hat das immer so gemacht, das ist gut so.* Aber das sagen die hier nicht. Die sagen: *Na dann zeig mal, was du willst und was du kannst.* Und dann guckt man sich das erst mal an.« So abgenutzt der Spruch von Herrn Ford auch sein mag: »Wenn du immer tust, was du schon immer getan hast, wirst du immer bekommen, was du schon immer bekommen hast«, im Norden gilt der nicht. Wenn Sie alles, was für Sie selbstverständlich ist, einmal von der genau anderen Seite aus betrachten und das ständig drehen, ähnlich einem Kaleidoskop, dann erhalten Sie stets ein neues Bild der Realität und kommen der skandinavischen Art, die Welt zu sehen, recht nahe. Change-Management-Kurse benötigt hier kein Mensch, weil es so sinnvoll klingt wie ein Kurs Schluckauf.

Beatrice haucht ihre Worte weiter in die winterkalte Luft. Wir passieren gerade das neueste Lastwagenmodell in Delphin-grau, das mit stolzgeschwellter Brust wie ein Denkmal vor dem Verwaltungsgebäude Scanias im Schnee steht. Sie ruckelt an der Tür – abgeschlossen. Andere Seite? – Auch. Sie wollte mir das Armaturenbrett zeigen, für das sie vor sieben Jahren der Produktmanager war. »Es geht nicht unbedingt darum, die richtigen Leute im Management zu haben, sondern darum, offen zu sein und die gleichen Werte zu teilen. Und dann kannst du zusammen gute Dinge schaffen: Dann sagt der eine: *Hej, hast du das schon gehört?* Und dann sagt jemand anderes: *Oh ja, da hat Sara auch letztens drüber gesprochen – Oh komm, dann gehen wir zu Sara und fragen sie.* Es läuft hier eine Menge informell ab, und es ist oft ziemlich unstrukturiert.«

Und wenn Sie mit Ihrer bahnbrechenden Idee die Treppen

rauf stürmen, dann dürfen Sie ruhig mehrere Stufen auf einmal nehmen. Schließlich sollen Sie ja nicht zu bremsen sein. Rune mit den vier Kindern, der für Siemens als Servicetechniker Schaltkästen auf Schiffen in der ganzen Welt installiert, stimmt dem zu: »Wenn du möchtest, dass Leute sich einbringen, dann muss jemand aus der Produktion den Leiter der Fabrik ansprechen können. Schließlich wollen wir *alle* Ideen! Wenn ich Angela Merkel wäre, würde ich sagen: Auf Leute, alle zusammen! Es ist eine phantastische Gesellschaft 80 Millionen pfiffige Leute, hoch ausgebildet. Wirklich viele. Und das Potential nutzt ihr nicht, weil ihr in alten Strukturen feststeckt.« Der Papa von vier Kindern verschränkt seine Arme und schaut nickend zu seinem Kollegen Wolf. Beide übrigens Gewerkschaftsvertreter bei Siemens in Trondheim. Obwohl ein deutsches Unternehmen, beharren die zwei darauf, dass die Unternehmenskultur typisch norwegisch sei, denn »Norweger wollen ihre Sachen immer auf ihre eigene Art machen. Wir haben hier sehr viel Eigenkontrolle und eine sehr flache Hierarchie.« Ich sitze mit ihnen in einem Besprechungsraum, in dem ein von der deutschen Mutter initiiertes Verbesserungsprojekt dennoch deutliche Spuren hinterlassen hat. Ich ziehe fragend meine rechte Augenbraue hoch und weise auf den Tisch. Dort kleben die Fotos der Fernbedienung und des Lautsprechers. Genau da und nirgendwo anders haben diese Gegenstände nach Verlassen des Raumes zu liegen. Wer zweifelt: ein Papier auf der Tür mit einem Foto und 20 aufgelisteten Gegenständen zeigt, wie genau der Besprechungsraum auszusehen hat. Ich vergleiche das Suchbild und muss schmunzeln. Norweger wären keine Norweger, wenn sich der Aufkleber für die Fernbedienung wie von wunderlicher Hand nicht bereits an eine sinnvollere Stelle verschoben hätte. Mein hänselnder Kommentar wird mit einem wissenden Grinsen über verschränkten Armen im Raum stehengelassen.

»Wenn du die Dinge zu sehr in Kontrollmechanismen festzurrst, verlierst du Kreativität«, sagt Wolf. Rune, der Vierfachpapa nickt:»Denn dann bist du im Finden von Lösungen immer von jemand anderem abhängig. Und dann verlierst du die Innovationsfähigkeit. Wir sind Problemlöser in Norwegen. Wir warten nicht darauf, dass jemand anderes unser Problem löst. Wir lösen es.« Nicht alles, was von oben kommt, ist ein Segen.»Die Summe des Wissens aus dem gesamten Unternehmen ist das Wertvollste, das du sammeln kannst. Es geht nicht zwingend um das Wissen des Managements, sondern darum, wie es ihm gelingt, den Rest des Unternehmens zu involvieren.«

Und dann pult man halt den Aufkleber einfach wieder ab und datscht ihn woanders hin. Oder macht die Sachen, die man machen sollte, einfach anders, weil man sich dachte, das wäre nicht so schlau, wie Saras Labormitarbeiter bei Novozymes. Die Wissenschaftlerin, die ihren Arm geben würde, wirft lachend ihre Engelslocken zurück.»Und ich liebe das! Und sehr oft konnten diese Eigensinnigkeiten später in Geschäftsideen übersetzt werden.« Jede Firma wäre blöd, wenn sie diese Quelle an ungestümer Energie nicht anzapfen würde! Sarah nickt:»Wir ernten Innovationen von allen Leuten hier im Unternehmen, nicht nur aus dem, was wir geplant haben.« Deutschland! Bald ist Erntezeit. Lasst uns schon mal den Boden pflügen und Samen streuen. Einfach eine Handvoll in die Luft schmeißen und dann sehen, was rauskommt.

Die einzige Konstante ist hier der Wandel. Die einzige Gewohnheit die Veränderung. Etwas, was uns ja tendentiell eher nervös macht, sind wir doch die Weltmeister der Perfektion! Doch das Streben nach Perfektion ist so sinnvoll, wie Wasser zum Meer zu tragen, würde der Holländer jetzt sagen. Denn während du noch danach strebst, etwas zu perfektionieren, hat es sich – schwups – wieder gewandelt. Besser man zuckt mit den Schultern und lacht drüber. Robert, Sohn eines Österreichers und einer Schwedin, der beim kleinen Verpackungsbetrieb Arta Plast für allesmögliche zuständig ist, kann das nur bestätigen. »Vielleicht sind wir im deutschsprachigen Raum einfach zu perfekt. Alles will man schnurgerade haben, und dann wird einer krank oder eine Maschine geht kaputt. Alles verspätet sich und man muss die ganzen Pläne wieder umschreiben.« Und das findet wohl keiner wirklich sinnstiftend. Wenn sich stetig alles wandelt, kann auch Perfektion nicht von Dauer sein. Suchen wir sie dennoch, hoppeln wir unablässig der Realität hinterher. Denn es wird immer eine Maschine kaputtgehen. Wenn sie es nicht täte, *das* wäre eine Überraschung. Wer offen und flexibel ist, den stressen auch Veränderungen nicht, den stressen starre Strukturen, die die Flexibilität eindämmen.

Marc, ein Inder, der vor ein paar Jahren nach Älmhult ins schwedische Nirgendwo gezogen ist, hat immer noch Schwierigkeiten zu verstehen, wie dieses Land funktioniert. »Wenn ich IKEA mit anderen Firmen vergleiche, für die ich in Indien gearbeitet habe …« Er schüttelt lachend den Kopf: »Also, wenn du dir das Maß an Professionalität oder die Abstimmungsschärfe anschaust, dann ist die bei IKEA gleich null. In jedem Managementbuch würde einem Multimilliarden-Konzern mit dermaßen wenigen Prozessen ein totales Scheitern vorausgesagt werden. Aber ich denke, die IKEA-Werte und Leidenschaft der Menschen, die alles für diese Produkte geben, ist der Erfolg des Unternehmens.« Und ja, das macht es für Außenstehende, wie Marc, aber auch mich, manchmal ein wenig unübersichtlich. »Eine Agenda zu haben, das ist unschwedisch«, grinst Robert. Und ich persönlich würde mal sagen, ein Zeichen von schlechter Vorbereitung und total unprofessionell! »Man fängt irgendwo an, und dann am Schluss fühlt man ungefähr, welchen Weg man gehen soll.« Robert lacht herzlich. »Wir können jetzt zusammensitzen und dann sagt einer: *Ach das!* Und schmeißt einfach ein neues Thema rein, und dann fangen alle an, darüber zu diskutieren. Manchmal ist es gut, manchmal ist es schlecht. Aber wenn sich vorher schon jemand einen Gedanken gemacht hat über eine Agenda, dann wird das Ganze darüber gesteuert. Und da kommen natürlich gewisse Inputs gar nicht hoch. Ich arbeite sehr viel mit einer anderen deutschen Firma zusammen: 9 Uhr Kaffee, 9.15 Einleitung, 9.20 Dr. Hoffmann ... Und dann gibt es jemanden, der die Zeit kontrolliert.« Klar, das nennt man Effizienz, lieber Robert. »Das ergibt dann aber weniger Kreativität«, entgegnet er.

Grenzenloser Norden. Alles fließt in Skandinavien. Kreativität schlägt Kontrolle. Wobei, die gibt es nach Kias Meinung ja eh nicht. Die 33-jährige Projektmanagerin bei der Internetberatungsfirma Making Waves ist Chaospilotin. Der Name ist Programm. Tatsächlich gibt's diesen Management-Studiengang. In Skandinavien, genaugenommen Aarhus in Dänemark. Wo sonst benötigt man Piloten, die einen sicher durch dieses heillose Durcheinander steuern? »Das Paradox der Kontrolle ist, dass du sie nicht hast. Es ist etwas, das du niemals jemals haben wirst. Es ist nur eine Illusion. Nur ein Gefühl. Deshalb denke ich, dass es gut ist, wenn du dich darin übst, dich wohl damit zu fühlen, dass du keine Kontrolle hast.« Das klingt nach einem guten Plan, der Zukunft zu begegnen. Die Kurzumschreibung hierfür wäre: Gelassenheit.

»Messy«, das sei ziemlich dänisch, erklärt mir Anas, der Anthropologe im Entwicklungsteam der kleinen lebhaften Firma Attention mitten in Kopenhagen. »Wir sind schon ziemlich chaotisch, ein wenig freifließend, sozusagen.« Und das mag dazu führen, dass Dänen etwas arg abtreiben auf dem Meer der Ideen. »Die gute Seite daran ist, dass es eine Menge Raum lässt, Dinge zu erforschen, offen zu sein für das, was hinter der nächsten Ecke wartet, was außerhalb der Box noch so herumliegt.« Und wer räumt den Saustall dann wieder auf? Oder sorgt dafür, dass all die tollen Ideen auch wirklich in Serie produziert werden?

Die Deutschen. Wir haben eindeutig auch unsere Vorteile.

Jörg, der deutsche Berater in Sneakern, räkelt sich grinsend in der Sonne, die durch die kleinen Sprossenfenster in den gemütlichen Besprechungsraum der Implement Consulting Family fällt: »Ich bringe regelmäßig meinen Ordnung-muss-sein-Satz ein. Der Deutsche übernimmt das jetzt mal mit der Struktur und setzt alles in die verschiedenen Boxen ... Und dann lachen alle und sagen, gut, dass wir dich haben. Das ist das, womit ich als Berater am meisten Geld verdiene.« Und das ist der Grund, weshalb viele Skandinavier davon überzeugt sind, dass die deutsche und skandinavische Mentalität ein unschlagbares Team sein könnten, wenn wir beide voneinander lernten. Ein wenig mehr Gelassenheit mit selbstverständlicher Rotznäsigkeit auf deutscher Seite, ein wenig mehr Struktur und Verbindlichkeit auf der skandinavischen. Das absolute Dream-Team!

Für alles zu haben, vor wenig Angst

Innerlich fluchend bereue ich bereits meinen Vorschlag. Doch ich hatte einfach keine Lust mehr auf den 136sten Besprechungsraum, drei mal zwei Meter mit Birkenfurniertisch. Also hatte ich ihr leicht verwegen vorgeschlagen, eine Runde um den zugefrorenen See zu drehen, der einladend unter einer in der Sonne glitzernden Schneedecke auf dem Scania-Betriebsgelände in Södertälje liegt. Auf der gegenüberliegenden Seite winkt das Ziel: ein schnuckeliges, typisch schwedisch rot-weißes Holzhaus, Sitz der Gewerkschaften, wie ich später erfahre. Die Sonne bahnt sich zaghaft eine Schneise durch den dichten Flockenhimmel. So romantisch und doch so bitter kalt! Jetzt habe ich rote Finger und versuche, Beatrice während des Laufens ungeschickt von der Seite zu filmen. Die quasselt indes fröhlich drauf los: »Ich glaube, das ist ein schwedischer Ansatz, einfach zu sagen: *Okay, wir haben das noch nie vorher gemacht, wir haben auch noch nicht alles, was wir benötigen, aber lasst es uns einfach mal ausprobieren!* Und von da aus kann man es immer noch verbessern. Warte nicht darauf, bis alles perfekt ist!« Zwei der Managementprinzipien von Scania lauten übereinstimmend: »Dare to try« und »Manage the risk«. Traue dich, es auszuprobieren und steuere das Risiko. Ich hab's ausprobiert. Ich habe versucht, gleichzeitig zu gehen, zu reden und zu filmen. Nix geworden. Alle Aufnahmen unscharf. Pech. Schultern zucken. Nächstes Mal besser.

Beatrice ist in der Personalabteilung bei Scania verantwortlich für die Kompetenzbedürfnisse der digitalen Zukunft im allerschwammigsten Sinne. Was, wenn wir zukünftig keine Lastwagen mehr benötigen oder sich deren Funktion ändern wird? Lastwagen als selbstfahrende Hotels, Transport für Menschen und Tomaten, Airbnb auf Rädern, was weiß ich? Einen Job übrigens, den sie sich selbst genauso vor einem Jahr ausgedacht hat. »Ich habe da eine Lücke gesehen und mich gefragt: *Warum beschäftigt sich da noch keiner mit?*« Beatrice ist aufgesprungen, hat sich den Kopf *nicht* an der Decke gestoßen und gerufen: »Ich habe da eine Idee!« Reaktion: »Guter Vorschlag! Mach mal.« Hat sie die richtige Erfahrung? Nein. Die richtige Ausbildung? Nun, sie hat Umweltchemie studiert ... Mit Sicherheit nicht der perfekte Kandidat. Aber aus schwedischer Sicht der optimale. Und das ist besser als perfekt. »Das ist typisch für Scania, aber vielleicht auch typisch skandinavisch. Wenn du siehst, dass sich etwas ändern muss, kannst du es einfach selbst ändern. Du denkst konstruktiv und übernimmst Verantwortung, anstatt dich hinzusetzen und zu meckern. Ich denke, das macht Menschen hier sehr glücklich.« Jenny, Miss Babymetal vom Hotel, lässt sich wieder Grübchen in die Wangen wachsen, als sie später in Stockholm vergnügt fortfährt: »Wir erwarten nicht, dass unser Boss uns erzählt, wie wir eine Aufgabe lösen sollten. Wir übernehmen selber die Verantwortung und kommen dann mit einer Lösung. Erst machen, später entschuldigen, so ist unsere Haltung hier. Ich habe Initiative gezeigt, ich hatte die Idee. Na ja – es ist nicht gerade großartig geworden, aber ich hatte die oder die Absicht. Warte nicht, bis dir Menschen irgendeine neue Rolle oder Aufgabe geben. Das ist der Weg zum Glück. Sei aktiv, proaktiv« Denn vielleicht hat niemand das Problem bisher erkannt oder sie haben keine Zeit dafür. Also kommen Sie mit Ihren Ideen. Sie sind doch sonst nicht schüchtern! Eishüpfer teilen gerne. Auch unsäglich schlechte Ideen. Worüber soll man denn sonst später gemeinsam lachen? Mit einem Schmunzeln muss ich an das Mädchen mit den Langstrümpfen und orangefarbenen Zöpfen denken, die es unseren Kindern über Generationen hinweg versuchte einzuimpfen: »Das habe ich noch nie vorher versucht, also bin ich völlig sicher, dass ich es schaffe!«

»Wenn Leute mir sagen, dass Sachen nicht möglich sind, dann denke ich, das ist wirklich, wirklich inspirierend!«, lacht mir die trinkfeste Tine energisch zu. Nach einem fröhlichen Abendessen sitze ich am nächsten Tag neben ihr im Auto. Wie kann man so einen Abend nur so frisch und munter überleben, grüble ich hinter meiner Kamera, die ich während der Fahrt von der Seite auf sie zu richten versuche. »Ich denke, es geht darum, deinen *Mindset* zu erweitern. Wenn du dir ein himmelhohes Ziel setzt, dann werden Dinge sich ereignen, während du auf das Ziel zugehst. Lösungen werden sich zeigen.« Nein, ich bin nicht unterwegs zu einem Esoteriktempel. Sondern fahre im südlichen Norwegen in einem dunklen SUV deutscher Bauart durch den Schnee. Neben mir eine Geschäftsfrau mit einem Doktor in Chemie und Chemie-Ingenieurswesen. 49 Jahre alt, blond, groß, gutaussehend, Mutter dreier fast erwachsener Kinder und – wie ich am Abend zuvor feststellen musste – norwegisch trinkfest. Mein Kopf brummt. Ihrer nicht. Wir fahren durch die

235

malerische 35 000 Seelengemeinde Porsgrunn, 160 Kilometer südlich von Oslo an einem Fjord entlang. Kleine Holzhäuser in gelb, blassgrün, blaugrau oder rot säumen unseren schneebedeckten Weg, in dem die Reifen des SUV dunkle Spuren hinterlassen. Es taut. Tine plappert. Dem Ersten, der mir noch einmal verkaufen möchte, Norweger seien schweigsame Leute, haue ich mitten auf die Nase, denn Tine fängt geradewegs da an weiter zu schwatzen, wo sie gestern nach einer gefühlten Flasche Wein aufgehört hat. Glaube ich zumindest. »Entschuldige bitte das Wetter, denn normalerweise siehst du hier wundervolle Farben.« Die Scheibenwischer schmieren die gelblichen Lichter der entgegenkommenden Autos mit den nassen Schneeflocken über die Frontscheibe. Langsam wird es hell.

Vor zehn Jahren beschloss die Firma Borealis, ihr norwegisches Innovationszentrum für Polymere hier in Stathelle, eine Waldlichtung von Porsgrunn entfernt, zu schließen. Nur über Tines Leiche: »Also habe ich alle versammelt und gesagt, ich weiß nicht, ob ich Jobs habe, aber wir versuchen, welche zu schaffen.« Sie gründete die Firma Norner, die einen haarigen Start hinlegte. »Leute, die hier angefangen haben, haben sich selbst weiter entwickelt, denn wir hatten hier ja nichts.« Zehn Jahre lang hat die Reise bis in die schwarzen Zahlen gedauert. Mit eingeschränkter Lohnzahlung, Unsicherheit, Überstunden. »Ich musste jeden Pfennig umdrehen, aber nie haben wir auf Weihnachts- und Sommerfeier verzichtet. Wir haben es einfach etwas billiger gemacht. Im Sommer haben wir auf einer Insel gefeiert, Getränke und Würstchen mitgenommen und ein Picknick am Lagerfeuer gemacht. Total schön.«

»Du wirst niemals wissen, wie kalt das Wasser ist, bevor du drinnen bist. Also lasst uns reinspringen und es herausfinden!« Christian, der Geschäftsführer und Gründer des Ingenieurbüros MOE in Kopenhagen lacht glucksend. Der freundliche Mann mit weißblonder Halbglatze hat mich eingeladen, weil er auch so gerne wissen würde, was sie denn eigentlich richtig machen bei MOE. Auch diese Truppe ist sehr erfolgreich, weiß nur leider nicht warum.

Vielleicht liegt es an der Einstellung zum Wasser. Wo wir erst einmal eine Wasserprobe nehmen, um die Qualität zu bestimmen, und ein Thermometer ins Wasser halten, um einen eventuellen Kältetod zu vermeiden, springen die Skandinavier neben uns krachend mit einer Arschbombe ins Wasser und versauen uns die gesamten Testergebnisse! Zu viele Warmduscher in Deutschland. Doch *no risk, no fun*! Und das stimmt tatsächlich, wenn man der Analyse des Glücksatlas 2017 Glauben schenken darf. Risikofreudige Menschen sind im Allgemeinen mit ihrem Leben zufriedener als risikoscheue. Logisch, denn wer das Risiko scheut, hat bestimmt auch erst mal alle Gefahren inventarisiert, weniger die Chancen. Wer sich auf mögliche Gefahren konzentriert, der schaut ständig auf das Negative, nicht auf das Positive. Das kann ja nicht glücklich machen. Vielleicht sollte man aber auch einfach mal aufhören mit der ganzen Analysiererei.

»Wie stark ist bei dir die Intuition in Entscheidungen involviert?«, will ich also von Christian wissen. »Stärker als man von einem Wirtschaftsingenieur erwarten würde!«, grinst der freundliche Mann. »Ich bin derjenige, der sagt: *Machen wir! Lass es uns ausprobieren!*« Und damit bestätigt er die Wissenschaft, denn auch der Nobelpreisträger für

Wirtschaft, Daniel Kahneman, geht davon aus, dass intuitives Denken die eigentliche Quelle vieler Entscheidungen ist, die wir treffen.[24] In Ländern, in denen Gefühle von jeher eine anerkannte Pole-Position im Arbeitsleben haben, sind Bauchgefühl und Zehenwippen die Zutaten für Innovation und Kreativität. Es sind Emotionen, die sich nicht bewerten lassen. Henrik, der 60-Jährige mit Lausbubenlächeln, Gründer des Produktentwicklungsunternehmens Attention, spricht mit sanfter Stimme: »Du bekommst den Input von lauter verschiedenen Menschen, und dieser Input ist sehr wichtig, denke ich. Wer kann sagen, ob eine Frau schön ist auf einer Skala von null bis zehn? Es hängt davon ab, welche Person sie betrachtet. Was siehst du, was hörst du, was fühlst du? Ob es um eine Person oder ein Produkt geht, du solltest bei jeder Entscheidung auf dein Herz und deinen Bauch hören.« Erst Bauch – dann Kopf.

»Wenn du also wählen müsstest, zwischen einer Entscheidung fällen, um sie im Nachlauf zu korrigieren, oder erst einmal Wissen sammeln, bis du zu 98 Prozent si…«, formuliere ich zaghaft meine Frage, aber Christian, der Glucksende, unterbricht mich bereits leidenschaftlich: »Definitiv Ersteres!« Er lacht so heftig, dass er am ganzen Körper bebt. »Definitiv!« Pernille, die sanfte Hebamme und Unternehmensberaterin bei der ICG ein paar Kilometer weiter, zieht nur wissend die Augenbrauen hoch: »Das ist typisch dänisch: Sich trauen, Sachen einfach auszuprobieren und zu schauen, ob es funktioniert. Und wenn nicht, okay, dann machen wir halt etwas anderes.« So unbedacht, so unbesorgt, so gelassen, so vertrauensvoll, so wunderbar unkompliziert kann also das Leben sein!

»Ist hier in Dänemark alles so viel schöner als woanders?«

238

Ja, ja, ja! Schreie ich innerlich und klatsche imaginär begeistert in die Hände. Jens, der deutsche CEO des 13 000 Mitarbeiter zählenden Ingenieurbüros Rambøll, starrt lange nachdenklich in das offene Bürogebäude am Rande Kopenhagens:»Nein!«, so die ernüchternde Antwort.»Die Dänen haben einfach nicht immer diese Angst, deshalb ist es auch ein glücklicheres Volk, denke ich. Man lebt ein bisschen mehr in den Tag hinein. Und wir Deutschen wollen alles ganz genau vorhersehbar haben. Diese Angst vor dem Unvorhersehbaren, das verhindert einen Vertrauensvorschuss und nimmt uns auch das Glücklichsein.« Es lohnt sich, auch der Zukunft einen Vertrauensvorschuss zu gewähren. Egal, was für eine Ohrfeige das Leben für Sie bereithalten mag. Sehen Sie es positiv, damit fahren Sie allemal besser.

Haben Sie mitgezählt, wie oft Sie sich während des Lesens bis hier geistig schon gesagt haben:»Jaja, die Norweger haben gut reden. Die haben ja das Öl«? Mag sein, und die Kinder Norwegens sind tatsächlich verwöhnt, aber deshalb noch lange nicht ungezogen. Geld ist noch immer kein Wert, der sich über Familie und Freizeit erhebt. Das Land ist reich, aber leider auch extrem vom Ölmarkt abhängig. Und der schwankt zurzeit gewaltig und mit ihm der gesamte Off-Shore-Markt, von dem zum Beispiel die hübsche kleine Insel Ålesund abhängig ist. Zum ersten Mal verlieren seit 2016 Norweger ihre Jobs. Zu Tausenden. Und lachen immer noch. Denn irgendwie wurde es auch mal Zeit.»Oh ja!«, nickt Hanna mit dem Dutt heftig, die ihren Mann erfolgreich bei der Hausarbeit aufs Kreuz legt. Der hat als Automatisierungsingenieur bei einem Hersteller von Schiffsmotoren den Job verloren und

arbeitet jetzt im Kundensupport, 1,5 Autostunden landein-
wärts. »Sie werden noch mehr Leute entlassen müssen. Es ist
also nur eine Frage der Zeit, wann wir die Nachricht bekommen«, berichtet Hanna fröhlich, keineswegs sarkastisch. Ist
das jetzt naiv oder einfach nur ohne Furcht? »Ich glaube es
ist gar nicht so schlecht für Norwegen, denn dadurch werden
die Leute mal ein wenig durchgerüttelt. Das ist eine coole
Sache. Das ist sehr aufregend. Es ist wichtig, Sicherheit zu
haben, dass du genug Geld hast, um dir Essen zu kaufen und
um ein Dach über dem Kopf zu haben. Aber es ist auch wichtig, dich ständig selbst herauszufordern, neu zu erfinden.«
   Tut eine Arschbombe weh? Ganz schön. Das weiß man
auch vorher. Sind das da oben alles Masochisten?
   »Weißt du, manchmal muss es weh tun, es muss sich un-
komfortabel anfühlen«, schlägt Mandana ein wenig verlegen
ihre dunklen Haselnussaugen nieder. »Ich muss mich in bestimmten Situationen nicht komfortabel fühlen, einfach um
zu fühlen, okay, es passiert etwas. Ich mache etwas, was ich
normalerweise nicht mache«, so die hübsche Schwedin, die
als Teenie ihre eigene Fernsehshow hatte und jetzt für das
Kassenpersonal bei IKEA Malmö zuständig ist.
   Es ist drei Uhr, und das Tageslicht färbt sich langsam blau.
Kalt und nass ist es im Norden sowieso. Peder ist der letzte
auf der langen Liste an Interviews bei dem Weltverbesserer-
Unternehmen Novozymes. Der freundliche Mann um die 60
ist hier der CEO: »Ich denke, viele nordische Länder sind
deshalb so gut darin, Neues zu erfinden, weil wir uns gerne
selbst geißeln.« Das mit den Masochisten wäre dann jetzt
geklärt. Peder lehnt sich nachdenklich zurück. Das Leder
seines Stuhles knarrt. »Wir mögen ja die glücklichsten Men-

schen der Welt sein, aber wir sind nie zufrieden mit dem, was wir haben. Wir streben immer danach, einen Schritt weiter zu gehen ... Und dieses Verlangen ist unglaublich kraftvoll.« Dankbar notiere ich seine Zeilen, denn wann immer ich auf der Bühne über Glück rede, versuche ich meinem Publikum nahe zu bringen, dass Glück kein fester Zustand ist, sondern etwas, was man sich tagtäglich erarbeitet. Es muss auch immer ein wenig weh tun. Es braucht immer auch eine Prise Unglück, um glücklich sein zu können. Und das ist die Stärke des Glücks, dass die euphorischen Momente nicht von Dauer sind, weil wir sonst niemals das Beste aus uns machen würden. Wir hätten keinen Grund. Jedes schlechte Gefühl, jede Unzufriedenheit bringt uns dem Lebensglück ein wenig näher. Auf einer Skala von 0 bis 10 ... wie glücklich bist du? Frage ich Hans-Ove, der in einer hellen, freundlichen und blitzblanken Halle Schaltkästen für Schiffe baut. Norwegen, Trondheim, Siemens und ein kräftig gebauter Hüne mit dunklem Bart, so die Eckdaten. »Eine 7 oder 8 vielleicht«, so lautet die enttäuschende Antwort. »Ich bin sehr glücklich in meinem Job. Ich kann mir keinen besseren Ort vorstellen als hier. Na ja, wahrscheinlich sollte ich mir dann eine 10 geben. Aber du musst ja ein Ziel haben. Wir wollen hier oben immer etwas haben, was wir verbessern können.« Auch am Glück kann man schließlich herumschrauben ohne Ende.

»Du musst einfach nur dafür sorgen, dass du diese Kräfte freisetzt«, lächelt Peder schelmisch. »Dass du Menschen leidenschaftlich sein lässt, und ihre Leidenschaft, Dinge zu verbessern, anfeuerst! Und dann musst du nur noch dafür sorgen, dass sie alle grob in dieselbe Richtung laufen.«

Auch in *the middle of nowhere*, in Älmhult, wo vor ein

paar Jahren ein kleiner Zulieferer von Küchenfronten von IKEA-Industries übernommen wurde. Von da an wurde auch die Verantwortung so weit wie möglich nach unten delegiert. »Und dann habe ich mich als Teamleiter beworben.« Warum sie das getan hätte? Sara streicht liebevoll über ihren sieben Monatsbauch. Sie arbeitet unter der Woche in der Nachtschicht von 22 bis 5.30 Uhr, jeden Tag. Ein breites Grinsen erscheint in dem Gesicht mit den feinen Zügen und den Grübchen in den Wangen: »Ich liebe es, mich selbst herauszufordern. Ich mag Verantwortung. Das macht mich glücklich.« Die blonde, zierliche Frau, die sonst im blauen Overall in der Produktion steht, dreht sich auf dem Hocker hin und her. »Und ich mag es, dass wir immer auf dem Weg sind, dass wir uns hier bei IKEA fragen: *Was können wir morgen besser machen als heute?* Dass wir immer danach streben zu wachsen. Das macht wirklich Spaß.«

Menschen, die fortwährend nach etwas suchen, was sie noch besser machen können, sind ständig unzufrieden mit dem Status Quo. Aber dafür superglücklich, weil sie tatsächlich auch überall Möglichkeiten und Chancen sehen. Und damit hätte ich dann auch en passant die Frage beantwortet, was denn der Unterschied zwischen Zufriedenheit und Glück ist. Und warum ich, unter uns, das Wort Zufriedenheit nicht ausstehen kann. Zufriedenheit ist behäbig und träge. Glück hingegen ist ein quirliges Würmchen. Nachdem Suzanne mich erst einmal mit einem typisch Schwedischen chokladboll (Schokokugel) abgefüllt hat, strahlt mich die 50-jährige Assistentin der Personalabteilung bei Scania begeistert an: »Jeder, der hier arbeitet, hat diesen Daniel Düsentrieb in sich. Es herrscht hier so ein Drive und so eine kindliche Freude, um für was immer du machst einen schlaueren Weg zu finden. Es ist wirklich ansteckend, und es treibt mich noch in den Wahnsinn!«, lacht die stämmige Mama in Seidenbluse. Dabei dachte ich, das hätte bereits ich getan. Inzwischen bin ich nämlich schon zum dritten Mal mit meiner Wunschliste ins Lastwagentraumland zurückgekehrt: Habt ihr vielleicht noch jemanden aus der Produktion? Vielleicht IT, wegen Digitalisierung und so? Habt ihr auch 'nen Ausländer? Jemand aus dem höheren Management vielleicht? Deutsche? Mit dem Scania-Shuttle, genannt »Rundtursbussarna« werde ich kreuz und quer durch Scania City chauffiert, wo rund 15 000 Menschen arbeiten. »Anstatt einfach auf die Resultate ihrer Arbeit zu warten, versucht jeder, den Prozess zu verbessern. Es dreht sich alles darum: Wie kann ich das besser machen? Wie kann ich etwas Neues erfinden? Und das ist typisch Scania. Es geht nicht nur um das Ziel, auch der Weg dorthin zählt«, so Suzanne. Die großen Veränderungen ergeben sich aus den vielen, vielen kleinen Schritten. Die viele, viele Menschen immer, und immer wieder gemeinsam machen. Auch die, die »nur« an einer Zinkgussmaschine stehen, wie Michael in Dänemark. Was macht ihn am allerallerglücklichsten? Der alleinerziehende Papa mit struppigem, silbergrauen Haar ist richtig gut drauf: »Oh, wenn mir etwas gelingt!« Lachen. Er weist in die Produktionshalle. »Wenn das, was ich mir ausgedacht habe, auch funktioniert, dann bin ich sehr glücklich. Auch wenn meinen Kollegen etwas gelingt. Ich freue mich für sie, und sie freuen sich für mich. Es gibt immer etwas, was man besser machen kann. Und wenn's klappt: Yesss!« Der Anfang 50-Jährige ballt kurz eine Faust an. Verbessern ist die positive Interpretation der Zukunft. Helge, der Verpackungskünstler grinst mich wissend an. Er arbeitet viel mit Deutschen zusammen: »Flexibilität. Unternehmerspirit, viele neue Sachen ausprobieren, nichts ist unmöglich! Wir suchen, und wir werden es auch finden! Eine Lösung gibt es immer. Wir haben keine Angst, neue Sachen auszuprobieren und außerhalb der Box zu denken. Das ist glaube ich unsere Erfolgsstory.«

Wer aus seiner Komfortzone hüpfen möchte, dem stehen deshalb in Skandinavien alle Türen offen. Wie Mandana, dem TV-Sternchen. »IKEA gibt mir Energie. Sie sehen dich hier. Weißt du, was ich meine? Sie sehen dich als Person. Sie sehen dein Talent und dein Potential, ja … Sie bieten dir hier endlose Möglichkeiten, und wenn du zeigst, dass du sie nutzt, dann liegt der Rest in deinen Händen.«

Springen müssen Sie allerdings schon selbst. Und wenn Sie die engagierte Rennradfahrerin und Personal-Chefin bei Siemens in Oslo fragen, müssen Sie das wirklich, nach dem Motto: »Spring oder stirb!« »Wenn du dich selbst nicht in deiner Arbeit weiter entwickelst, dann denke ich, stirbst du einfach ein wenig.« Augen sprühen, und sie klettert mir beinahe in die Kamera: »Es ist so wichtig, dich lebendig zu fühlen! Zu wachsen, verstehst du? Zu fühlen, dass du zählst!« Dass Sie wichtig sind. Dass andere Menschen Sie vermissen, wenn Sie fehlen. Und deshalb lautet der Rennfahrertipp aus Oslo für Sie: »Nimm Initiative!« Von mir absichtlich nicht korrekt übersetzt: Nicht Initiative zeigen! Nehmen! Erst nehmen, dann entschuldigen, wenn Sie Jenny Babymetal fragen würden. Oslo spricht schon wieder weiter: »Es ist sehr einfach, Dinge immer so zu tun, wie du sie immer getan hast. Sehr komfortabel. Du hast einen Strategieprozess, einen Budgetierungsprozess, und und und. Und der wiederholt sich jedes Jahr aufs Neue. Wir müssen uns verändern. Wir müssen uns selber herausfordern. Wir müssen uns entwickeln. Suche Herausforderungen, verlasse deine Komfortzone, mache Sachen anders!« Auch, wenn Ihnen mal kurz die Luft wegbleibt, wenn Sie ins eisige Wasser krachen. Aber, Mensch! Wie lebendig Sie sich in dem Moment fühlen. Und wie stolz, dass Sie sich getraut haben, auch wenn Sie humpelnd aus dem Wasser steigen und sich die rechte Pobacke reiben! Draufgängertum macht Menschen glücklich. Auch Sie.

Neu? Geil!

Das ist jetzt echt eklig, und wenn ich noch weiter zuschauen muss, kippe ich gleich hintenüber. Das kann ich mir allerdings schlecht leisten, denn die Kamera ist gerade frontal auf mich gerichtet, weil wir mit dem Fernsehteam nun schon mal in Stockholm sind, haben sich die Produzenten dazu entschlossen, parallel für einen anderen TV-Beitrag mit dem Thema »Hände weg von unserem Bargeld!« zu drehen. Dafür treffen wir uns mit Patrick, dem CEO des Epicenters, Stockholms Digitalen Hauses für Innovationen. Ich schaue gerade zu, wie ein Volltätowierter mit schwarzen Latexhandschuhen einer hübschen Mittdreißigerin vom Gebäude gegenüber einen reiskorngroßen Mikrochip in die Haut zwischen Daumen und Zeigefinger implantiert. Es fließt zwar kein Blut, aber es reicht mir trotzdem schon. Heute ist eine »Chippingparty«, und die Leute stehen hier für Reiskörner

Schlange. Ganz normale Menschen, die bei Coca-Cola oder Microsoft gegenüber arbeiten. Adrett gekleidet und eher Mainstream, würde ich sagen. Warum sie das tue, muss ich die junge Dame mit pfiffigem Pferdeschwanz vor mir jetzt doch mal fragen. Nun, das sei die Zukunft, und sie möchte gerne von Anfang an mit dabei sein. Auch sie möchte demnächst die Kaffeemaschine, den Kopierer und den Türöffner per Handauflegen bedienen.[25]

Skandinavier sind für jeden Scheiß zu haben. Solange er neu ist. Und das Leben einfacher macht. Sie lieben schlichtweg die Zukunft. Sie ist ein einziges, großes Abenteuer!

Alarm in deutschen Köpfen. Dann weiß ja jeder, wo ich war. Stimmt, das weiß jetzt auch jeder. Ich war zum Beispiel auf dem Mittsommernachtsfest bei der Enebybergs Gårds Vereinigung in einem der schönsten Vororte Stockholms, in Danderyd. Können Sie jetzt auf meiner Mobilfunkrechnung nachlesen. Also nehme ich jetzt mal an. So genau weiß man das ja heutzutage nicht mehr. Datenschutz muss her. Und zwar schnell, bevor das Leben aus dem Ruder läuft. Das tut es hier eh schon, denn bezahlt wird hier mit SWISH, von Handy zu Handy. Auch beim »Tanz in den Sommer« auf dem Bauernhof. Am Eingang strauchle ich über ein zusammengezimmertes Sperrholz-Schild mit folgendem Text: »Willkommen zu unserer Mittsommerfeier. Wir sind dankbar für eine kleine Spende von 20 Kronen (ca. zwei Euro). SWISH: 0771 793 336.«[26] Äh – wie mache ich das jetzt? Eine Oma in traditioneller schwedischer Tracht um die 85 erklärt der circa 40 Jahre jüngeren Frau geduldig und liebenswürdig, wie digitales Bezahlen funktioniert. Über eine App tippt man die Nummer des Empfängers ein, setzt den Betrag ein, schreibt was Nettes dazu, drückt auf »bezahlen« und gibt den Geheimcode ein. Fertig ist die kostenlose Transaktion. Im Jahre 2015 wurden nur noch zwei Prozent des Wertes aller Transaktionen in Schweden bar getätigt. Und auch in Norwegen hat keiner mehr so recht Cash in de Täsch. Selbst Kinder nicht. Die sowieso nicht.

SWISH (in Norwegen Vipps, Dänemark mobilePay) ist eine App, die im Dezember 2012 in Schweden lanciert wurde und inzwischen von 6,2 Millionen Menschen genutzt wird. Mit dieser App wird die Obdachlosenzeitung bezahlt, Flohmarkt-Trophäen, selbst gebackener Kuchen auf der Schulfeier, das Brötchen beim Bäcker, gemeinsame Geschenke für den Kollegen und – besonders beliebt – Eltern überweisen so das Taschengeld. Oder helfen den Kindern aus der Patsche, wenn die auf einmal ohne Geld an der Kasse stehen. Gedanklich klatsche ich begeistert in die Hände. Endlich schon während des Elternabends die neun Euro Nachzahlung für die Klassenkasse leisten und keinen lästigen Punkt auf meiner To-Do-Liste mit nach Hause nehmen! Im Norden muss und will man effizient sein, denn beide Partner arbeiten und freie Zeit ist heilig. Die verplempre ich doch nicht mit Dingen, die auch einfacher gehen müssen. Shopping zum Beispiel. Ich habe mich in einen realen Baumarkt getraut. Mühsam kratze ich aus diversen Taschen ganz unten 2,50 Euro für die Waffel im Stehcafé am Eingang zusammen, die meine Tochter haben will (34 Sekunden), folge dem Mitarbeiter zurück zum Counter, weil der erst im PC (und nicht im Tablet) nachschauen muss, ob der Handbohrer noch vor den Feiertagen rein kommt (weitere vier Minuten). Und an der Kasse gestehe ich, wie gewöhnlich freundlich, dass ich – nein – keine Payball-Karte

247

und auch meine Kundenkarte ausnahmsweise nicht dabei habe. Umständlich sucht die Verkäuferin unter »Boom«? »Van den«? Versuchen Sie es doch mal mit »Breypohl?«. Mein Mädchenname. Drei Minuten vergehen, während die Leute hinter mir hörbar stöhnen und ich mich skandinavisch versaut frage: »Sag mal! Gibt's dafür noch keine App?«

In Dänemark schon, denn dort bezahlt Jörg, der Unternehmensberater mit Sneakern, alles nur mit einer Karte oder per App: »In Dänemark schaut man sehr drauf: wie kann ich den Prozess optimieren? Davor haben die Leute hier keine Angst.« Um die sieben Minuten hätte ich in diesem Falle im Baumarkt gespart. »Vielleicht seid ihr nicht so digitalisiert, weil bei euch nicht beide Partner Vollzeit arbeiten. Dann kann man halt tagsüber zur Bank gehen. Mit nur fünf Millionen Einwohnern, haben wir hier nicht genug Menschen für diese händischen Jobs«, lächelt Anne-Marit, die nicht so dominante Geschäftsführerin von Siemens Norwegen.

Wer schwache Nerven hat, der hört jetzt besser auf zu lesen.

Steuerbescheide zum Beispiel erhalten Sie in Schweden per SMS, von der Finanzbehörde. Bitte mit einem »Ja« bestätigen. Ein Traum! Das geht aber nur, weil über eine persönliche ID-Nummer, die jeder Schwede besitzt, alle privaten Daten bereits zusammengeführt worden sind. Denn die Steuer hat Zugriff auf Einkaufsbescheide, Bankauszüge, Aktien – na ja, alles im Prinzip. Und falls Sie mal im Supermarkt Ihre Kreditkarte liegengelassen haben … kein Problem, der Kassierer findet Ihre Adresse und alle darunter registrierten Telefonnummern im Netz unter hitta.se, so dass er Sie erreicht und freundlicherweise Bescheid sagt, noch bevor es Ihnen selbst aufgefallen ist. Der gläserne Mensch. Ist doch praktisch. Das bedeutet nämlich auch, dass Sie nicht Schlange stehen müssen, um sich bei einer Gemeinde abzumelden oder das Auto umzumelden, auch das machen Sie per SMS. 82 Prozent[27] aller Altersklassen fühlen sich deshalb im Norden im Umgang mit solchen Serviceangeboten ausreichend bewandert. Bei den Eislochhüpfern sind sogar Senioren in Kleidertracht »digital natives«. Es bleibt ihnen auch nichts anderes übrig. In Norwegen können Sie darüber hinaus auch Ihre Krankendaten elektronisch verfügbar machen, Allergien eingeben oder Unverträglichkeiten, die Ihnen im letzten Urlaub aufgefallen sind. Sie können OP-Berichte einscannen oder Medikamentendosierungen eingeben, damit jeder Arzt, den Sie besuchen, über Ihre gesundheitliche Vorgeschichte und Ihre Blutgruppe Bescheid weiß. »Das würde ja in Deutschland nie gehen, weil alle schreien: *Datenschutz! Privatsphäre!* Ich finde das aber super, denn ich kann mir das nicht alles merken«, findet die pfiffige Trine von der Handelskammer in Norwegen. 94 Prozent[28] der Schweden und 90 Prozent der Dänen würden den Zugang zu persönlichen Gesundheitsdaten übrigens ebenfalls zulassen. Nun, es gibt auch nicht viel zu befürchten, da alle Länder nur eine Krankenkasse kennen. Und in der ist sowieso jeder automatisch Mitglied.

Skandinavier sind mit dem Gedanken aufgewachsen, dass man alles, was man effizienter machen kann, auch effizienter tun sollte. Denn Hände und Füße sind in Skandinavien teuer, erklärt mir Helge, gelernter Werkzeugmacher, Papa und Geschäftsführer von Arta Plast. »Wir haben schon in den siebziger Jahren unser Geld aus Geldautomaten gezogen. Wir haben hier einfach keine Angst. ABB war zum Beispiel mit Industrierobotern Pionier. Und dadurch, dass wir an Arbeitsplätzen schon lange mit Automatisierung arbeiten, wissen die Menschen mittlerweile auch, dass Roboter in den Firmen nicht alle Arbeitsplätze ersetzen.« Während wir hier so schwatzen, setzt inzwischen neben uns ein langer weißer Arm mit superbeweglichem Kopf – ssst – einen Behälter zusammen. Klack. Fertig.

»Und dafür gibt es einen historischen Grund«, so Ola, der entzückende Professor. Ich frohlocke und rutsche auf die Spitze meines Stuhles. Sollte ich jetzt endlich den wahren Grund erfahren, weshalb die Wikinger so furchtlos sind? »Im Gegensatz zu anderen Ländern hat die Industrialisierung in Schweden erst sehr spät eingesetzt«, holt Ola wieder weit aus. Während die Industrialisierung in anderen Ländern jedoch als Bedrohung für Arbeitsplätze gesehen wurde und die Arbeiterbewegung quasi eine Bewegung gegen Maschinen wurde, sah man die Technologie, die irgendwann einmal auch im Norden ankam, dort eher als komplementär, als etwas, das das Leben ungemein erleichterte. Tatsächlich übernehmen Maschinen Arbeit, die wir eh nicht so gerne machen, weil sie immer gleich, schwierig oder schlecht für den Rücken ist. »Die schwedischen Gewerkschaften waren also nie gegen neue Technologien.« Im Gegenteil, denn diese sorgen letztendlich ja dafür, dass ein Unternehmen effizienter und damit wettbewerbsfähig bleibt. Sprich, nicht pleite geht. Und dort kann dann später auch noch jemand arbeiten, der die Roboter bedient.

In Skandinavien stehen deshalb rund 81 Prozent der Bevölkerung Robotern[29] positiv gegenüber, in Deutschland sind es 57 Prozent. Helmut, der Schlaksige vom Handelsblatt, kann das bestätigen:»Die Affinität für Technik ist gigantisch groß. Wenn etwas Neues auf den Markt kommt, dann wird es erst mal ausprobiert. Überall in Schweden, aber auch in Finnland, Island und Norwegen …« Er macht eine wegwerfende Handbewegung.»In Deutschland wird erst mal kritisiert, nach Datenschutz gerufen und dann, vielleicht zehn Jahre später, probiert man's mal. Das ist hier umgekehrt.«

Helge von den Robotern greift seinen Gedanken wieder auf:»Früher hat man gedacht, man muss unbedingt mit allen Mitteln die Industrie am Leben halten, darf Menschen nicht freistellen. Mittlerweile sagt man sich, wenn eine Firma nicht mehr lukrativ ist, dann muss man halt umstellen.« Alles, was wir verbessern, bringt uns unserer eigenen Überflüssigkeit näher, so könnte man meinen. Das muss ich Ole, dem enthusiastischen Lagermitarbeiter in Dänemark, jetzt auch mal auf die Nase binden.»Das stimmt«, sagt Ole schulterzuckend, »das kann schon mal passieren. Und dann …«, er zwinkert mir zu,»dann kommt etwas Neues!«

Nicht festhalten, sondern loslassen. Und neu erfinden. Jeden Tag. So formt man Pioniere.

Pioniere, mit denen man sich prächtig unterhalten kann, ohne zu reden. Ich reise durch Skandinavien, also mache ich natürlich jeden Klimbim mit. Ich übernachte fröhlich bei Airbnb-Gastgebern, installiere mir alle möglichen idiotischen Reise-Apps verschiedener Städte und U-Bahnen auf mein Smartphone, erkläre meiner deutschen Bank, was SWISH ist und bezahle das Taxi in Berlin augenrollend mit 1,50 Euro Kreditkartenzuschlag, weil ich schon lange kein Bargeld mehr besitze. Und ärgere mich dann, dass ich nein sage, als mich zwei nette Herren aus einer Bar in Stockholm fragen, ob sie mir ein »Uber« bestellen sollen, weil ich nicht zugeben will, dass ich nicht weiß, was das ist. Aber schon eine Woche später stehe ich selbst wippend im Schneematsch am Straßenrand irgendwo im dunklen Dänemark und halte Ausschau nach »meinem« Uber. Auf meiner App kann ich simultan mitverfolgen, wie sich der Privatwagen, den ich als Taxiersatz gerufen habe, nähert. Noch einmal rechts, und da sehe ich das Auto schon, das genau vor meinen Füßen stehenbleibt. Und das ist auch gut so, denn Johan, der Fahrer, hätte auch nicht rufen können, denn er ist taubstumm, wie ich schnell merke. Über Google Translate unterhalte ich mich jedoch ausnehmend gut mit dem freundlichen und äußerst zuvorkommenden Fahrer. Schade, dass wir schon da sind. Johan hilft mir beim Ausladen und drückt mich zum Abschied. Fünf Sterne.

Die Zukunft passiert, wenn nicht mit Ihnen, dann halt ohne Sie. Sie passiert, wenn wir ihr negativ gegenüberstehen, genauso, wie wenn wir ihr positiv entgegensehen. Und die Wikinger haben sich dazu entschlossen, das Ganze positiv zu sehen. Das, so meldet sich mein hochgewachsener Reporter wieder zu Wort, könne man nun wirklich von den Skandinaviern lernen, »dass man Neuerungen, Dinge, die man nicht kennt, erst einmal ausprobiert. Die Skandinavier denken nicht: Oh! Schwierig, schwierig. Das können wir nicht. Nein, sondern: Ran an das Ding!« Er wirft sich mit einem breiten Grinsen zurück auf die rote Hotelcouch.

Die Halbschwedin Nini, die bei der deutsch-schwedischen Handelskammer täglich mit den mentalen Unterschieden beider Länder jongliert, wirft ihre blonden Korkenzieherlocken über die Schulter: »Diese Neugierde, diese Offenheit für alles, ist einfach eine Einstellungssache. Hier herrscht nun einmal nicht diese offene Skepsis, die man aus anderen Ländern kennt. Wir sind offen für neue Lösungen, weil es uns ja auch ein Stück weit Bewegungsfreiheit schenkt.« Buchstäblich, wie mir ein Freund, Håkan, Witwer und Papa von Lisa (neun) und Sara (13) berichtet. Die beiden gehen auf eine Modellschule für Lernen mit Tablet. Tegelhagens skola heißt sie und empfängt regelmäßig Besucher aus aller Welt, auch aus Deutschland. »Wenn Lisa morgens das Haus verlässt, nimmt sie nur ihre Jacke mit« so spricht Håkan laut gegen das Gefauche seiner heimischen Kaffeemaschine an. Ist auch besser für den Rücken und sicherer im Verkehr. Wenn meine Tochter morgens zur Schule geht, schleppt sie 7,5 Kilo mit, beinahe jeden Tag. Wir lernen mit Mitteln aus der Vergangenheit für die Zukunft, so scheint es. »Ganz abgesehen von dem Impact auf die Natur«, fügt er mürrisch hinzu. Elf Millionen deutsche Schüler mit all ihren Heften und Büchern … Bei der Tegelhagens skola verläuft die gesamte Kommunikation über eine App. Håkan schickt mir später ein Bildschirm-Foto der passwortgeschützten Startseite. Freundliche Blöcke in pink, grün, rot und blau laden mit einfachen Piktogrammen zum Surfen ein: Klassenliste, Hausaufgaben, digitales Unterrichtsmaterial. »Heute ist Lisa krank, das habe ich auch elektronisch gemeldet«, so Håkan weiter. »Ich höre sie im Hintergrund husten. Der Geschäftsführer arbeitet heute von zu Hause aus. Die Unterrichtsstunden kann Lisa vom Bett aus mitverfolgen. Außer dem praxisorientierten Unterricht. Der findet in der Natur statt. Denn wir sind ja in Schweden und bei aller Digitalisierung, Kinder müssen raus. Bei jedem Wetter.

Länder ohne Schuldige

Die einzigen, die keine Fehler machen, sind die,
die überhaupt nichts machen.
Christian, CEO, MOE Ingenieurbüro,
Kopenhagen, Dänemark

Noch in Gedanken und etwas verdattert, ob der so ungewohnten schwedischen Sicht der Dinge, schaue ich durch große Panoramafenster auf einen zugefrorenen See. Matt glitzert der Schnee in der Mittagssonne, während Simons Worte in mir nachhallen: »Es ist niemals die Schuld der Menschen!« Mit meinem Essenstablett in der Hand trottle ich an den Scheiben entlang hinter dem energiegeladenen, schlanken Mittvierziger her. An Managern und Fabrikarbeitern vorbei durchqueren wir das Betriebsrestaurant von Scania in Södertälje und bewegen uns auf eine typische skandinavische »Trennstraße« zu: Gläser, Messer, Geschirr, Plastik, Bio, Papier ... Das trennt ihr bitte selbst. Etwas, was ich persönlich als sehr viel respektvoller gegenüber den unsichtbaren Mitarbeitern in der Küche empfinde. Wenn ich da an die Mensa des Uniklinikums Bonn zurückdenke ... Dort bestand die einzige Aufgabe der Studenten und Klinikmitarbeiter darin, das v-förmige Tablett mit der Spitze zur Wand aufs Laufband zu stellen, und das ging schon regelmäßig schief. Entsprechend überfordert bin ich mit den wohlgemeinten Hinweisen für die Mülltrennung, wie ich sie schon bei IKEAs Hauptquartier in Malmö erlebt habe: *carbboard, soft plastic, hard plastic, mixed metal, PET, clear glas packaging* ... Mann, da blickt doch kein Mensch mehr durch! Irritiert halte ich inne und somit den ganzen Verkehr hinter mir auf. Mein Gott, wie peinlich. Verwirrt trete ich zur Seite und murmle errötend ein »Förlåt, förlåt, sorry, meine Schuld«. Das allerdings lässt Simon nicht auf mir sitzen. Entschieden antwortet er: »Nein! Das ist jetzt ein schönes Beispiel! Es sind niemals die Menschen, die den Fehler machen. Wenn du es nicht verstehst, dann haben wir es nicht richtig erklärt. Vielleicht müssen wir die Reihenfolge ändern oder andere Schilder aufhängen. Wenn das jetzt in der Fertigungsstraße passieren würde, würden wir uns fragen: *Wie können wir das für den Mitarbeiter deutlicher machen? Was haben wir unterlassen, wodurch dir der Fehler passieren konnte?*«

Zu einem Fehler gehören immer zwei. Findet auch Ib, der sentimentale Chef des sehr erfolgreichen Übersetzungsbüros in Aarhus, und schmeißt schon wieder feurig seine Arme in die Luft. »Man muss manchmal anhalten, in sich gehen und denken: *Stop, was habe ich falsch gemacht?* Wenn du erst die Fehler bei dir suchst und nicht bei anderen, dann hast du einen anderen Blick auf die Welt.« Wenn also ein Lieferant, Kollege, Mitarbeiter oder wer auch immer einen Fehler begeht, dann könnte es sein, dass die Ursache bei Ihnen liegt. Deshalb fassen sich die Skandinavier erst einmal beherzt an die eigene Nase und überlegen sich, ob der Fehler eines anderen nicht vielleicht die Folge des eigenen Verhaltens sein könnte.

Langsam fange ich an zu verstehen: Der Schuldige in Skandinavien ist also meist nicht derjenige, der den Fehler macht. Wenn man dann überhaupt von Schuld sprechen mag. Jörg, der Unternehmensberater auf Turnschuhen in Kopenhagen fläzt sich lässig vor mir auf dem Stuhl. Der Mittvierziger nickt zustimmend, die Schuldfrage ist eine, die sich auch in Dänemark nicht stellt: »Hier fragt man meistens nicht, wer am Problem schuld ist, sondern wie lösen wir das Problem? In Deutschland muss ich den Schuldigen erst mal identifizieren, bevor ich mich mit der Lösung beschäftige.«

Wer an einer Misere schuld ist, interessiert in Skandinavien spontan niemanden, weil die Lösung echt interessanter ist ... Diesen reflexartig vorschnellenden Zeigefinger: »Der war's«, suchen Sie dort deshalb vergeblich. Wenn das Kind in den Brunnen gefallen ist, sollte man zusehen, wie man es da so schnell wie möglich wieder rausbekommt. Am besten bevor es ertrunken ist.

Menschen sind sich in der Regel nicht bewusst, was sie anders machen als Menschen in anderen Ländern, weil Dinge für sie selbstverständlich sind. Oder erzählen Sie, dass man in Deutschland bei Rot an der Fußgängerampel stehenbleibt? Nein. Das ist doch klar. In Norwegen aber nicht. Denn dort ist es erlaubt, bei rot die Straße zu überqueren. Eine rote Fußgängerampel ist lediglich eine Empfehlung. Wie kitzle ich also die Beweggründe eines Verhaltens aus ihnen heraus, dass für sie vollkommen selbstverständlich ist? Nun, ich gebe mich entsetzt, schaue möglichst verständnislos und stelle die Behauptung auf, dass es ja wohl *total* wichtig wäre, herauszufinden, wer an einem Fehler Schuld trägt. »Nein. Nie,

nie«, entgegnet Malin, die Anfang 30-jährige IT-Teamleiterin einer Versicherungsgesellschaft in Stockholm, verständnislos schauend. Sie massiert zärtlich die Füße ihrer dreijährigen Tochter Clara, die ich vor einer Stunde zusammen mit ihrem Mann vom Kindergarten abgeholt habe. Malin lächelt zurückhaltend, »Was würde das helfen? Wenn ich sage, das hast du falsch gemacht? Das hilft uns doch nicht, das Problem zu lösen.«

Der Däne Jess wird noch deutlicher: »Für mich ist es echt ein Desaster, das Wort *Schuld* überhaupt zu verwenden. Jeder macht Fehler. Es ist viel wichtiger, der Person zu helfen, den Fehler nicht mehr zu wiederholen.« Der etwas füllige Fünfziger, der für Ib aus der Puppenkiste den Vertrieb schmeißt, schaut mich äußerst irritiert an.

Um grundlegenden Missverständnissen vorzubeugen oder sich total lächerlich zu machen, empfehle ich Ihnen für Ihren nächsten Skandinavienbesuch, das Wort »Schuld« am besten gleich aus Ihrem Wortschatz zu streichen. Es bezieht sich immer auf eine Fragestellung aus der Vergangenheit und ist für vorausschauende Nordlinge daher absolut nicht zukunftstauglich. Das mag der Grund für die Schweigsamkeit der Skandinavier sein und vielleicht auch für deren Glück, dass sie Vorwürfe und Schuldzuweisungen einfach aus ihrem Redefluss streichen. Weil es nichts bringt, niemanden motiviert und schon gar nicht glücklich macht. Weder im Job noch zu Hause.

Gut, wenn ich schon nicht von Schuld sprechen darf, dann zumindest von Fehlern? Nun, auch das ist so eine Sache. Wenn wir nun ein Niveau tiefer gehen und den Fehler betrachten … dann werden wir durch nordische Augen keinen Fehler, sondern einfach eine Tatsache sehen. Etwas weicht nur von dem ab, was wir erwartet oder geplant hatten. Bei Scania in Schweden spricht man deshalb von einer Abweichung. Sind Abweichungen oder Fehler jetzt ein Problem? Je länger ich Simon zuhöre, desto mehr bekomme ich den Eindruck, Fehler sind prinzipiell eine feine Sache. Wir sitzen in der Kantine des Truckhersteller noch vor dem Mülltrennungsverwirrungsdebakel, das mir später passieren soll.

Simon hat mir soeben das »Haus der Werte« (trocken: »Scania Production System«) erklärt. Es dient als Basis für alle Unternehmensprozesse, vom Schraubprozess in der Montage bis zum Entwickeln neuer Technologien in der Entwicklungsabteilung. Kurz, Simon hat mir erklärt, wie die 49 000 Mitarbeiter hier mit den Menschen und mit den Prozessen umgehen, um gemeinsam ein Ziel zu erreichen, nämlich eine kontinuierliche Verbesserung. Und dazu scheint man Fehler zu brauchen.

»Ähm – ihr habt also keine Angst vor Fehlern?«, resümiere ich etwas dümmlich. Der agile Mittvierziger schaut mich mit seinen stechend huskyblauen Augen durchdringend an und ruft: »Nein! Wir wollen Fehler *erschaffen*! Also das wahrscheinlich deutlichste Zeichen einer Gefahr ist es, wenn ein Team keine Probleme hat. *Das* ist wirklich ein riesiges Problem, denn das stimmt nicht. Das stimmt nie! Denn es gibt immer Probleme, und wenn wir keine sehen, dann, weil sie versteckt werden.« Klar, Fehler müssen wir so schnell wie möglich loswerden. Teppich gelüpft, und dann – hopp – die Fehler schnell drunter kehren, sich drauf stellen und unschuldig in die Luft gucken. Oder wegschauen. Geht auch.

Verschiedene Automobilhersteller haben es erfolgreich vorgemacht. Doch je später ein Fehler entdeckt wird, desto höher werden die Kosten, um ihn zu beheben. Da knirscht's im Gehirn, zumindest in meinem. »Wie könnt ihr denn mit so einer Denke mit Deutschen zusammenarbeiten?«, entflutscht es mir politisch inkorrekt. Seit 2015 ist Scania hundertprozentige Tochter der Volkswagen AG. Die Antwort erfolgt verhalten lächelnd mit nordischer Zurückhaltung: »Ja, das ist manchmal ein kleiner Widerspruch.« Nett formuliert. Schwedisch konsensorientiert. Simon beißt genüsslich ein Stück seines Köttbulles (typischer schwedischer Fleischball) ab, bevor er engagiert fortfährt. »Was du siehst ist, dass Maike nicht das getan hat, was sie tun sollte. Aber die Gründe dafür können Hunderte sein.« Aha, ich verstehe, und nicke murmelnd: »Es ist nicht mein Fehler ...« Völlig begeistert ruft Simon aus: »Oh, der ist gut! Es ist *niemals* Maikes Fehler!«

Wie kann man nur so enthusiastisch über der deutschen Perfektion schlimmsten Feind sprechen? »Wir gehen davon aus, dass alle Menschen ihre Arbeit gut machen wollen. Wenn also etwas schiefläuft, dann stimmt mit dem Prozess etwas nicht und nicht mit den Menschen.«

Wer macht einen Fehler schon absichtlich? Sie? Wohl kaum.

Obwohl, es gibt tatsächlich Norweger, die vorsätzlich ganze Konzepte auf Fehlern aufbauen. Nicht besonders beruhigend bei einem Architekturbüro, würde ich mal sagen. In der international vielbeachteten Arbeitsweise von Snøhetta tauschen nämlich alle Beteiligten in einem Projekt für eine bestimmte Zeit ihre Rollen. »Also du wärst jetzt der

Architekt und ich der Autor, Maike«, erläutert mir Kjetil, der Gründer, schmunzelnd das System, in das sich zum Beispiel auch freiwillig New Yorks Politiker fügen. Ein Städteplaner wird Künstler, ein Politiker Ingenieur und ein Landschaftsarchitekt beschäftigt sich mit der Lichtinstallation. Maike als Architekt, na, das Gebäude möchte ich sehen! »Aber du könntest keinen einzigen professionellen Fehler machen, Maike, denn Architektur ist ja nicht dein Beruf.« Wenn wir aus unserer professionellen Rolle befreit werden, werden wir weder durch Wissen noch Erfahrung beschränkt. Haben-wir-schon-mal-gemacht-hat-damals-schon-nicht-geklappt verliert seine Gültigkeit. Mit dieser Art des Arbeitens überwindet Kjetils Team immer wieder innerpersönliche und zwischenmenschliche Barrieren. Das Ergebnis sind gewagte Konzepte, zu denen alle Beteiligten eine tiefe Loyalität verspüren. Weil sie alle zusammen Fehler gemacht haben, die keine sind.

Husky-Blauauge muss ich inzwischen in seinem Redeschwall bremsen und ihn zum Essen nötigen, denn sein Teller ist noch halbvoll, meiner hingegen schon lange leer. Engagiert erklärt er mir zwischen zwei Bissen: »Was immer es ist, ein Bericht oder eine Montage, ich muss sagen können: *Ich habe mein Bestes gegeben. Das ist übrigens nicht dasselbe wie richtig.*« Hä? »Ja«, nickt er kauend, »vielleicht hatte ich nicht das richtige Training, aber ich sollte immer vollen Einsatz zeigen.« Ich kann mein Äußerstes geben und trotzdem alles falsch machen. Das ist dann das, was in der Schule unter den meisten meiner Deutscharbeiten stand: »Thema verfehlt«. Doch alles gegeben.

Aber geben Menschen immer ihr Bestes? Oder sind sie

grundsätzlich eher mäßig motiviert bis faul, wie der nette Manager aus meinem Schreibcafé in Bonn findet. Wie wir Fehler bewerten und wo wir die Ursache suchen, hängt auch hier wieder ganz grundsätzlich von der Antwort auf diese Frage ab: »Wie ist Ihre Sicht auf die Menschheit?« Und die nordische Antwort hierauf ist Ihnen ja bekannt.

»Wenn wir uns das Problem anschauen, dann hat Maike nicht gemacht, was sie machen sollte. Aber das ist interessant: *Warum* hat sie das nicht getan? Weil sie sauer war, vielleicht? Warum war sie sauer? Vielleicht ist die Stimmung im Team schlecht, oder sie hat Probleme zu Hause. Warum weiß der Manager davon nichts? Weil wir keine guten Beziehungen haben? Wie kann das passieren? ... Du kannst immer eine Ebene darunter analysieren, die softe Ebene. Klar müssen wir Menschen korrigieren, aber die zentrale Frage ist immer: *Warum hast du dich dafür entschieden, nicht das zu tun, was du hättest tun sollen?*«

Die immerwährende skandinavische Frage ist die nach dem »Warum?« Warum hat mein Kollege den Vertrag noch nicht für mich fertig gemacht? Was hat Ihre Sekretärin dazu bewogen, die Reise nicht zu buchen, und warum in Himmels Namen hat meine Tochter ihr Zimmer nicht aufgeräumt? Und das schon seit vier Wochen! Sie erinnern sich, Wikinger sind unglaublich neugierig. Schuld hat also nie der, der Schuld hat. Weder Ihr Chef, noch Ihr Kollege, nicht Ihr Partner und auch nicht Ihr Kind. Ein Fehler ist nie das, was er scheint. Es ist einfach geschehen, und wir betrachten jetzt die Lösung. Ganz entspannt im Lagomland.

»Oh ja!« Bei Problemen fängt auch Nadja an zu strahlen, die bei dem kleinen Verpackungshersteller Arta Plast in Schweden für das Produktmanagement zuständig ist: »Wenn wir irgendwelche Meetings haben und wir Probleme angehen, das macht mich wirklich glücklich. Denn dann arbeiten alle zusammen. Die Leute haben so viele Ideen, niemand ist still, jede Meinung ist wichtig.«

Sie ahnen es vielleicht schon. Fehler sind zum Teilen da. Wie all die anderen Informationen, mit denen sich Wikinger so gerne überhäufen. Jasmin grinst wach in die Kamera. Ich bin morgens um Viertel nach sieben auf der Großbaustelle des neuen Karolinska-Krankenhauses in Stockholm mit ihm verabredet. Kalt ist es und stockfinster. Jasmin hingegen strahlt wie ein Diamant im Licht der Baulampe, als er erklärt: »Ich nehme meine Fehler ernst. Ich muss darüber nachdenken, was ich meine, falsch gemacht zu haben, damit wir darüber reden können und den Fehler nicht immer wieder machen. Damit wir alle daraus lernen.« Und das bestätigt mir später auch Christina, seine junge, blonde Vorarbeiterin, als ich mir im Baucontainer an einer Tasse Kaffee die bläulichen Finger wärme. »Wenn jemand einen Fehler gemacht hat, dann versuchen wir das Problem gemeinsam zu lösen. Niemand wird sauer. Nichts wird dadurch besser, wenn jemand böse wird.« Erfahrungen nicht zu teilen, wäre anderen gegenüber ziemlich egoistisch. Wikinger erobern die Welt zusammen, wie Sie im nächsten Kapitel erfahren werden. Sie teilen ihr Wissen, sie teilen ihre Erfahrungen, sie teilen ihre Fehler.

Auch 500 Kilometer weiter westlich in Norwegen. »Wir

arbeiten hier als Gruppe, nicht als Individuen. Ich glaube, das zu sehen, ist ziemlich wichtig, denn es sind nicht die einzelnen Menschen, die Fehler machen. Normalerweise ist das Team als Ganzes involviert«, tut Jonathan, IT-Spezialist um die 30, in einem gläsernen Besprechungsraum hoch über dem Schlosspark mitten in Oslo kund. »Wenn ein Projekt also schiefläuft, ist das nicht dein Fehler, es ist *unser* Fehler.« Wer in Skandinavien scheitert, der scheitert nie allein. Doch wir lernen nur aus dem, was schiefgelaufen ist, wenn wir uns selbst und andere offen betrachten. Wenn wir uns verletzlich zeigen. Und das können wir nur, wenn wir uns in Beziehungen sicher fühlen. Wenn wir wissen, dass auf der anderen Seite das Verständnis wartet. »Vertrauen ist die Basis für alles. Die Basis für ein funktionierendes Unternehmen, die Basis für eine funktionierende Beziehung. Und wenn Vertrauen da ist, dann sind Fehler kein Problem«, sagt die blonde Personalleiterin bei Siemens in Oslo. Im Privaten, wie auch auf der Arbeit. Wenn's brenzlig wird und Probleme winken, dann können zwei Dinge geschehen: Die Beziehung zerbricht am Druck oder der Druck verdichtet sie. Poröse Beziehungen zerbrechen. Stabile Verbindungen verfestigen sich. Und der Kitt dafür ist gegenseitiges Vertrauen.

»Das Schlimmste, was passieren kann, ist, dass jemand nicht wirklich die Verantwortung für Fehler übernimmt und statt-dessen auf andere weist. Dann entsteht eine negative Spirale aus Misstrauen und dann wackelt irgendwie die gesamte Ba-lance im System«, so Emma, eine blasse Schwedin mit langem rotbraun geflochtenen Zopf, Mitarbeiterin des Mädchenfuß-ballpapas der schwedischen Fluglinie BRA. »Und das ist gefährlich, denn wenn du kein Vertrauen in deine Kollegen, in deine Mitarbeiter oder Führungskräfte hast, dann kannst du nichts unternehmen, und dann fühlst du dich nicht wohl dabei, Entscheidungen zu treffen«, so Emma weiter.

Kein Fehler ist es wert, dass Sie eine Beziehung aufs Spiel setzen, denn das wiederum würde die Gemeinschaft gefährden, den wichtigsten Pfeiler der skandinavischen Kultur. Deshalb benötigen Sie im Norden vielleicht dicke Kleidung, aber ganz bestimmt kein dickes Fell.

Auch Konstantin, mein bibbernder, deutscher Auslandsschwede hat sein Fell an der Grenze abgegeben: »Wenn du etwas falsch gemacht hast, würde ein schwedischer Chef nicht sagen, dass du es falsch gemacht hast. Er würde sagen: *Okay, es ist falsch gelaufen. Zum Glück hast du es gefunden, zum Glück hast du es rechtzeitig gesagt.* Also man versucht, irgendetwas Positives zu finden, weil man den Mitarbeiter ja nicht fertig machen möchte. Das ist ja kontraproduktiv.« Verwenden Sie also ordentlich was an Weichspüler, wenn Sie über Fehler kommunizieren.

Wo entschieden wird, da passieren Fehler

»Gib deinen Leuten Verantwortung, vertraue ihnen. Wenn sie *zwei* Fehler machen und *acht* gute Entscheidungen treffen, dann sind wir da, wo wir hinwollen«, sinniert Johan, als Head Flight Operations verantwortlich für das Wohl und Weh der Piloten der Fluglinie BRA und selbst Pilot. Na, ich weiß nicht, ob mir die Einstellung als Passagier jetzt unbedingt so gefällt. Wir sitzen am zentrumsnahen Flughafen Bromma in Stockholm, wo die Flieger, die im Hintergrund aufsteigen, bereits kurz nach dem Start von hungrigen Wolken verschluckt werden.

Wenig später verschwindet auch mein Flieger mit der buntgestreiften Flosse durch die Wolkendecke. Ein Höllenlärm umgibt mich. Mit meinem Rücken presse ich mich an die Toilettentür und meine Beine stelle ich wie ein Cowboy gespreizt hin. Ich stehe in der Bordküche eines Fliegers der BRA Flotte zusammen mit zwei Flugbegleiterinnen, die einen Heidenspaß haben, weil sie gerade aus Versehen den Kaffee in die Teekanne geschüttet haben. Nina hat ihre blonden, langen Haare zu einem Zopf zusammengebunden, und ihre blendend weißen Zähne leuchten, als sie sich vor Lachen krümmt: »Du kannst in Schweden mehr Initiative zeigen, ohne irgendjemanden um Erlaubnis zu bitten. Wenn ich irgendetwas für den Passgier machen möchte, dann tue ich es. Wir vertrauen einander hier, dass es okay ist, einfach eine Entscheidung zu treffen. Natürlich macht mich das glücklich! Es macht mich wichtig!« Und wer schon mal geflogen ist, der weiß, dass das Flugpersonal ständig reagieren muss: das Handgepäck passt nicht mehr in die Kabine, jemand möchte den Sitz tauschen. Gibt's hier auch Decken? Wie Menschen auf unsere kleinen Nöte reagieren, kann einen Tag unvergesslich machen. Findet auch Maria, eine blonde Schönheit, die ich wenig später im Security-Bereich des Miniflughafens Halmstadt im Westen Schwedens interviewe: »Das ist, was unsere Passagiere wollen. Sie wollen eine Antwort. Wenn etwas passiert, dann denkst du oft, da kann ich nichts machen. Aber BRA möchte, dass wir etwas tun.« Deshalb kauft das Flughafenpersonal im lokalen Supermarkt kleine Snacks für die Gäste, wenn der Flug ausfällt. »Wir halten uns nicht zu

100 Prozent an die Vorschriften. Manchmal kann man ein wenig mehr tun.«

Seit die Fluglinie BRA mit ihren 1100 Mitarbeitern und 24 Flugzeugen Teil meines Projektes ist, fühle ich mich jedes Mal wie ein heimlicher Michelin-Restauranttester. Passt bloß auf, dass das alles so stimmt, sonst landet es in meinem Buch. Tatsächlich geschieht das Malheur ein paar Flugreisen später. Ich weiß nicht, warum ich mich noch im letzten Moment dazu entschlossen habe, den länglichen, schmalen Sack mit meinen Stativen aufzugeben, anstatt ihn mit in die Kabine zu nehmen. Normalerweise behalte ich immer das gesamte Equipment, das ich zum Filmen brauche, nah bei mir, denn ohne es bin ich aufgeschmissen. Aber nach einem langen Tag in Halmstadt bin ich hundemüde und habe keine Lust, den Sack auf dem Flughafen mit mir herum zu schleppen. Um 20.15 Uhr lande ich übermüdet in Stockholm. Froh, gleich wieder in mein kleines, vertrautes Airbnb-Zimmerchen ohne Fenster zu verschwinden, stehe ich hibbelig am Kofferband. Der Koffer ist da, doch die Stative rollen nicht ein. Oh oh, BRA (auf schwedisch: gut), gar nicht gut. Die Armen, denke ich, ausgerechnet bei der Undercover-Agentin. Erschöpft wende ich mich an das Bodenpersonal, das dann noch mal mit dem Flieger telefoniert. Keine Stative mehr an Bord, auch nicht am Rollband hängengeblieben. Man behält meine Handynummer und verspricht mir, sie morgen früh nachzuliefern. Am nächsten Morgen sitze ich bereits um 8.30 Uhr beim nächsten Unternehmen. Und verdammt, ich brauche jetzt echt mein Equipment! Im selben Moment klingelt mein Handy, und ein Taxifahrer fragt mich auf Schwedisch, wo genau er mich denn finden könne. Fünf Minuten später überreicht er mir den sehnlichst erwarteten Sack. Alles BRA gemacht.

Läuft also in Schweden, ob im Flieger oder im Hotel. »Ich liebe es, wenn Leute sich trauen, Entscheidungen zu treffen.« »Auch falsche?«, wage ich da nachzuhaken. »Absolut! Auch falsche.« Petra, die Direktorin des Scandic Anglais Hotels nickt sinnierend: »Du musst dich trauen!« Das ist übrigens auch einer der Unternehmenswerte der Hotelkette: »Be bold!«, sei kühn! Ich schwinge ihr gegenüber in einem runden Ei aus Plexiglas, das als Schaukel in der Hotellobby von der Decke hängt. Eine Lobby zum Wohl- und Heimischfühlen, mit Couchgarnituren vor Fensterfronten und Blick auf den verschneiten Park. Hier werde ich später noch ein wenig arbeiten, beschließe ich. »Das Wichtigste dabei ist, dass du deinem Team Vertrauen schenkst. Wenn jemand etwas falsch gemacht hat, dann benötigt er das Gefühl der Geborgenheit und der Sicherheit, um erneut eine Entscheidung treffen zu können. Kein Management der Angst.«

Als ich mir später an einem langen Arbeitstisch in der Lobby des Hotels meine Notizen mache, teilt ein aufmerksamer Stammgast sein Zitronenwasser mit mir. Eine Mitarbeiterin der Bar hat es ihm gerade gebracht. Wir kommen ins Gespräch: »Du solltest öfter hier schreiben«, flüstert er mir von der anderen Seite des Tisches zu. »Die haben einen wirklich exzellenten Service hier. Wirklich den besten!« Auch mit Fehlern. Oder gerade deswegen. Aber auf jeden Fall mit Leidenschaft. Und viel Vertrauen. Unter solchen Voraussetzungen können Probleme sogar glücklich machen, erklärt mir Michaela, die gegenüber meinem Ei die Rezeption schmeißt: »Es gibt jeden Tag neue Probleme! Es ist großartig! Ich liebe es!«, raunt mir die 22-jährige über die Empfangstheke zu. »Wenn hier ein Gast ankommt, der wirklich miese Laune hat, und du kannst dafür sorgen, dass er wieder glücklich wird. Nach so einem Tag kann ich sagen Ja! Ich habe heute etwas erreicht!«

Fehler und Probleme als Quelle des Glücks? Das ist komisch, denn wenn wir uns jetzt mal die Idee des Behaviorismus anschauen, dann werden Menschen durch äußere Reize, wie Belohnung und Bestrafung, geformt. Unser Gehirn lernt, Fehler als negative Erfahrung zu vermeiden. Stattdessen belohnt es lieber unsere Erfolge, die wir als positive Erfahrung wahrnehmen und dementsprechend immer wieder aufsuchen. Theoretisch.

Tatsächlich aber hat eine Studie der University of Southern California[30] aus dem Jahre 2015 gezeigt, dass unser Belohnungssystem auch dann aktiviert wird, wenn wir Fehler machen. Allerdings nur dann, wenn wir die Möglichkeit haben, aus ihnen zu lernen, um beim nächsten Mal eine bessere Entscheidung zu treffen. Dann können Fehler genauso glücklich machen wie Erfolge. Dafür müssen wir uns aber erst mit ihnen auseinandersetzen (dürfen).

Tizita erklärt Ihnen das gerne noch einmal aus norwegischer Sicht. Sie ist die Tochter von ehemaligen Flüchtlingen aus Äthiopien, aber im Land der Fjorde geboren. Und versucht bei dem Pflanzenfütterer Yara, herauszufinden, was die Bauern in Afrika wirklich benötigen, um ihre Pflanzen gedeihen zu lassen. Ständig glockenhell lachend kann man in ihrer Anwesenheit unmöglich schlechte Laune haben. »Was man exportieren könnte, um die Deutschen im Arbeitsleben glücklich zu machen?« Sie legt den Zeigefinger nachdenklich auf ihre vollen Lippen. »Wenn es ein Problem gibt, dann wird es in Norwegen auf den Tisch gelegt: *Okay, Jungs, wir haben hier ein Problem.* Ob es um persönliche Probleme geht oder um deine Arbeitsresultate. Wenn du nicht das Resultat liefern kannst, sprichst du das an und sagst: *Ich bekomme es nicht hin. Das und das ist der Grund.* Die Tatsache, dass du Probleme aufzeigen kannst, wo auch immer sie sich auftun, macht mich glücklich. Und dann finden wir alle zusammen eine Lösung. Das Recht zu scheitern, ja, das sollte man unbedingt exportieren.«

Wer aus der Box springt, sollte sicher landen

Es ist schon dunkel und früher Abend, als ich Martin im beinahe ausgestorbenen IKEA-Headquarter Hubhult in Malmö treffe. Für uns bereits reserviert ist mal wieder ein Besprechungsraum. Schade. Denn in diesem neu eröffneten Bürogebäude gibt es so viele spaßigere Räumlichkeiten: Grand-Café-Ambiente mit langen Lesetischen, über denen große, graue Filzlampen schweben; lässige Couch-Arrangements vor riesigen Panoramafenstern, bei denen man den Reflex verspürt, nach dem dazugehörigen Kamin und einer Sauna zu suchen. Der Ruheraum mit plätschernder Meditationsmusik tut's zur Not auch … Nun gut, ich bin ja auch zum Arbeiten hier. In der Ecke meines fünf mal fünf Quadratmeter großen Reiches stehen gestapelt die hölzernen Frosta-Hocker, ansonsten ist der Raum in cremeweiß gehalten und eher funktional bis öde. Ganz im Gegensatz zu Martin, der mit Halbglatze und sprühenden Augen vor mir sitzt. »Bei

IKEA erwartet man schon beinahe von dir, dass du Fehler machst. Wenn du immer versuchst, alles nur richtig zu machen, dann entwickelst du dich auch nicht.« Der schlanke, große Mann macht eine kurze Pause, bevor er fortfährt: »Das ist im Übrigen einer unserer IKEA-Werte: Wir machen Fehler und entwickeln aus ihnen etwas Besseres.« Und schenkt man den Medien Glauben, so wendet IKEA diesen Grundsatz recht oft an. Im Guten wie im Schlechten. Doch Fakt ist, »keine Entscheidung kann von sich behaupten, die richtige gewesen zu sein«, so schrieb Ingvar Kamprad, Gründer von IKEA bereits 1976[31]. »Es ist die Energie, die wir auf sie verwendet haben, die entscheidet, ob eine Entscheidung richtig oder falsch war.« Fehler zu machen, ist das Privileg der Aktiven, so seine Meinung. Wir machen nur dann keine Fehler, wenn wir schlafen.

Wir haben also die Ehre und das Privileg, aber auch die Pflicht, furchtlose Entscheidungen zu treffen – und dann zu patzen. Fehlentscheidung, Schwäche und Schuld, das, woran andere zerbrechen, ist für die furchtlosen Eroberer im kalten Norden ein Ansporn, immer und immer besser zu werden.

Und doch trauen wir uns nicht so recht ran an die Fehler. Weil uns dieser Perfektionismus im Weg rumsteht. Fehler sind unvorhersehbar, nicht planbar, auch schwierig kontrollierbar. Das mögen wir nicht. Fehler machen uns nervös, sie sind lästig und werden uns bereits in der Schule abgewöhnt. Eine eins wäre perfekt. Oder eine 1+. Die wäre besonders perfekt. Und für die meisten Eltern, mich nicht ausgenommen, sehr beruhigend. Wenn das Kind alles richtig macht, dann haben wir zumindest nichts falsch gemacht. Einsen gibt es nur ohne Fehler. Doch wieso sollte man Fehlerlosigkeit belohnen? In Skandinavien gibt es deshalb in der Schule keine Noten, sondern Zielvereinbarungen. Zumindest bis zur achten Klasse. In Schweden bis zur sechsten. Und auch das erst seit kurzem. »Ich glaube, in Norwegen herrscht ein hohes Niveau an Vertrauen in der Schule, aber auch im Arbeitsleben, denn wir haben nur wenige sichtbare Kontroll- oder Sanktionsmechanismen.« Torill war Lehrerin, bevor sie die norwegische Firma Making Waves bei der Beratung von Schulen im IT-Bereich unterstützte. »Deshalb haben wir viel weniger Angst vor Bestrafung. Und wenn wir keine Angst haben, dann werden wir viel mutiger sein und uns trauen, Dinge auszuprobieren. Denn es ist egal, ob wir scheitern, solange wir es zumindest probiert haben.« Steve, ein Architekt, der vor zweieinhalb Jahren mit seiner Frau aus England hierhergekommen ist, um bei Snøhetta zu arbeiten, sieht den Mentalitätsunterschied zu seinem Heimatland schon bei den Kleinsten: »Aus Sicherheitsgründen ist es Kindern in englischen Schulen verboten, auf Bäume zu klettern. Und hier klettern sie halt rauf, und wenn sie runterfallen, auch gut. Dann hast du etwas gelernt, du hast gelernt, selbst wieder aufzustehen. Ich denke, das ist wunderbar.« Kinder sind offen, Kinder begegnen allem mit sagenhafter Neugierde, Kinder könnten später richtig gute Erfinder und Visionäre werden. Wenn wir ihnen die Lust am Spielen und Herunterfallen nicht verderben würden. Doch wichtiger als die Fehler ist im Norden, wie die Kinder mit ihnen umgehen. Wie ein Fall gelöst wird, wie die Zusammenarbeit funktioniert und das soziale Miteinander sich gestaltet. Die einzige Kontrolle für Schüler, oder Menschen im Allgemeinen, ist das Leben selbst. So denken die Skandinavier.

Und das ändert sich auch später in den anderen Phasen unseres Lebens nicht, in denen das, was wir tun, einer Bewertung unterliegt. Denn wenn du einen Fehler machst, dann hast du wahrscheinlich etwas ausprobiert, was du vorher noch nie gemacht hast, so die schwedische Antwort von Vincent, der sich damit beschäftigt, neue Vertriebswege für IKEA zu schaffen.

Erinnern Sie sich noch an das schwedische »lagom«? Dinge müssen nicht perfekt sein, sondern optimal. Die Energie und Zeit, die wir aufwenden, um Dinge perfekt, fehlerlos und scheitersicher zu machen, wiegt oftmals nicht deren Nutzen auf, nicht in Zeit, nicht in Energie, nicht in Geld. Fehler *nicht* zu machen, das kostet! »Wenn du Angst hast zu scheitern, dann wirst du niemals dein volles Potential ausschöpfen, weil du dich nicht traust, großartige Dinge zu probieren«, so Oskar, 24 und seit drei Jahren Business Developer bei der Star-Wars-IT-Firma in der schwedischen Kleinstadt Borås. Den blonden, jungen Mitarbeiter würde ich glatt als Schwiegersohn nehmen. Sein beiges Hemd sieht aus, als müsse er noch ein wenig hineinwachsen. »Fehler kosten Geld, ja, aber es kann auch eine Menge kosten, wenn du diese großartigen Ideen *nicht* entwickelst.« Gut, soweit haben wir es hier auch kapiert. Wenn ich mal so durch den Stapel der von mir geflissentlich ignorierten Management-Zeitschriften in der Ecke meines Wintergartens stöbere, dann sehe ich auch dort Titel wie die »neue Fehlerkultur«. Wir haben verstanden und wollen jetzt auch fleißig aus Fehlern lernen. Bis Fehler Unternehmen dann wirklich teuer zu stehen kommen. Dann hört der Spaß mit dem Scheitern auf. Nicht in Skandinavien. Da fängt der Spaß erst richtig an.

Welcome to Älmhult, dem Herzen von IKEA! Hier wird gescheitert ohne Ende, und hier wurde alles entworfen, was bei Ihnen von dieser Marke zu Hause so rumsteht. *In the middle of* wirklich Nirgendwo. Nicht in Berlin, nicht in London oder Kopenhagen, nein – in Älmhult muss es sein, diesem schnuckeligen Ort mit knapp 10 000 Einwohnern, irgendwo in Småland.

Und ich sitze im – ja was ist das eigentlich hier? Kreativraum, würde ich sagen. Er ist Teil des Aktivitetshuset, einem Rundumwohlfühlort für die IKEA-Mitarbeiter und ihre Familien mit Café, Sportangebot und Kunstraum zum Töpfern. Ich drehe schwungvoll eine Runde auf dem Drehhocker, bevor ich für die nächsten 70 Minuten wieder geduckt hinter meiner Kamera versinken werde. Vor mir sitzt ein Inder, Produktmanager bei IKEA. Vor zwei Jahren ist Marc mit Kind und Kegel aus Indien ins schwedische Nirgendwo gezogen. »Ein absoluter Schock!«, wie er zugibt. Nicht nur der Kälte wegen und weil hier so wenige Menschen leben, sondern weil der 35-Jährige das System hier nicht versteht. Wie kann das Ergebnis das gleiche sein, wenn ein Mitarbeiter in Indien niemals vor sieben Uhr abends und schon gar nicht vor seinem Chef den Arbeitsplatz verlässt, während in Schweden alle spätestens um 16.30 Uhr zur Tür raus sind? »Also, dass verwirrt mich immer noch«, gibt er zu. Irgendwie ist es hier eine verkehrte Welt, sinniert er weiter. »In Indien haben wir einen riesigen Existenzdruck. Und wenn du Angst hast, deinen Job zu verlieren, dann machst du eine Menge verrückter Dinge. Menschen lügen, vertuschen Fehler, denn es ist dort unmöglich zuzugeben, dass du etwas falsch gemacht hast. Und hier akzeptieren sie tatsächlich Fehler. Richtig große

Fehler!« Marc schüttelt sich vor Lachen. »Manchmal wird hier ein Fehler gemacht, der Millionen Euro kostet, und es ist eindeutig, wessen Schuld das war. Es wird einfach hingenommen, das Problem wird gelöst, und es ist alles in Ordnung.«

Diese emotionale Sicherheit erlaubt es, seiner Meinung nach, den weltweit rund 194 000 Mitarbeitern, innovativ zu sein, einfach Dinge zu wagen, kreativ zu sein … und sie erlaubt den Mitarbeitern auch, erheblich mehr Risiken einzugehen. »Es gibt hier eine Menge Produktentwicklungen, die wir einfach mal machen, und wenn es funktioniert, dann funktioniert es, und wenn nicht, dann halt nicht.«

»Tja«, Jess, verantwortlich für den Vertrieb beim Übersetzungsbüro im dänischen Aarhus, zuckt lässig die Schultern und lehnt sich mit verschränkten Armen noch tiefer zurück in den Schwingstuhl, der dabei verdächtig ächzt: »Wenn du nicht ab und an eine falsche Entscheidung triffst, könnte das ein Zeichen dafür sein, dass du allgemein zu wenige Entscheidungen triffst. Nur, wenn du falsche Entscheidungen zulässt, bekommst du Menschen, die frei denken, die aus der Box springen und das Unternehmen weiterentwickeln.« Wenn wir Fehler wirklich zulassen wollen, dann sollten wir nicht nur sicher gehen, dass Fehler passieren können. Wir sollten auch darauf achten, dass den Menschen, die sie machen, nichts passiert. Dass sie auf die Frage, was das Schlimmste sei, was ihnen passieren könne, eine Antwort geben, die nicht den eigenen Ruin beinhaltet. Wenn wir wollen, dass Menschen springen, dann sollten wir zumindest eine Matratze hinlegen, so dass sie sich nicht alle Knochen brechen, falls sie wider Erwarten nicht auf beiden

Füßen landen. Als Kollegen, Unternehmen und als Gesellschaft.

Fredrik, das geschäftsführende Energiebündel, dessen Computer bisher an die 100 000 Menschen zu einer Stimme verholfen hat, nickt zustimmend. »Ich glaube, dieses Gefühl des Vertrauens ist fest in unserer Seele verankert und sorgt dafür, dass Menschen furchtlos sind und sich weniger respektvoll gegenüber Autoritäten benehmen. Sie reden frei von der Leber weg und sagen genau das, was sie denken. Sie trauen sich einfach mehr. Der schwedische Mitarbeiter hat wenig Angst: Angst davor, den Job zu verlieren, Angst zu scheitern, Angst, Fehler zu machen.« Er lehnt sich engagiert nach vorne und schaut intensiv in die Kamera. »Und das ist, denke ich, der Grund, warum wir hier in Schweden, insbesondere in Stockholm, so einen enormen Unternehmergeist entwickelt haben.« Und so entstehen sinnstiftende Erfindungen, denn auch die Erfindung des Eye-Trackings war nicht mehr als ein Fehler. John Elvesjö, einer der Gründer des Unternehmens, hatte als Wissenschaftler ein Gerät entwickelt, das den Bläschen in einem Wasserglas folgen sollte. Als er es aus Versehen auf sich selbst richtete, bemerkte er, dass das Gerät sich nun auf die Bewegung seiner Pupillen konzentrierte. Anders herum – so war sein Gedanke – müsse man also auch Geräte mit den Augen steuern können. Und so können Menschen wie Viktor heute nur durch Bewegung ihrer Pupillen ganze Systeme, wie Rollstuhl, Sprachprogramm oder das Licht im Zimmer steuern.

Wir würden sie verpassen, diese atemberaubenden Produkte, diese »breathtaking products« wie sie bei IKEA intern genannt werden. Atemberaubend hinsichtlich Form, Funktion, Design, Qualität, Nachhaltigkeit und Preis, so lerne ich von Marc. Er sollte mit seinem Team einen Kleiderschrank entwerfen, der, wie alle IKEA-Produkte, diese Kriterien erfüllen sollte. Das Team landete schließlich bei der Zeltherstellung, denn Zelte sind günstig, das Material ist stark und sie sind kinderleicht aufzustellen. »Und so haben wir etwas vollständig Neues kreiert, anders als das, was Menschen erwarten, wenn sie an einen Kleiderschrank denken. Ohne die Freiheit, auch scheitern zu dürfen, hätten wir uns das niemals getraut«, Marc beißt sich kurz nachdenklich auf die Unterlippe, und es scheint, als würde er jetzt irgendwie doch verstehen, weshalb das schwedische System so gut funktioniert.

Mit jedem verpassten Fehler geht eine verpasste Idee einher. Die größten Erfindungen entstammen Fehlern. Ein offen gelassenes Fenster führte zur Entdeckung von Penicillin, ein floppendes Bluthochdruckpräparat zu einem Potenzmittel und ein verschüttetes Gemisch auf dem Herd zu Autoreifen. Wie viele bahnbrechenden Ideen sind wohl im Sumpf der Angst versunken? Aus falschem Respekt vor Menschen, die davon ausgehen, dass Perfektion, also die Abwesenheit von Fehlern, der Optimalzustand sei.

Das ist im Übrigen die gleiche Mähr wie die Annahme, Glück bedeute die Abwesenheit von Unglück. Perfektion und Glück benötigen beide ihr Pendant, um zu erblühen. Denken Sie mal zurück und lassen Sie Ihr Leben Revue passieren … Waren es nicht die größten Fehler, die Pleiten, das Scheitern, an denen Sie als Person gewachsen sind? Und waren dies nicht im Nachhinein oft auch die größten Bausteine für Ihr persönliches Lebensglück?

Deshalb würde der bärige Norweger Kjetil in Oslo jetzt wohlwollend sagen:»Fehler sind dazu da, wiederholt zu werden!«

Moment, da sind wir aber anderer Meinung! Also, man kann ruhig einen Fehler, machen, aber man macht doch nicht denselben Fehler zweimal! Schlimmer noch dreimal! Oder?

»Das wird oft gesagt, aber ich finde das wirklich eine harte Haltung! Faktisch machen wir dieselben Fehler immer und immer wieder, bewusst oder unbewusst. Sie mögen in unterschiedlichen Erscheinungen auftreten, aber auf eine bestimmte Art sind sie immer dieselben. Und wenn du dich der Realität von Dingen nähern möchtest, dann ist es so, dass wir sehr viel öfter Fehler machen, als dass wir aus ihnen lernen.« Oha. Kein Häuslebauer möchte so einen Satz gerne von einem Architekten hören. Und doch hat die Stadt New York diesem »Pfuscher« die Neugestaltung des Time Square anvertraut. Wie kann das sein?

Ganz einfach. Worauf Kjetil hinaus will ist, dass jeder Umstand anders ist, und nur selten sind Fehler dieselben, auch wenn es die gleichen sind. Weil sie immer unter anderen Voraussetzungen entstehen. Gemäß der Allegorie des griechischen Philosophen Heraklit können wir nie zweimal in denselben Fluss steigen. Denn auch wenn er derselbe ist, verändert er sich immerzu. Heute hat mich die Sonne geblendet, gestern habe ich schlecht geschlafen und morgen zickt die Maschine rum. Was in Deutschland oft nach billigen Ausreden klingt, sind in Skandinavien gute Gründe. Denken Sie einmal an ihre eigene Lebensgeschichte. Sie haben einen Fehler nach dem anderen gemacht. Oft denselben, aber immer unter anderen Umständen. Urteilen Sie nicht zu hart, denn jeder Mensch hat das Recht auf seine eigenen Fehler! Gerne auch zweimal.

Und hätten wir den Fehler nicht zweimal gemacht, dann wäre es halt anders gekommen. Und wir werden niemals erfahren, ob das, was dann gekommen wäre, besser ist als das, was aus einem Fehler entstand. Niemand kann in die Zukunft schauen. Retrospektiv muss ich zugeben, dass ich mit all meinen Fehlern sehr zufrieden bin. Denn jeder hat zu etwas Neuem geführt. Das sieht man nur meistens erst viel später. Viel, viel später. So viel Geduld müssen Sie aufbringen, bevor Sie über einen Umstand urteilen. Nehmen Sie Abstand. Und betrachten Sie den Fehler mit Bedacht. Vielleicht ist ein Fehler, den wir immer wieder machen, ein versteckter Aufruf dazu, einfach noch einmal genauer hinzuschauen. Vielleicht ist eine Dummheit, die wir immer wieder machen, der Beginn einer wunderbaren Freundschaft zu einer versteckt schlummernden Lösung? Die wir nie entdeckt hätten, hätten wir nicht den Fehler getroffen. Oder – auf Skandinavisch – erschaffen.

Fehlbare Menschen

Fröstelnd die Hände reibend, suche ich das unscheinbare Bürogebäude der Fluglinie BRA. Hier treffe ich Christian wieder, mit dem ich mich beim Dreh im Herbst auf dem Fußballplatz unterhalten hatte. Energievoll, mittelgroß, die kurzen, dunkelbraunen Haare korrekt zur Seite gescheitelt, erwartet er mich bereits. Während wir uns einen Kaffee holen, erzählt er mir von seinen Erfahrungen in Deutschland. Er zieht kritisch die Augenbrauen zusammen: »Ich habe es selbst erlebt – das war schwierig, wirklich …«, beginnt er in seinem erstaunlich guten Deutsch zu erzählen »Kollegen zu überzeugen, Verantwortung zu übernehmen.« TUI hatte zu seiner Zeit jeden Monat eine Informationsveranstaltung, die »Aktuelle halbe Stunde« genannt, direkt in der Eingangshalle der Zentrale in Hannover. Sie wurde für das Intranet aufgezeichnet, um das gesamte Unternehmen über das laufende Geschäft zu informieren. »Da hatte ich die Idee gehabt, mal von meinen eigenen Fehlern zu erzählen. Was für Fehler habe ich gemacht, wozu hat das geführt, was habe ich daraus gelernt, einfach, damit sich die Leute trauen, mehr Entscheidungen zu treffen, auch mal eine falsche. Aber das funktioniert nicht in Deutschland.« Ein Lächeln huscht über sein Gesicht. »Man denkt einfach: *Was für ein Idiot!* Der weiß nicht, was er tut.« Nachdem wir beide herzlich gelacht haben, schaut Christian gedankenverloren aus dem Fenster, nickt kurz und vollendet seinen Gedanken: »Das ist kulturell nicht ganz einfach.«

Doch was Christian tut, ist einfach nur typisch nordisch und begegnet mir dementsprechend in schöner Regelmäßigkeit. Ist ja ein Ding, denke ich mir, während mir der pensionierte Kommunikationsmanager Alf mit Tränen in den Augen von schwerwiegenden Fehlern des Bauunternehmens Skanska erzählt. 1997 verwendete der Bauriese aus Zeitgründen einen hochtoxischen Dichtungsstoff in einem Tunnel und verseuchte damit das Grundwasser in Schweden. Viele würden so etwas unter den Teppich kehren und vermeiden, darüber zu reden. Schon gar nicht mit einer vermeintlichen Journalistin. Doch Alf erzählt es mir. Und nun steht es hier im Buch.

Kjetil und seine wilde Architektencrew sind teuer. Finanziell sind sie mit anderen Büros nicht wettbewerbsfähig. Deshalb müssen ihre Entwürfe besser sein als die der anderen. Das gelingt ihnen leider nicht immer. Und so wurde auch hier kollektiv schon einmal entschieden, dass jeder eine Zeit lang weniger verdient. Weltberühmt, doch arm. Habe ich jetzt auch notiert.

Und Hans Olav, der Mitbegründer der digitalen Consulting Agentur Making Waves, hat mit seinem Managementteam eine Welle von Fehlentscheidungen hingelegt. Daher die Namensgebung. Nach einer völligen Fehleinschätzung des .com-Marktes in den 1990er Jahren folgte eine Menge viel zu großer Investitionen ohne vorhandene Rücklagen, was zu einer Gehaltsreduktion von bis zu 70 Prozent bei den Mitarbeitern führte. Und auch das ist jetzt in Tinte verewigt.

Na und? So ist es halt gewesen. Und so wird es mir auch erzählt: echt, emotional und schnörkellos. Im Übrigen ohne den eleganten Dreh am Ende, der mir in Deutschland oft begegnet. Wo das tiefe Tal, der große Fehler gerne als Stil-Element verwendet wird, um die sogenannte dramatische Fallhöhe einer Geschichte zu vergrößern. Um dann letztendlich als Held aus der Dunkelheit hervorzutreten. Fehler werden nur dann zugegeben, wenn sich daraus irgendwie doch ein Happy-End schustern lassen kann. Der geläuterte Held. Man kann ja mit seinen Fehlern auch ganz schön angeben. Hier sagen Christian, Alf, Kjetil und Hans Olav einfach, wie es war. Wahrscheinlich, weil Skandinavien keine Helden braucht. Schlimmer noch, Helden so gar nicht mag.

Hand aufs Herz.

Mögen Sie Antihelden? Können Sie Manager aushalten, die

280

eigentlich auch nicht so recht wissen, wo es langgeht, Fehler machen, sie zugeben, um Ihren Rat fragen, Sie brauchen? Also, die »schwachen« Gemüter, die milde urteilen. Auch über Sie? Oder tuscheln wir hinter vorgehaltener Hand über ihre Inkompetenz, ihre Führungsschwäche und ihr unprofessionelles Handeln. Über Idioten wie Christian, die nicht wissen, was sie tun.

Ib, der Gründer des Übersetzungsbüros in Dänemark, ist ein liebevoller Mensch, hochemotional und völlig unstrukturiert. Ich bin sehr froh, dass meine Kamera aufzeichnet, damit ich mir später alles noch einmal in Ruhe anschauen kann. »Ich habe keine große Ausbildung, und ich habe nur Akademiker hier. Das war für mich schwierig, weil ich dachte: Die sind ja alle klüger als ich.« Er nickt ratlos und wirft seine Arme in die Luft. »Ich habe das in einer Versammlung ehrlich gesagt: *Mensch ich habe Angst. Ihr wisst ja alle mehr als ich!*« Und die Reaktion war dann: »*Wir wissen auch viel mehr, aber wir wollen dir helfen voranzugehen, damit du uns den Weg zeigst, denn deine Ideen und deine Werte, die liegen uns am Herzen, und da wollen wir gerne mitmachen.*« Ib bekommt tränenfeuchte Augen. Ich auch.

Wenn Sie gerne möchten, dass andere Ihren Unzulänglichkeiten mit Verständnis und Güte begegnen, dann lassen Sie auch bei anderen Nachsicht walten. Beim Chef, bei Ihren Kollegen oder beim Metzger an der Ecke, der Ihnen die falsche Wurst verkauft hat. Wenn Sie möchten, dass andere ihr Verhalten ändern, dann gehen Sie selbst mit guten Vorbild voran.

Zusammen geht schlecht alleine

Du betrittst den Raum und du bist ein Teil davon.
Romana, Architektin, Snøhetta, Oslo, Norwegen

»Tillsammans är vi starkast«, steht auf der Spanplatte, an deren Fuße sich die Blumen häufen. Skandinavier erneuern sie jeden Tag wieder, die Liebeserklärung an das Wir. Auch als am 7. April 2017 ein Lastwagen in Stockholm über die Drottninggatan mitten in den Eingang des Kaufhauses Åhlens rast und fünf Menschen tötet, darunter ein elfjähriges Mädchen. Dasselbe Muster, wie der Anschlag ein paar Monate zuvor in Berlin. Derselbe Schock, dieselbe Trauer, doch nicht dieselbe überwältigende Liebeserklärung an den gesellschaftlichen Zusammenhalt, die dann folgt. Polizeiautos, die um das abgesperrte Gebiet stehen, werden in kürzester Zeit unter einem Meer von Blumen vergraben. Kinder umarmen die Einsatzkräfte, während diese vor den Kleinen niederknien. Menschen fallen Polizisten unter Tränen um den Hals. Der Schock sitzt tief. Das Gefühl, eins zu sein, noch tiefer. *Danke, dass ihr da wart!* steht auf einem roten Luftballon in Herzform, den jemand an den Spiegel des Einsatzbusses geknotet hat. »Nach dieser Terror-Attacke habe ich das Gefühl, dass Menschen noch achtsamer miteinander umgehen. Ich glaube, das hat uns noch näher zusammengebracht. Es gibt eine Menge Liebe in Schweden!«, so teilt mir Roger ein paar Monate später und nur ein paar hundert Meter vom Unglücksort entfernt seine Gedanken mit. Er ist der Papa mit dreimal neun Monaten pappaledig. Ganz normale Menschen mit ganz viel Mitgefühl. Was für ein anderes Bild zeigte sich nach dem Anschlag in Berlin. Keine Liebesbekundungen für die deutsche Polizei. Dafür harsche Kritik an diverse Polizeidienststellen.

Fehler passieren. Sie sind tragisch. Aber nie absichtlich. Sicherlich wollte kein Polizist vor Ort in Berlin etwas Falsches tun. Und immerhin ist die Polizei die Institution, die auch bei uns das höchste Vertrauen der Bevölkerung genießt. Doch nach dem Anschlag sind deutsche Polizisten einsam durch die Straßen gelaufen. Keine Kinder haben ihnen Blumen gebracht.

Dabei ist es völlig unerheblich, ob die Kritik gerechtfertigt ist. Es geht um die Lautstärke und Unerbittlichkeit des Urteils, darum, dass der Großteil vergessen hat, voller Inbrunst und Zuneigung erst einmal Danke zu sagen. »Ich habe gesehen, dass du versucht hast, dein Bestes zu geben.« Was für eine Niederlage muss es für jeden Attentäter sein, wenn sie erkennen müssen, dass der Zusammenhalt nicht trotz, sondern wegen des Anschlages wächst. Ein Phänomen, das ich von meiner ersten Reise kenne. Zusammenhalt wächst nicht trotz widriger Umstände, sondern wegen eben dieser. Ähnlich nach dem Anschlag auf die Insel Utøya in Norwegen, bei dem 2011 70 Menschen, überwiegend Schüler, getötet wurden. Der damalige Ministerpräsident Jens Stoltenberg hielt danach eine Rede unter Tränen: »Unsere Antwort lautet mehr Demokratie, mehr Offenheit und mehr Humanität.« Die skandinavische Antwort auf Hass lautet Liebe. Die Antwort auf Zerstörung lautet Zusammenhalt.

Monica schiebt sich noch mal unauffällig den »snus«, schwedischen Tabak, unter die Oberlippe. Sie ist ein IKEA-Saurier, bereits seit 1985 arbeitet sie hier und verblüfft mich, noch während ich meine Kamera einstelle, mit ihrer sehr persönlichen Sicht auf die Menschheit. »Ich sehe einen Paradigmenwechsel in der Welt, der mir Angst macht ... und ich frage mich, wo wir enden werden, in Bezug auf die Menschlichkeit.« Kurze Zeit später zeigt sie mir einen Anhänger und murmelt ein: »Normalerweise trage ich ja so etwas nicht. Man nennt es Ubunto und es heißt auf Zulu: *Ich bin, weil du bist*. Wir müssen zusammenleben, einander respektieren und einander lieben. Wir haben vielleicht andere Ansichten, aber das sollte uns nicht trennen.« Monica dreht gedankenverloren an ihrer roten Plastik-Trinkflasche. »Es ist wichtig, dass wir neben unserem persönlichen Glück nicht das kollektive Glück vergessen. Die kleinen Dinge, die du für andere tun kannst, machen den Unterschied aus im Leben anderer Menschen.«

Eine lange Pause legt sich zwischen uns. Eine nordische. Eine, die vollkommen in Ordnung ist. Ohne peinliche Nebenwirkungen, aber voller angebrochener Gedanken. Wir sitzen im »Meeting Village« wie die IKEAraner diesen in sich verschachtelten Ort mit holzverkleideten Besprechungsboxen im neuen Hauptquartier Hubhult nennen. Ich bin der Stille-Brecher und murmle: »Glück ist du und ich.« Monica lächelt: »Es hat einen gewissen Zauber in sich, nicht wahr? Ich glaube, er gilt wirklich für alles. Er steckt in den Begegnungen, in den Meetings. Es ist nicht dieser Meeting-Ort, es sind die Menschen, die ihn zu dem machen, was er ist. Und wenn du anfängst, in dieser Richtung zu denken«, Monica macht eine große Bewegung mit beiden Armen »dann sind andere Dinge, wie Änderungen in der Unternehmensstruktur und solche Sachen einfach nicht wichtig. Das ist einfach nur eine Entwicklung. Es ist eine Entwicklung, aber nicht auf Kosten anderer. Verstehst du, was ich meine?« Ich schaue gedankenvoll an Monica vorbei. Mein Blick fällt auf ein kleines Schild neben dem Lichtschalter: »Together we create a great meeting place«. Gemeinsam lautet das Zauberwort für Glück in Skandinavien, tillsammans auf schwedisch, sammen auf Dänisch und Norwegisch.

Alle oder nichts

Wie kann man hier nur joggen?, frage ich mich, während ich dem durchtrainierten Norweger nachschaue. Gerade bin ich am Hafen aus dem Bus gehüpft und prompt auf den eisbedeckten Fliesen ausgerutscht. Verdammt! Kein Wunder, dass man in Norwegen Laufschuhe und Fahrradreifen mit Spikes benutzt. Es riecht nach Fisch, Tang und Teer. Möwen kreischen, ein paar Dreimaster warten ungeduldig auf das Ende des Winters. Mich beschleicht ein vages Gefühl des Erkennens. »Hier war ich schon mal!«, stelle ich freudig fest. Ich befinde mich an demselben Pier, an dem ich 2013 zum ersten Mal die Norweger zum Glück interviewt habe. Allerdings

285

in Sommershorts bei 30 Grad. Ich schüttle mich fröstelnd. Google Maps schickt mich nach links, weg von meinen Erinnerungen hinein in ein neues Abenteuer. Mit kurzen Anläufen bewege ich mich schlitternd am Hafen entlang. Links von mir Felsen, rechts das graugrüne Wasser des angefrorenen Fjords. Es ist ein ungemütlicher Tag, und ich verspüre überhaupt keine Lust, jetzt noch groß meine Bestimmung suchen zu müssen.

Zehn Minuten später gleite ich um eine felsige Ecke und folge Google die restlichen 100 Meter bis an eine dreistöckige, in fadem Beige gestrichene Lagerhalle mit kleinen rechteckigen Fenstern. Davor steht ein blauer, verbeulter Abfallcontainer neben ein paar Autos älteren Baujahrs. Laut Navigation müsste es hier sein. Ein Namensschild des Architekturbüros, das ich heute besuchen möchte, kann ich allerdings nirgendwo entdecken. Ich tippe noch mal nervös auf meinem Smartphone herum und lasse die Route neu berechnen. Mensch, ich bin eh schon zu spät! Nichts zu machen, der rote Pfeil zeigt genau auf mich. Abstand zu Fuß: 0 m.

Zögernd biege ich um die Ecke zur Rückseite des Gebäudes und lande auf einem circa 100 Meter breiten, schludrig geteerten Pier. Mit einem Wahnsinnsausblick auf den eisigen Fjord und die schneebedeckten Berge in der Ferne. Kurz vergesse ich meine Eile und drehe meinen Kopf wie eine Sonnenblume zu den ersten Sonnenstrahlen hin, die durch die Wolkendecke dringen und Wasser, Berge und Schnee rosagelb färben. Als ich mich endlich losreiße und meinen Kopf zur Rückseite des Betonklotzes drehe, sehe ich, dass die gesamte Rückseite zum Hafen hin von einer einzigen Fensterfront durchbrochen wird. Hinter der sitzen auch lauter Sonnenblumen, das Gesicht mit geschlossenen Augen zur Sonne gedreht. Über verrostete Stahlplatten donnere ich auf eine Fabriktür zu, reibe noch mal meine behandschuhten Hände und betrete ... das Wunderland der Schneekönige, genannt Snøhetta, zu Deutsch Schneekuppe, Platz 5 im Ranking der berühmtesten Architekturbüros der Welt.

Die ersten vier der acht Mitarbeiter, die sich begeistert zum Interview gemeldet haben, entführen mich in einen der gläsernen Besprechungsräume am Kopf einer breiten Sperrholztreppe, die zur oberen Galerie der Fabrikhalle führt: Michiel, ein holländischer Landschaftsarchitekt; Romana, eine österreichische Architektin; Yang eine junge Chinesin, die gerade ihren Master macht, und Margaretha, eine Architektin, die zwei Stunden entfernt im Norden Norwegens wohnt. Nach einer allgemeinen Liebeshymne auf Snøhetta ist es dann auch mal gut, finde ich. »Okay«, werfe ich in die Runde, »Was genau machen die denn anders bei Snøhetta?«

Ich hätte es wissen können, denn die Österreicherin Romana kontert gekonnt: »Als Erstes sind es nicht *die*, sondern *wir*. Wir *sind* Snøhetta. Wir sorgen alle dafür, dass es funktioniert. Wenn du an einem Projekt arbeitest, ist es nie dein Projekt, es ist immer das Team, es ist immer *wir*. Wir haben es zusammen geschafft. Nicht die Senior-Architekten und so ein Blabla. Es ist egal, ob du ein Praktikant bist oder seit 20 Jahren mit dabei bist, du hast alle Freiheit, jede Position zu wählen oder was immer du willst zu entwerfen, aber du hast nicht das Recht, darauf zu bestehen, dass es deine eigene persönliche Idee war.«

Willkommen in den Ländern, in denen das WIR regiert: me + me = we. Ohne phantastische Ichs kein phantastisches

Wir. Margaretha, die norwegisch zurückhaltend mit verschränkten Armen zuhört, klemmt sich gedankenverloren eine graue Haarsträhne hinters Ohr: »Jeder übernimmt Verantwortung im Team, damit das Projekt phantastisch wird.« »Wir« funktioniert nun einmal nur nach dem Alles-oder-nichts-Prinzip. Entweder jeder ist mit Haut und Haar mit dabei, oder halt nicht. Für das Wir gibt es kein Ausschlussverfahren, kein ungefähr und so ein bisschen. Romana, die ich später um 15 Uhr noch begleite, als sie ihre Kinder vom Kindergarten abholt, grinst zufrieden: »Als ich hier angefangen habe, habe ich sofort vergessen, wo ich eigentlich arbeite. Dass ich in Norwegens berühmtestem Architekturbüro arbeite. Du betrittst den Raum und du bist ein Teil davon.«

Und genau da liegt im Übrigen auch einer der Schätze des unerschütterlichen skandinavischen Glücks: Teil von etwas zu sein; im Privaten, aber sicherlich auch im Job, denn wo sonst kommen Menschen zusammen, die ansonsten vielleicht gar nichts miteinander zu tun hätten? Und vor allem in Skandinavien eine ganze Menge äußerst unterschiedlicher Menschen? Der Arbeitsplatz ist ihre Wahlheimat, zumindest erfährt man es im Norden so. Menschen treten morgens durch dieselbe Türe oder loggen sich im selben System ein, weil sie zusammen etwas erreichen möchten. Jeder einzelne natürlich auch, aber zusammen macht es einfach viel mehr Spaß!

»Was macht dich glücklich im Job?«, so eine meiner Standardfragen. »Das Team«, »die Kollegen«, »zusammen etwas zu erreichen«, so die immer wiederkehrenden Antworten, auch die der schönen Schwedin Sofia mit dem rotblonden gewellten Haar, Kommunikationsmanagerin für die Star-Wars-Crew Centiro aus Borås: »Es ist die enorme Stärke des Zusammenhalts, die dafür sorgt, dass du fühlst, dass du etwas wirklich Gutes und Großes zusammen erschaffst. 1 + 1 ist nicht gleich 2, es ergibt vielleicht 5000!«, leuchtet sie und kräuselt dabei ihre schöne Nase. »Viele Menschen zusammen können etwas Wundervolles erschaffen!« Solange sie, und das ist das Geheimnis Skandinaviens, so unterschiedlich wie möglich sein dürfen, so vielfältig und so unangepasst wie nötig. Dann entsteht tatsächlich Neues, und dann entstehen tatsächlich die besten Lösungen. Husky-Blauauge stimmt begeistert ein: »Wir sagen bei Scania: *Alle Menschen, jederzeit!* – Nur dann können wir eine Kultur erschaffen, in der jeder immer sein Bestes gibt.«

Skandinavier glucken ständig zusammen, weil sie davon überzeugt sind, dass keiner die Weisheit alleine gepachtet hat. Schon gar nicht der Experte, der am meisten weiß. Denn mehr wissen immer mehr. Ganz einfach deshalb, weil mehr Augen mehr Blickwinkel ergeben. »Wir machen's zusammen!«, so Loffe, der superstille Bauleiter im kleinen Küsten-Städtchen Halmstad, der mit mir ausschließlich Schwedisch spricht. »Wir sind supermotiviert hier und möchten unsere Ziele als Team erreichen. Jeder gibt sein Bestes, und wenn du dann siehst, dass wir weiterkommen und alles ineinandergreift, das macht mich wirklich glücklich!«

Der Gedanke ist in Skandinavien tief verwurzelt, dass exzellente Lösungen meist nicht einem individuellen Geist entspringen, sondern aus einer gemeinsamen Anstrengung.

Wieso sind gerade die Skandinavier so gut in der Zusammenarbeit?

Weil sie mussten.

»Als das Eis verschwand, kamen wir zusammen mit den Wölfen aus dem Norden.« Harsches Klima, harte Voraussetzungen. »Wir mussten kreativ sein, und wir haben eine Menge davon profitiert, mit anderen zu kooperieren«, so beginnt Hans, der Berater in Sachen Management, die Saga der alten Schweden. »Wenn du die gesamte Fläche Schwedens an das südliche Ende kleben würdest, dann kämest du in Rom raus. Schweden ist ein riesiges Land mit sehr wenigen Menschen. Wir haben schnell festgestellt, dass wir voneinander abhängig sind.« Es bringt einfach nichts, sich im Sommer an einem gefangenen Wal kugelrund zu fressen, um dann im Winter zu verhungern. Besser man teilt im Sommer den Wal und im Winter den Reisbrei, dann bekommt man auch mit den Wichteln keinen Ärger. Denn auch mit ihnen wird zu Weihnachten der Brei geteilt. Unfreundliches Klima zwingt Menschen dazu, sich andern zu öffnen. Hans nickt und schaut nachdenklich aus dem Fenster seines Begegnungsortes inmitten der hübschen Universitätsstadt Uppsala, 70 Kilometer nördlich von Stockholm. »Wenn du an die Wikinger von vor 1000, 1200 Jahren denkst, dann bestand diese heutige Kultur damals schon, und sie ist wirklich sehr teamorientiert.«

Ratata – ratata – ratata, die Landschaft fliegt an uns vorbei, und ich versuche, meinen Kaffee zu retten, den mir Daniel im schwedischen Überschwang etwas zu voll eingeschenkt hat. Mal arbeitet er im Bordbistro, mal ist er Lokführer. Jetzt verrät mir der ehemalige Sport-Journalist Ende 30, was seiner Meinung nach typisch schwedisch an der besten Eisenbahngesellschaft der Welt ist: »Die Türen in der Firma sind hier immer offen, du kannst immer mit jedem reden. Wir sind ein Team. Jeder fühlt sich total involviert, weil wir einander so nahe sind.« So langsam befinde ich mich am Rande eines sozial-klaustrophobischen Zusammenbruchs und rufe gegen das Klackern der Schienen an: »Der Deutsche würde jetzt sagen: Urhg!«

Daniel lacht: »Der Schwede würde sagen: Wow!« Zustimmendes Nicken eines schwedischen Mitreisenden mit Kaffee in der Hand. »Im Zug musst du als Team arbeiten, denn wir haben immer wieder eine Menge Probleme während der Fahrt. Wir müssen miteinander kooperieren, um die Reise für den Kunden so angenehm wie möglich zu machen.« Und so fängt auch jede E-Mail, die durch das Unternehmen geschossen wird, mit den Worten an: »Hallo Team!« Genauso wie bei den Scandic Hotels. Hier spricht keiner von Mitarbeitern, Belegschaft oder Angestellten. Wer dort arbeitet, ist einfach Mitglied im Team mit offizieller Plastik-Teammitgliedskarte, die jeder nach der Probezeit erhält.

Zusammenhalt ist etwas, was wir benötigen und wonach wir streben. Ob wir es mögen oder nicht, wir sind Herdentiere und damit tief im Sozialen verankert, das bestätigte mir bereits Professor Gerald Hüther, ein Göttinger Neurobiologe während meiner ersten Reise durch die Welt, als er mir erklärte, dass bei den seelischen Schmerzen, die wir empfinden, wenn wir aus einer Gemeinschaft ausgeschlossen werden, im Gehirn dieselben Netzwerke aktiv werden wie bei körperlichen Schmerzen. Und auch alle anderen Glücksländer meiner Reise, von Australien über Panama bis nach Kanada ließen keinen Zweifel daran: gute Beziehungen machen

Menschen in der ganzen Welt glücklich. Nur nutzen einige Länder die Kraft des Zusammenhalts ein wenig intensiver als es andere tun.

»Wenn ich zehn Leute im Büro habe und diese positive Energie spüre. Wenn alle super zusammenarbeiten und Dinge gelingen, das macht mich richtig glücklich.« Wir sitzen gegenüber vom Tivoli, Kopenhagens bekanntem Vergnügungspark in der Sonne. Thorsten ist einer der Viehhändler, die heute vom Land für ein Meeting in die Stadt gekommen sind. Er spricht ausgezeichnet Deutsch, weil er viele der rosa Borstentiere an uns verkauft. Auf jeden der 5,7 Millionen Dänen kommen circa drei Schweine. Sauviele also, und ein Fleck auf dem dänisch grünen Image. Aber gut, es geht ja nicht darum, Schwein zu haben, sondern darum, sich sauwohl zu fühlen, also hake ich beim vergnügten Züchter nach: »Zusammenarbeit ist sehr wichtig in Dänemark, oder?« Der nickt genüsslich: »Ja, aber das lernen wir auch schon von klein auf in der Schule. Alle Aufgaben werden in Gruppen gemacht. Die Schüler machen beinahe nichts alleine. Das meiste wird in Projekten gemacht und als Projekt beurteilt. Und das ist es ja auch, was sie in der Zukunft benötigen«

Bei Pisa schneiden nicht alle Skandinavier brillant ab, aber die höhere Mathematik haben sie trotzdem verstanden: $1 + 1 >/= 5000$. Deshalb wird auch alles, was die Gemeinschaft in Gefahr bringen könnte, wie zum Beispiel Ausgrenzung, sofort aufgegriffen oder von vorneherein vermieden. »Ey! Geburtstagsparty. Horror! 23 Kinder im Garten! Aber man muss ja immer alle einladen«, schreibt mir die Mutter eines ehemaligen Klassenkameraden meiner Tochter, frisch nach Kopenhagen ausgewandert. »Oder du musst zumindest ein objektives Kriterium finden, so dass keiner gemobbt wird«, sagt Matthias, der Pfannkuchen-Jurist aus Oslo grinsend. »Das ist dann vielleicht etwas anstrengend, dass du mit 20 anstelle von sieben Kindern den Geburtstag feierst, auf der anderen Seite kommt dein Kind auch nicht fünf Mal pro Jahr heulend nach Hause und sagt, alle sind eingeladen nur ich nicht.«

»Alle Menschen, jederzeit.« Im Norden klopft dieser Rhythmus des ich-du-wir, ich-du-wir schon seit Jahrhunderten und von Kindesbeinen an. Reiner lächelt erheitert. Seine Tochter war in einem dänischen Kindergarten. »Ich war an einem dunklen Winterabend zum ersten Mal beim Elternabend meines Kindes, und als Deutscher denkt man: *So, dieser Kindergarten ist der erste Baustein zu der Karriere meines Kindes. Das wird dann Vorstandsvorsitzender oder Bundeskanzler.*« Ich befinde mich in den Räumen hinter einer pompösen Fassade genau im Zentrum Kopenhagens mit Blick auf den wunderschönen Kongens-Nytorv-Platz, beste Lage. Reiner, ein sympathischer Endvierziger residiert hier als der Geschäftsführer der deutsch-dänischen Handelskammer: »Ich musste schnell feststellen, dass die dänischen Eltern das alles ganz anders sahen. Der Kindergarten sollte vor allem als Baustein dienen, um das Kind zu einem sozialen Wesen zu machen, das ordentlich mit den anderen funktioniert, kooperiert, zusammenarbeitet. Gemeinschaft ist hier ein Riesenwort!«

Und jedem obliegt die Aufgabe, durch seinen Beitrag die Gemeinschaft zu stärken. »Gut zu führen bedeutet in Schweden, dass du das Beste aus jedem herausholst, so dass wir als Gruppe das beste Resultat erzielen. Lauter einzelne

Individuen werden nie etwas erreichen«, so Annika, die Geschäftsführerin der Vereinigung schwedischer Manager, die
Elisa den Weg zum Kakao-Automaten erklärt hat. »Deshalb
ist es die Aufgabe der Manager, die Gruppe so zusammen-
zustellen, dass jeder den anderen in seiner Einzigartigkeit
vervollständigt.«

Und das, so die ansteckend fröhliche Sechs-Stunden-OP-
Schwester Gabi, sei wie Tanzen. »Die Instrumente gehen
hin und her. Und wenn ich genau weiß, was mein Chirurg
denkt, dann braucht er nicht um eine Schere zu bitten, weil
ich sie ihm schon gebe.« Wir haben uns in ein kleines Zimmer
irgendwo auf dem Gang der größten orthopädischen Abteilung Skandinaviens in Göteborg verkrümelt. »Ich bin zwar
nicht verantwortlich für die medizinischen Dinge, aber ich
bin ein Teil des Ganzen. Ich liebe das!« Ist Schweden das
Schlaraffenland? Nö. Auch in Schweden gibt es zu wenige
Krankenpfleger: »Es sind schlechte Arbeitszeiten. Du musst
Weihnachten arbeiten oder am Wochenende und an Feiertagen. Die Arbeit wird schlecht bezahlt, und es gibt wenig
Aufstiegschancen«, erklärt mir die tanzende OP-Schwester.
Das sind Herausforderungen, über die man sich dort, wie
auch in Deutschland, den Kopf zerbricht. Mit Respekt und
Teamwork kann man jedoch anscheinend eine Menge reißen.
»Immer, wenn ich eine schwere Operation gehabt habe,
sage ich: *Wow, das hier macht Spaß!*«, lacht Gabi vergnügt.
»Und das ist wichtig. Wir machen so schwere Operationen,
aber wir haben auch so viel Spaß, weil wir das zusammen
mit den Ärzten tun!« Später treffe ich auf Marina und Peter.
Der redet, während ich genüsslich die Kanelbulle verputze
und mein Kaffee bereits in der wasabi-grünen Tasse dampft.

10.30 Uhr. Pausenzeit: »Ich bin der Abteilungsleiter hier, und Marina leitet die Unit, aber wir sind nichts ohne unsere Mitarbeiter. Und zu sehen, wie alle zusammenarbeiten, um Probleme zu lösen, das macht mich wirklich glücklich. Es ist wundervoll, und darum geht es in der Gesundheitssorge: Es geht um Teamarbeit. Wir arbeiten zusammen an der besten Lösung für den Patienten. Und wir müssen die Expertise eines jeden nutzen.«

Hallo Team! Wir wollen alle im Boot haben. Wir wollen, dass du dich wirklich als einen Teil des Unternehmens empfindest.»Nur so können wir die tiefe Hingabe erschaffen, die wir hier erreichen möchten«, erklärt mir Martin, zuständig für das Zugpersonal von Hogwarts Express, wie ich die Züge von MTR-Express getauft habe, weil sie manchmal ebenso versteckt vom Gleis 11B in Stockholms Hauptbahnhof abfahren, wie Harry Potters Zug. Wir sitzen im gemütlichen Abteil im Schein roter Tischlampen, als wir weiter Richtung Göteborg ratatern – ratatern – ratatern. Das schwedische Schienensystem lässt zu wünschen übrig. Da helfen auch keine nagelneuen, roten Züge aus der Schweiz. Die helfen nur gegen die eisige Kälte der schwedisch-blauen Winter, erzählt mir wenig später Alexander, der gerade sein Praktikum als Lokführer macht. Ich quetsche mich mit in die dunkelgraue Fahrerkabine.»Letzte Woche hatten wir eine Verspätung von 50 Minuten, und trotzdem sind die meisten Leute nach dem Aussteigen extra zu uns gekommen und haben sich für die angenehme Reise bedankt!« Die Lokführer des MTR-Express kommen am Ende der Fahrt immer aus ihrer Kabine heraus, um den Fahrgästen auf Wiedersehen zu sagen.»Und das ist ein schönes Gefühl. Zu wissen, dass sie eine tolle Erfahrung hatten, und ich ein Teil davon war.« Die Crew hat anschließend einen superschnellen Turnaround hingelegt und zack ging's wieder zurück in die andere Richtung. Alexander nickt strahlend, während er konzentriert auf die Schienen blickt und irgendwelche Instrumente bedient. »Mein Kollege Hals ist wirklich phantastisch gefahren! Er hat mit allen Leuten zusammengearbeitet, die die Streckensignale bedienen, und hat es uns so ermöglicht, wieder pünktlich in Göteborg anzukommen. Ich bin noch nicht mal selbst gefahren, aber es war einfach ein großartiges Gefühl, dass wir das alle zusammen hinbekommen haben!«

Wenn es ständig ums tillsammans geht, bleiben sogar die klassischen Feindbilder auf der Strecke. »Hallo ich bin Wolf, ich arbeite in der Produktion und bin vom Siemens-Betriebsrat.« Aha. »Hallo ich bin Patrick, ich bin der Gewerkschaftsvertreter der Büromitarbeiter bei Scania.« Nee schon klar. »Hi, ich bin Johan, ich bin hier auf der Baustelle verantwortlich für Gewerkschaftsangelegenheiten.« Irgendetwas stimmt hier nicht. Und später schreibe ich noch einmal an meine Kontaktpersonen, ob ich das jetzt wirklich richtig verstanden habe. Rune, den ich gerade interviewt habe, sitze als Arbeitnehmervertreter also auch im Vorstand? Man setzt doch einer Autorin, die über das Arbeitsglück im Unternehmen schreibt, nicht lauter Gewerkschaftsvertreter vor die Nase. Entweder, man ist unsagbar gutgläubig, hat nichts zu verbergen oder vertraut mir einfach.

Ich denke mal, es ist ein bisschen von allem.

Denn man möchte uns in Deutschland tatsächlich zu unserem Glück die exzellente Zusammenarbeit mit den Gewerk-

schaften verkaufen, wie Johan, der blau-orangefarben be-
turnschuhte CEO, Chef von Hals und Alexander, den ich im
Zug nach Göteborg interviewe. Die Beziehung untereinander sei richtig gut:»Wir haben jeweils einen lokalen Vertreter
hier im Unternehmen. Wenn wir also etwas zu besprechen
haben, dann wenden wir uns an ihn.« In Schweden müssen
gesetzlich alle Gewerkschaftsvertreter in alle größeren Ma-
nagement-Beschlüsse einbezogen werden.»Wir ziehen zum
Beispiel mit unserem Büro innerhalb Stockholms um. Das
haben wir vorher besprochen.« Klar, denken die Arbeitnehmer mit. Denn sie wollen ja zusammen mit dem Arbeitgeber
dafür sorgen, dass es dem Unternehmen gut geht. Dann geht
es auch den Mitarbeitern gut. Roy, der als gelernter Arbeiter
bei Siemens angefangen hat, ist seit 1995 der gewählte Präsident aller sieben Gewerkschaften, die im Unternehmen
vertreten sind.»Als Gewerkschaftsvertreter denke ich, wenn
wir als Arbeitnehmer bessere Gehälter haben wollen, dann
müssen wir auch die Firma mit verbessern.« Und im Gegenzug wird man wirklich mit einbezogen und ernst genommen,
wie mir Rune, der Gewerkschaftsvertreter im Vorstand des
Pflanzenfütterers Yara in Oslo, zufrieden verrät:»Wir wissen, wohin sich das Unternehmen entwickelt und worüber
sich die Eigentümer Sorgen machen. Wir kennen die Herausforderung des Unternehmens.«

Und dann gibt's auch keine nervigen Streiks, die auf die
Gesellschaft einen negativen Einfluss haben. Denn mit ein
wenig skandinavischem Feen-Staub würde sich schnell ein
jeder fragen: Muss das denn sein? Nein, so verrät mir Helge,
der CEO des robotergesteuerten Verpackungsunternehmens
am Rande Stockholms, nicht in Schweden:»Wir haben ein-

fach eine sehr gute Zusammenarbeit mit den Gewerkschaften. Also einen richtig großen Streik hatten wir seit Anfang der 1980er Jahre nicht mehr.« Und in Norwegen? »Streiks kommen auch in Norwegen vor«, so der Deutsche Michael von Yara. »Wann war der letzte?«, überlegt er laut, während er nachdenklich an die Decke starrt, »... fällt mir nicht ein«. Und auch die Dänen haben eine niedrige Streikfrequenz, wie mir Per, ein Arbeitsmarktspezialist in Kopenhagen erklärt: »Also alle zehn Jahre etwa. Du musst manchmal deine Rüstung aus der Garage holen, um zu zeigen, dass du sie noch hast«, lacht er heiter. »Aber das Meiste wird durch Verhandlungen gelöst. Du findest selten seriöse Konflikte auf dem dänischen Arbeitsmarkt. Ich habe einmal mit Vertretern der Sozialparteien eine Tour durch Europa gemacht, um das dänische Arbeitsmarktmodell zu erklären. Es sprachen die Arbeitgeber- und die Arbeitnehmervertreter. Da fragt mich ein Herr neben mir: *Entschuldigen Sie, welcher der beiden ist jetzt noch mal von der Gewerkschaft?*«

64 Prozent der arbeitenden Bevölkerung in Schweden sind in Gewerkschaften organisiert, in Deutschland circa 17 Prozent, dafür veranstalten sie aber einen ziemlichen Wirbel. Sissl, die HR-Radrennfahrerin grinst mich wissend an: »Wenn wir unsere Mitarbeiter schon früh mit einbeziehen und sie ein Teil des Entscheidungsprozesses werden, dann kannst du Veränderungen viel schneller durchführen. Das ist ein Teil des nordischen Führungsstils. Wenn du die Arbeitnehmerorganisation als wirklichen Partner siehst und nicht als Bedrohung, dann läuft alles viel geschmeidiger.« Sprich, das Management muss bei den Arbeitnehmern grünes Licht einholen? Muss Geschäftsstrategien transparent darlegen?

Darauf vertrauen, dass die Mitarbeiter nur das Beste für das Unternehmen wollen? Yep! Vor allem das.»Wir haben ja alle zusammen dasselbe Ziel!«, so Patrick, Gewerkschaftsvertreter bei Scania.»Das Unternehmen sollte gesund sein, und wenn wir mit dem Unternehmen zusammenarbeiten, können wir einander unterstützen.« Es klingt alles so überraschend einfach.

Einer für alle, alle für einen, in guten wie in schlechten Zeiten. Mitarbeiter, Arbeitgeber, Gewerkschaften, Kunden, Lieferanten, die natürlich auch. Tommy, der Chef des kleinen Bauunternehmens in Halmstadt, dessen Unternehmenswert Arbeitsfreude,»arbetsglädje« lautet, sieht das so:»Eine gute Beziehung zu unseren Lieferanten ist wirklich wichtig. Wir können ja nur zusammen ein gutes Projekt machen.« Das A und O sei es, respektvoll miteinander umzugehen, so sagt auch Helge vom Verpackungskünstler Arta Plast und zieht entschuldigend die Schultern hoch:»Wieder der schwedische Konsens halt: Wir sind eins. Zusammen ist man stark. Jeder Einzelne ist auch stark, aber nicht so stark wie die Gruppe als solche.« Und klar gehört der Lieferant irgendwie auch mit zum Team.

Wenn der Schwede sich zu einem Geschäftstermin trifft, dann fängt man erst einmal mit einer Fika an – Sie werden bald wissen, weshalb. In Deutschland hingegen wird von Anfang an»krass diktiert«, wie Helge mir ob seiner deutschen Wurzeln in fließendem Deutsch erklärt. Er kennt die lieben kleinen Missverständnisse, die sich auch geschäftlich ergeben können.»Der deutsche Einkäufer denkt: *Schweden, da weiß ich, ich bekomme gute Qualität. Mit denen kann man gut kommunizieren. Die liefern pünktlich.* Und dann zeigt der schwedische Verkäufer noch genau das Produkt, das der Einkäufer haben wollte. Und das zum vernünftigen Preis!« Helge grinst: »Und was sagt der deutsche Einkäufer? *Ja – hm – ist zu teuer.* Denn so macht man in Deutschland Geschäfte. Ob es günstig ist oder nicht, man sagt, es sei zu teuer. Der Schwede fährt nach Hause und denkt: *Schade, wir waren zu teuer* und meldet sich nicht mehr. Und der deutsche Einkäufer wundert sich: *Warum kommt dieser Schwede nicht mehr auf mich zurück?*«

Helge gießt mir schmunzelnd noch eine Tasse Kaffee nach. »In Schweden sagt man, wenn man ein gutes Angebot bekommt: *Ja das ist gut. Vielleicht können wir einen Weg finden, wie wir zusammenkommen.* Und dann kann man immer noch über den Preis diskutieren. Ich will nicht sagen, dass wir in Schweden ehrlicher sind, aber wir sind offener. Wir sehen immer Möglichkeiten für eine Zusammenarbeit.«

Skandinavier sind Involvierungskünstler, oder Inkludierungskünstler, whatever. Keiner bleibt außen vor, ob er will oder nicht. Meistens will er. Dich nur hinhocken und dein eigenes Ding machen? Äh – ja, also das geht natürlich auch. Gemäß der Bedürfnispyramide von Maslow ist Selbstverwirklichung die Königsdisziplin der menschlichen Entwicklung. Aber erst müssen unsere basalen Bedürfnisse wie Nahrung, Sex, Schlaf und Sicherheit befriedigt sein, bevor wir unsere sozialen Bedürfnisse wie Liebe und Zugehörigkeit stillen können. Sie bilden wiederum die stabile Basis für die Entwicklung unserer Selbstachtung, um schlussendlich fähig zu sein, uns selbst zu verwirklichen.

Vielleicht aber ist es auch genau anders herum. Dass vor allem selbstbewusste Menschen, die genug Raum bekommen, sich gemäß ihrer Leidenschaft zu entwickeln, kein Bedürfnis verspüren, die Gemeinschaft ständig mit den Speerspitzen des eigenen Egos zu torpedieren. Vielleicht bildet sich die beste Gemeinschaft gerade besonders gut aus individuellen Menschen, weil sie so sehr bei sich sind, dass sie nicht ständig um Aufmerksamkeit schreien müssen, sondern sich stattdessen hinhocken, zuhören und andere Menschen sehen. Vielleicht scheint der Norden deshalb ein wenig ruhiger und vielleicht ist es deshalb manchmal in Deutschland so unerträglich laut? Wer weiß das schon? Menschliches Glück ist verzwickt verstrickt.

»Du kannst nicht einfach zur Arbeit kommen, dein Ding machen und wieder nach Hause gehen«, so [Andersch] der Teamleiter von Scania mit Käppi anders herum. »Wir sagen hier in Schweden: Wir sitzen alle in einem Boot, wir müssen alle zusammenarbeiten. Wir setzen uns alle gemeinsam für ein Ziel ein. Das macht dich auch als Person glücklicher.«

Konkurrenzlos glücklich

Zurück zur Schneekuppe am Rande des eisigen Fjords. Zurück an den Ort, an dem Star-Architekten sich nicht die Augen auskratzen, keine Ich-bin-am-besten-, Arbeite-täglich-am-längsten- und Bin-am-berühmtesten-Wettbewerbe austragen, sondern stattdessen Schulklassen herumführen oder Journalisten ihre Sicht auf den Beitrag von Architektur an einer besseren Welt erklären. Michiel, der Holländer nickt:»Wir denken hier: Ich habe eine super Idee, mal sehen, wie die anderen das finden. Ist die Idee wirklich so gut oder hat vielleicht jemand anderes eine bessere Idee? Und nur deshalb können wir in dieser Liga mithalten.« Alle vier Kollegen nicken wie Wackeldackel. Romana auch und spricht: »Wir sind super wettbewerbsorientiert in Bezug auf Projekte und Konkurrenten, aber wir haben keinerlei Wettbewerb unter den Kollegen.« Michiel schiebt noch mal nachdenklich seinen unordentlichen Seitenscheitel zur Seite. »Wir hatten vor kurzem eine Gruppe niederländischer Studenten hier, und der Dozent fragte mich, wie das denn so sei, mit den ganzen großen Namen zu konkurrieren, die hier arbeiten.« Er lacht kurz auf. »Und das war echt schwierig zu beantworten. Das ist überhaupt kein Thema hier.«

Die Kraft der Eislochhüpfer liegt im Miteinander, nicht im Gegeneinander. Müde hängt Anne-Mette im Stuhl. Trendy beige Seidenbluse mit flaschengrünem Baumwollschal zu Turnschuhen. Die 47-jährige Ingenieurin ist an Krebs erkrankt und arbeitet zurzeit nur halbtags, und das gibt ihr Energie: »Es arbeiten eine Menge guter Menschen hier. Und ich habe das Gefühl, dass sie einander helfen, einander unterstützen, einander anfeuern«, fügt sie gedankenverloren hinzu. »Sie arbeiten hart, sie sind super involviert, sie wollen das Beste füreinander, ich würde sagen, es herrscht hier kein Neid, ja, so ungefähr ist das hier bei Yara.« Und diese Haltung verbreiten sie gerne in der Welt, wie Hans, der die skandinavische Sicht auf Management bis nach Abu Dhabi trägt: »Ich glaube, wir haben verstanden, dass wir eins sind und dass es besser für uns ist, zu kooperieren und einander zu unterstützen, anstatt uns als Wettbewerber zu sehen oder als Feinde.«

Aufgeplusterte Egos und selbstverliebte Alphatiere, die sich selbst und anderen im Weg herumstehen, werden Sie in Skandinavien lange suchen. »Kein einziges Ego im Raum, nicht ein einziges!«, so berichtet mir die Managementassistentin Suzanne mit einer Mischung aus Begeisterung und leichtem Unverständnis über ihr erstes Managementmeeting bei Scania vor ein paar Jahren: »Alles drehte sich um die Frage: *Wie können wir Dinge am besten zusammen machen?* Es ging niemandem darum: *Wie komme ich dahin, wo ich persönlich hinmöchte?*« Den Grund dafür erfahre ich wenig später von A-Capella-Kent, einem Mitglied eben dieses Management-Teams. »Klar macht es mich glücklich, wenn ich mein Ziel erreiche, aber eine andere Sache, die ich anstrebe und die mir wirklich große Freude bereitet, ist anderen zu helfen, ihre Ziele zu erreichen. Die stärkste Kraft, dein eigenes Wohlbefinden zu steigern, ist es, jemand anderen anzuspornen. Also sprich über Erfolge anderer. Klopfe Menschen auf die Schulter, wenn sie etwas erreicht haben. Zeige Wertschätzung für das, was andere Menschen geschafft haben. Das wird dir elementare Freude bereiten!«

Egal, wen es froh macht, wenn wir finden, dass wir für unser Ziel gemeinsam verantwortlich sind, dann wäre es dumm, einander die Augen auszuhacken, denn ausgehackte Augen liefern keine neuen Blickwinkel, so die Denke. »Lauter brillante Köpfe ohne Konkurrenz also?«, stachle ich Martin, den introvertierten Teamleiter des Schau-mir-in-die-Augen-Herstellers Tobii an. »Konkurrenz? Nein, so etwas habe ich hier noch nie erlebt. Was ich sehe ist, dass die Leute einen guten Job machen wollen. Und sie wollen das zusammen mit ihrem Team hinbekommen. Wenn du ein starkes Team hast, dann besteht auch eine kollektive Verantwortung für die Produkte, die wir abliefern. Dann ist es auch viel schwieriger, neidisch zu sein oder missgünstig.«

Augen auf und um sich herum geschaut! Da sind noch andere Menschen. Nicht dein Feind. Nicht dein Konkurrent. Sondern jemand, mit dem du tillsammans etwas Phantastisches erschaffen kannst. Interne Konkurrenz ist tödlich für den Zusammenhalt, doch wie schmälert man Egos? Indem man sie wachsen lässt. Indem man jeden Einzelnen in seiner Individualität sieht, poliert und scheinen lässt.

Und das wäre dann auch, wen wundert's, eines der größten Exportprodukte für das Glück der Deutschen, zumindest wenn Sie Kirk fragen, der zusammen mit Marc, dem extrovertierten Franzosen, und dem stillen Søren brav in einer Reihe mir gegenüber sitzt, während ich probiere, ein übervoll belegtes Smørrebrød einigermaßen elegant in mich reinzuschieben. »Ich würde exportieren, dass Leute sich gegenseitig vertrauen und unterstützen, anstatt ihre spitzen Ellenbogen zu benutzen, nur um selbst Karriere zu machen. Sprich, dass andere Opfer für deine Karriere bringen müssen. Sondern einander zu helfen.« Während Kirk unbeirrt weiterspricht, schmiere ich mir aus Versehen die Smørrebrød-Majo mit der Serviette ins Gesicht. »Ich glaube, das ist tief in der dänischen Gesellschaft verankert, dass wir nicht dieses destruktive Wettbewerbsdenken haben. Es geht mehr darum, einander zu helfen, als sich kaputtzumachen.«

Skandinavien, das scheint doch tatsächlich die wettbewerbsfreie Zone zu sein.

Auch im Bereich der Unternehmensberatung? Normalerweise zwölf Stunden arbeiten, Haifisch-Becken und Up-orout-Mentalität? Und dabei ist er so nett! Und einen Tick unschuldig mit einem beinahe kindlichen Enthusiasmus behaftet, Jacob, der fesche ehemalige Psychologiestudent, der jetzt in seinem hellblauen Poloshirt auf Jeans vor mir in der Mittagssonne sitzt, die durch das kleine Sprossenfenster in den schnuckeligen Besprechungsraum unterm Dach fällt. Wir sitzen im wunderschönen Gebäude der Implement Consulting Group, das mich ein wenig an ein englisches Landgut mit Türmchen und Sprossenfenstern erinnert. »Wir waren letzte Woche einen Abend aus«, erzählt er mir strahlend. Ein paar der jüngsten Konsultants, auf Unternehmenskosten versteht sich, weil die Jungdurchstarter eine arbeitsrelevante Frage mit auf den Weg bekommen hatten, nämlich: Jetzt wo wir so viele von euch jungen Talenten angenommen haben, wie können wir sicherstellen, dass ihr nicht anfangt, miteinander zu konkurrieren, und eine ungesunde Arbeitsumgebung entsteht?

Die Frage kann man sich prinzipiell in jedem Team stellen, das fängt bei der Krabbelgruppe an und hört auch beim Seniorentreff nicht auf. »Niemand muss verlieren, wir können ja alle gewinnen«, so der 27-Jährige. »Wir müssen nur die richtige Perspektive finden, so dass jeder das Gefühl hat, genug zu bekommen, und das ist eine Menge Arbeit.«

Neid und Konkurrenzdenken verfügen über eine enorme Spaltkraft, und da hört bei den Skandinaviern der Spaß auf. Vielleicht wird deshalb auch in der Schule die Vergabe von Noten so lange wie möglich herausgezögert, werden nicht die Besten, sondern die Schwächsten gefördert, gibt es beim schwedischen Eishockey bis zum Alter von 15 selten Siegesfeiern für Gewinner. Wenn wir davon ausgehen, dass die Gemeinschaft nur profitiert, wenn wir alle das tun, worin wir am besten sind, dann wäre es ziemlich blöd, auf den anderen neidisch zu sein, denn er sorgt ja letztendlich dafür, dass es uns allen besser geht. Mandana, das Fernseh-Show-Sternchen in Malmö wirft ihre langen glänzenden Haare noch einmal zurück. »Wir haben einen Ansteck-Button, darauf steht: *Wenn du wächst, wächst IKEA.*«

Doch, wie Schopenhauer schon um 1800 erkannte: »in Deutschland ist die höchste Form der Anerkennung der Neid.« Was ja nicht negativ ist, denn im Prinzip bedeutet ja Neid nicht mehr als: Jemand anderes hat etwas, was ich nicht habe, aber gerne hätte. Dabei kann Neid durchaus ein Ansporn sein, und da steht Ihnen ganz bestimmt kein Skandinavier im Weg, ist es doch in diesen Ländern ausdrücklich erwünscht, sich ständig weiterzuentwickeln, nach einem Ziel zu streben – und klar haben wir das noch nicht erreicht, sonst hätten wir es ja schon. Und klar gibt es immer jemanden, der etwas hat, was wir nicht haben. Und das ist doch wundervoll. Denn auch wir haben etwas, was niemand sonst hat. Zumindest sehen die Wikinger das so.

Unterhalb von Flensburg ist Neid jedoch eher in seiner negativen Form zu finden. Als Wunsch nämlich, der andere möge verlieren, was wir so heiß begehren. Wir missgönnen. Und das stärkt nicht die Eigenliebe, sondern führt schnell zu Selbstverachtung. Denn neiderfüllte Missgunst ist das einzige Gefühl, das wirklich niemand zugeben möchte. Was da hilft ist, den anderen und das, was wir ihm nicht gönnen, kurzerhand geringzuschätzen. Und spätestens dann haben wir den Salat: lästern, hinterm Rücken tuscheln, anschwärzen, abfällige Bemerkungen und semi-witzige Sprüche machen, Lügen verbreiten, Gerüchte in die Welt setzen … fällt Ihnen dazu noch etwas ein? Misstrauen und Mobbing sind die Folgen, mit denen dann alle zu kämpfen haben.

Marc, der Wissenschaftler von Novozymes, der Weltverbesserer und französische Ehemann der resoluten Dänin Anne, schenkt mir in ihrer Wohnung noch ein Glas französischen Rotweins ein: »Dieses hinter verschlossenen Türen reden und dann plötzlich verstummen, wenn jemand den Raum betritt, das habe ich in Dänemark nie erlebt. Wenn das im Unternehmen vorkommt, ist das wirklich kontraproduktiv, denn dann verschwenden die Leute eine Menge Energie darauf, einander zu bekämpfen, anstatt gemeinsam in dieselbe Richtung zu streben.« Erinnern Sie sich, wann Sie das letzte Mal negativ über einen Menschen gesprochen haben? Ich mich leider schon! Wenn man mal nicht aufpasst, ist sie schon raus, die vermeintlich unschuldige Bemerkung über die lächerliche Mütze der Frau auf der anderen Straßenseite. Aber bitte, wenn sie ihr gefällt. Genau, wenn sie den Mut hat, anders zu sein. Im Gegensatz zu mir.

Schauen Sie Ihrem Neid tapfer in die Augen. Er will Ihnen eventuell sagen, dass Sie sich selbst mehr lieben sollten. Auf die Zunge beißen und das eigene Gedanken-Karussell frühzeitig ausbremsen, ist nicht nur dem Glück desjenigen zuträglich, der Ihr Opfer würde, sondern auch Ihrem eigenen. Denn Gedanken, die andere kritisieren oder abwerten, sind alles andere als großzügig oder positiv. Eine Menge der skandinavischen Gelassenheit versauen wir uns allein dadurch, dass wir einfach nicht die Klappe halten können.

Ib aus der Puppenkiste schaut mich eindringlich an: »Guten Tag sagen und Tschüss, respektvoll sein und nicht mobben. Wenn das eingehalten wird, haben alle es gut.«

Verpflichtung zum Glück

Und deshalb ist es so unglaublich wichtig im Norden, dass jeder sich einsetzt, einen positiven Beitrag zur Allgemeinheit zu liefern. Denn »En liten läcka kan sänka ett stort skepp« (Ein kleines Leck kann ein großes Schiff versenken), so lautet ein schwedisches Sprichwort. Wer nur für sich alleine arbeitet, kann es sich leisten, die Tür zu schließen und den ganzen Tag in seiner miesen Suppe vor sich hin zu brodeln. Wenn Menschen jedoch davon überzeugt sind, dass sie die Hilfe anderer benötigen um, wie der Schwede [Andɛrsch] so schön sagt, etwas zu erreichen, das besser ist als das, was wir alleine sind, dann »kann eine einzige Person ein ganzes glückliches Team zerstören«, so der sympathische Teamleiter aus dem Lastwagenland. Mit diesem kleinen Leck bekommt auch das seetüchtigste Schiff Schlagseite. Wikingerschiffe nicht ausgenommen. Deshalb lenken sie das Schiff lieber gemeinsam an den Klippen vorbei. »Und dazu brauchst du jemanden, der glücklich ist, jemand, der andere Menschen immer zum Lächeln bringt. Jemand, der ein Ohr für die Probleme und Freuden anderer hat«, lächelt er mir zu, und ich lächle zurück. Dazu benötigt man Menschen, denen es nicht egal ist, wer da im Prozess vor ihnen oder nach ihnen kommt. Marketing nach Einkauf, Vertrieb nach Buchhaltung und die Produktion am Schluss. All die Leute, die so exzellent ihr eigenes Ding machen und dann nach Hause gehen, ohne daran zu denken, ob sie heute ihre Kollegen glücklich machen konnten. Ein Unding für Ole, den superpositiven Lagermitarbeiter bei VELUX in Østbirk, der Veränderungen so liebt: »Ich denke, es ist wichtig, dass ich auf der Arbeit glücklich bin, denn ich glaube, dann mache ich meinen Job auch besser. Sonst mache ich lauter Fehler, transportiere meinen Mist weiter zur nächsten Person und versaue ihr die Arbeit und vielleicht auch den Tag. Versuche immer nur das Beste weiter zu reichen, denn damit versuchst du auch, die Kollegen ein wenig glücklicher zu machen.«

Es ist einfacher, ein glücklicher Mensch zu sein, wenn wir von glücklichen Menschen umringt sind, die sich, jeder auf seine Art, dafür einsetzen, das Glück des anderen wachsen zu lassen. Werden Sie also so ein glücklicher Mensch, der andere umringt. Reichen Sie nur Ihr Bestes weiter.

Nix also mit destruktiver Haltung, mieser Laune oder Klagen am Fließband. Lieben Sie Ihren Job oder gehen Sie. Ob bei Scania, Siemens oder bei VELUX. Sie bekommen eine Menge Freiheit im Norden, doch dazu gehört auch, dass Sie eine ebenso große Menge an Verantwortung übernehmen. Für das Glück der anderen. Denn eine positive Atmosphäre ist das Schmieröl in Unternehmen.

Die Powerfrau Tine Trinkfest vom unteren Zipfel Norwegens schaut mich mit ihren klaren Augen prüfend an. Sie ist Mitglied in einigen Aufsichtsräten des Banken- und Bausektors, oft als einzige Frau. Mit einfach nur nett und authentisch sein, kommt man übrigens auch unter lauter Männern um die 70 als Frau sehr weit, so en passant ihr Tipp für die Frauen unter uns. »Jeder hier im Unternehmen hat die Pflicht, positiv zu sein. Wenn du dich anderen gegenüber mürrisch verhältst, dann entziehst du deinen Kollegen eine Menge Energie. Wenn du versuchst, positiv zu sein, dann bist du auch positiver. Und dann sind auch die Menschen um dich herum positiver. Dann hast du auch selbst einen viel schöneren Tag.»Tine setzt kurz einen das-klingt-jetzt-ir-gendwie-doof-Blick auf und lacht herzlich. Das Blöde ist, in dieser Hinsicht ist die Sache mit dem Glück genau so simpel, wie sie sich anhört.

Professor Christian Keyzers von der Universität Gronin-gen hat tatsächlich festgestellt, dass wir in unserem Hirn die Stimmungen anderer Menschen abbilden, ohne irgendetwas daran tun zu können. Wir fangen die Launen anderer Men-schen automatisch ein und werden von ihnen beeinflusst. Launen färben also ab. Doch dazu braucht's keinen Pro-fessor, das weiß Björn auch so. Orangfarbenes Scania Polo-hemd, blonde, adrett zur Seite gekämmte Haare, die Schutz-brille auf den Kopf geschoben, so sitzt der Mitte 20-jährige vor mir und reflektiert.»*Vi är varandra arbetsmiljö*, wir sind für einander das Arbeitsklima! Wenn eine Person glücklich ist, dann wird die nächste auch glücklich, und so verbreitet sich das Ganze durch die gesamte Produktionshalle.« Gleich nach dem Gymnasium hat er hier als Maschinenführer an-gefangen und ist inzwischen Teamleiter bei der Endmonta-ge der LKW-Marke, die jedes Trucker-Herz höherschlagen lässt. Später darf ich den beinahe sakralen Moment erleben, an dem der Motor eines dieser Riesen gestartet wird, und der heilige »Scanese« zum ersten Mal auf eigene Rädern in die weiße Traumlandschaft des klirrenden, schwedischen Win-ters hinausfährt.

»Ich versuche immer dafür zu sorgen, dass jeder sich im Team gut fühlt. Denn wenn du glücklich bist, dann ist dir wichtig, was du tust, und nur dann können wir auch gut Mo-toren produzieren.« Läuft also rund bei Scania. Läuft rund in Schweden und in Skandinavien sowieso. Sein Kollege

[Andεrsch] nickt: »Wir probieren hier immer positiv zu sein. Wenn du dich nicht um Menschen kümmerst, dann kümmert diese Menschen ihre Arbeit auch nicht mehr.« Und dann sinkt das Wikingerschiff.

Zusammen Zähne putzen und Kaffee trinken

Okay, Berlin ist nicht Deutschland, Kopenhagen nicht Dänemark und Stockholm nicht Schweden. Es sind Großstädte mit Flair, Kreativität und frei fließender Energie. Und dann gibt es noch eine Menge anderer Städte, die in deren Schatten stehen. Weniger spektakulär, keine umwerfende Schönheiten aber grundsympathisch, wie Borås, eine alte Handels- und Textilstadt mit 70 000 Einwohnern. Nach zahlreichen Bränden und der Krise in der Textilindustrie in den 1960er Jahren hat sie zwischenzeitlich das Prädikat der hässlichsten Stadt Schwedens erhalten. Dem kann das Fernsehteam, also Björn, Horst, Philine, Udo und ich beim Abendessen irgendwo in den schnuckeligen Straßen des kleinen Zentrums nicht zustimmen. Wir finden, die Stadt, durch die sich ein kleiner Fluss schlängelt, hat etwas. Vor allem Humor. Den Humor nämlich, direkt neben das Gebäude der lokalen Zeitung einen circa zehn Meter hohen Pinocchio aus Bronze zu stellen. Und auch sonst braucht sich die Stadt nicht kleiner zu geben, als sie ist, denn von hier aus wird die gesamte Logistik weltweit bekannter internationaler Unternehmen gesteuert. Mit Hilfe der Logistiksoftware-Firma Centiro, auf die wir im Lichte der aufgehenden Sonne heute morgen zusteuern. Hinter Immer-gut-gelaunt-Horst, der fleißig Schnittbilder

311

filmt, stolpere ich auf ein weißes Gebäude zu, das auf ganzer Länge von zwei Fensterfronten durchbrochen wird. Zumindest mich erinnert es ein wenig an eine Kindermilchschnitte. Heute bin ich ganz besonders motiviert, denn heute wird Lego gebaut! Jawoll! Während der Arbeitszeit. Wann sonst?

Wenig später stehen wir also in der großen Dachgalerie der Milchschnitte zwischen einem Heavy-Assault-Walker-Dingsda, General Grievous, Luke Skywalker und R2-D2-Figuren. Alles aus Lego. Auf zwei Tischen stehen schon vorsortierte Schälchen bereit. Da war wohl schon ein anderes Team vor uns am Werk. Nach dem Porsche, den die Verpackung verspricht, sieht es trotzdem noch lange nicht aus. Deshalb mache ich mich mit Sofia, der schönen Schwedin mit rotgewelltem Haar, Niklas, dem CEO und zwei anderen Mitarbeitern ans Getriebe. Ich darf bauen, während Björn schnell das Mikro-Wuschel zwischen mir und Niklas schwenken muss, als ich ihn spontan frage, was das Ganze hier denn eigentlich soll. Habt ihr nichts anderes zu tun?

Der schlanke Endvierziger grinst mit seinen vollen Lippen: »Klar ist es Arbeitszeit, aber es ist auch Spaß, und es zeigt jedem, was gutes Teamwork bedeutet. Wir haben alle verschiedene Fähigkeiten, die wir einbringen können. Und das erinnert uns daran, dass Zusammenarbeit bedeutet, die Talente jeder Person zu respektieren. Der eine ist gut im Strukturieren, ein anderer legt lieber spontan los. Du kannst natürlich auch irgendwelche Management-Trainings organisieren«, sagt er und macht eine kurze Pause. »Wir kaufen einfach ein Lego-Set und legen los.« Und mit 50 bis 1000 Euro pro Packung ist das allemal billiger als ein professionelles Training und passt viel besser zum Unternehmenswert: entspannte Seriosität. Während Niklas in einer Schale nach dem gelben Teil der Hinterachse sucht, murmelt er weiter: »Du kannst nicht immer nur denken. Wenn du ein Problem hast, dann kann es besser sein, es mal ruhen zu lassen und stattdessen ein wenig Lego zu bauen, Pingpong zu spielen oder in den Fitnessraum zu gehen. Deine Lösungsprozesse laufen ja im Hintergrund weiter.« Wie die Software eines Logistikunternehmens. Auch, wenn wir augenscheinlich nicht arbeiten. Unser Hirn tut's doch.

Sind die Skandinavier so sozial engagiert auf der Arbeit, weil sie privat nicht in die Pötte kommen? Ivar, ein hübscher Mann mit blassem Teint, leider nicht mehr frei, weil verheiratet mit dem ebenso hübschen blonden Micael (ja einem Mann), lacht kurz auf und gibt mir spaßeshalber recht. »Schließlich verbringen wir sehr viel Zeit miteinander auf der Arbeit.« Ivars und Micaels fünfjähriger Sohn Ludwig umkreist währenddessen den geschmackvoll mit Blumen dekorierten Glastisch im abendlich hell erleuchteten Büro mitten in Stockholm. Wir sitzen im gläsernen Besprechungsraum von Multisoft, und Ivar ist der Gründer des IT-Unternehmens: »Ich glaube, deshalb lieben die Menschen in Schweden ihre Arbeit noch mehr, weil wir so viele soziale Aktivitäten haben. Wir haben hier zum Beispiel eine Menge Clubs, die wir unseren Mitarbeitern finanzieren«, so beginnt er. Weil ich inzwischen weiß, dass jetzt wieder eine Endlosliste heruntergerasselt wird, bitte ich Ivar, kurz inne zu halten, so dass ich meine Speicherkarte prüfen kann. So. Jetzt.

»Okay, also … Bist du bereit?«, beginnt er und wuschelt seinem Sohn durch die blonden Haare. »Wir haben zum

Beispiel einen Badminton-Club. Einen Fußballclub, einen Musikclub, eine Band, die Multisoft-Band. Wir spielen Innebandy, so etwas wie Hockey für drinnen. Dann haben wir einen eigenen Backclub für die Leute, die zusammen backen wollen. Und dann habe ich wahrscheinlich noch ein paar der Clubs vergessen.« Er stützt nachdenklich sein Kinn auf seine Handfläche, während Ludwig versucht, unter seinem Ellenbogen hindurch auf seine Knie zu klettern.

Etwas irritiert entgegne ich über die rosa Blumenpracht hinweg: »Aber ihr seid doch nur 60 Personen!«

Er scheint meinen Einwand nicht so recht zu verstehen, denn er erklärt mir, dass man ja auch Mitglied in mehreren Clubs sein kann. »Ach ja, und wir finanzieren auch noch die Teilnahme an den Marathons.« Självklart – selbstverständlich.

Oder man geht halt zu fünfzigst mittwochs in der Mittagspause spazieren; joggen geht auch, wie bei Tobii; zusammen segeln, rudern und fischen, das liegt, so würde ich mal sagen, bei den Wikingern auf der Hand. Volleyball, Fußball, Hockey, Basketball, Tennis oder Golf zusammen spielen; auf der Baustelle grillen oder halt Fika mit Kanelbulle abhalten, wie bei Skanska; zusammen beim Yogakurs, Spinning oder Zumba inhouse oder halt im Sportclub um die Ecke schwitzen; im hauseigenen Chor trällern oder alle gemeinsam im Atrium des Bürogebäudes singen, wie bei Rambøll; mit den Kumpels vom Bau bei MTA Studienreisen nach Island, Venedig oder Dublin unternehmen; 'ne Runde Kickerspielen wie bei World Translation; virtuell zusammen bis nach Paris laufen wie bei Siemens; im Unternehmen Vorträgen über Ernährung, Sport und gesunden Schlaf lauschen; an dreitägi-

gen Skitrips oder Wandertagen teilnehmen, wie bei MOE;
gemeinsam abends essengehen; Alumnipartys organisieren
wie bei Scania; einen Tag zusammen in dem Freizeitpark verbringen; Picknick auf einer Insel in den Schären oder auf dem
nächsten Fjord, wie bei Norner; Fischen gehen mit allen Familien des Unternehmens oder Sporttage für die ganze Firma
wie bei VELUX; zusammen zum Eishockey-Spiel gehen;
eine Woche lang das Unternehmen schließen, um mit allen
zusammen an der betriebseigenen Universität teilzunehmen,
wie bei der Implement Consulting Group; jeden zweiten
Montag Gedichte vortragen, wie bei Snøhetta; zusammen
Marathons laufen oder schwimmen, wie beim Sahlgrenska
Krankenhaus; Mountainbiken und Motorbiken; zusammen
kochen; Theater, Konzerte oder Ausstellungen besuchen,
wie bei Yara. Sowieso die Freitagsbar besuchen, in Schweden
»after work« genannt oder freitags zusammen frühstücken;
epische Weihnachtsfeste und epische Sommerfeste feiern wie
bei Snøhetta, na ja das sowieso. Und das ganze während der
Arbeitszeit oder nicht, mit Anhang oder nicht, ganz bezahlt,
teils gesponsert oder gar nicht. Meistens aber schon. Da
schaut niemand so genau hin.

Warum das wichtig ist? Christian, der unglaublich humor-
volle Geschäftsführer des Ingenieurbüros MOE in Kopenhagen, freut sich anscheinend über meine Frage: »Du musst
in deinem Kollegen mehr sehen als nur deinen Kollegen. Du
musst ihn als gesamte Person sehen. Und du lernst ihn besser kennen, wenn ihr zusammen Ski oder Rad fahren wart
oder gegeneinander Fußball gespielt habt. Dann lernst du
andere Facetten einer Person kennen. Im Sommer fahre ich
immer 18 Kilometer mit dem Rad zur Arbeit. Danach stehe

ich, der CEO, neben unserem jüngsten Mitarbeiter unter der Dusche. In der Kantine würde er mich nicht so schnell ansprechen, aber wenn wir nackt nebeneinander stehen und uns später unser Haar frisieren – okay, ich habe nicht so viel davon …«, gluckst er, »dann sind wir plötzlich auf demselben Niveau. Dann haben wir eine Verbindung. Ich denke, dass wir einander als ganze Menschen kennen sollten und nicht nur als brillante Ingenieure.« Skandinavier sind versessen auf Gleichheit. Und je mehr wir uns als Menschen aus Fleisch und Blut kennenlernen, desto einfacher machen wir es uns, uns als gleich zu empfinden. Auch ein nordischer CEO mag das gerne, auch Christian. »Ich liebe es, der CEO des Unternehmens zu sein, klar. Aber ich liebe es auch, wenn Menschen mich sehen, wie ich bin, als einen stinknormalen Menschen.« Der auch einfach nur mit anderen eine gute Zeit erleben möchte, denn mit Verlaub, bei all den Teambuilding-Gedanken, darum geht es doch im Leben. Vor allem im Norden, findet Christian: »Natürlich sollte der Laden laufen, und natürlich möchten wir gute Resultate erzielen, aber unsere Bestimmung ist es, Spaß zu haben. Spaß ist unglaublich wichtig.« Und da lacht er wieder und bebt. »Ich glaube, wenn Platz für Freude und Spaß ist, dann wirst du auch in deinem Job viel leisten.«

Und deshalb käme keiner auch nur ansatzweise auf die Idee, dass all diese Aktivitäten vom Quasseln am Kaffeeautomaten übers Abhängen im Fitnessstudio oder den gemeinsamen Ausstellungsbesuch ineffektiv wären. »Egal, wo ich bin, solange ich Menschen treffe, tausche ich mich mit ihnen aus«, so Thorsten, der brav aussehende Deutsche, der beim Schau-mir-in-die-Augen-Kleines-Hersteller den Kundensupport schmeißt: »In Deutschland wird es als Kostenfaktor gesehen, hier als Investition.« Und kulturelle Aktivitäten, bei denen Menschen etwas zusammen erleben, in welcher Art auch immer, scheinen emotionaler Erschöpfung vorbeugen zu können, wie Töres mir später erzählt. Töres Theorell, emeritierter Professor beim Stressforskningsinstitutet der Stockholmer Uni. All diese Aktivitäten haben also einen positiven Effekt auf die geistige Gesundheit der Mitarbeiter. Beziehungen kommen vor dem Geschäft. Eindeutig, findet auch Steffen, der PR-Manager des Scandic Hotels in Berlin, und würde auch genau das den Deutschen für ihr Glück aus Skandinavien mitbringen. Weiche Geschenke aus einem hart umkämpften Hotelleriemarkt. *Socializen*, ja, das ist typisch schwedisch, bestätigt mir Jasmin, der tanzende Bauarbeiter, später. Denn das sorgt ja dafür, dass man Lust hat, zusammen zu arbeiten. Letztendlich sind wir alle Teil einer großen Familie, schmunzelt Michael, der Senior Vice President von VELUX in Kopenhagen. Und deshalb verbringt man so viel Zeit wie möglich miteinander, um sich kennenzulernen, zu wissen, wann jemand einen Scheißtag hat, um einander zu unterstützen, miteinander zu lachen, bei Konflikten nicht zu lange böse aufeinander zu sein, kurzum ein ganz normales Familienleben zu führen.

Und wo trifft sich die Familie – nun außer am Kaffeeautomaten? Bei Tisch. Bei einem anständigen Essen. Unbedingt. Keine undefinierbaren und ständig viel zu großen Portionen, die hinter einer Theke aus Blechbehältern mehr oder weniger begeistert auf den Teller geklatscht werden. Inklusive des nachfolgenden McDonald's-Effekts, wenn man ganz genau weiß: Jetzt ist das Essen wie ein Stein im Magen angekommen und zieht dich für den Rest des Tages runter.

Vorfreude ist ja bekanntlich die schönste Freude, und das gilt auch, wenn man sich tillsammans auf ein gutes Essen freut. Und das bekommen Sie immer, wenn Sie im Norden in einem Betriebsrestaurant speisen, nicht essen. Vor den meisten Büfetts der Unternehmensrestaurants murmle ich erst einmal ein überwältigtes »Wow«, mache große Augen und nehme ein Foto auf, weil das Angebot, liebevoll dekoriert, einfach überwältigend ist. Die »New Nordic Cuisine« scheint hier allgegenwärtig. Kunstvoll drapierte Salatkreationen, knusprig frisches Brot, Gemüse al dente, Soßen ohne Fettaugen, saftiges Fleisch, frischer Fisch oder appetitliche Veganerkost. In Skandinaviens Küchen schwingen richtig gute Köche den Kochlöffel.

Und das ist volle Absicht. Denn für das Arbeitsumfeld ist gutes Essen extrem wichtig, so Henrik, der Gründer des Produktentwicklers Attention im Zentrum von Kopenhagen. »Guter Kaffee, gutes Essen«, lacht er jugendlich, »ist der Schlüssel zu glücklichen Mitarbeitern. Es ist wichtig, wie das Essen dargeboten wird. Die Qualität der Speisen entscheidet schließlich darüber, wie du das Essen in deinem Körper spürst.« Henrik reibt sich über seinen schlanken Bauch, während er auf die Uhr schielt. »Ich glaube, es ist eine sehr gute Grundlage für jede Form der Diskussion«, resümiert er und weist mit einem Nicken in Richtung Küche, in der ich später an rustikalen Tischen einen sensationell leckeren Hamburger verspeise – ohne McDonald's-Effekt.

»Wir haben hier eine großartige Kantine. Es gibt wirklich phantastisches Essen. Dreimal pro Tag!« Kia, die frischgeschiedene Chaospilotin bei Making Waves, weist über das lange Büffet, das im Untergeschoss des IT-Unternehmens in Oslo aufgebaut ist. »Ich finde es eine gute Teamsache für's Glück, sozusagen, weil es Bereiche schafft, wo Menschen sich treffen, sich unterhalten und zusammen Spaß haben. Vielleicht reden sie über die Arbeit, vielleicht über etwas anderes, aber sie haben eine gute Zeit zusammen und ein gutes Mittagessen.« Beim Übersetzungsbüro World Translation wird sogar die Mittagspause als Arbeitszeit gesehen, um sicherzustellen, dass die Mitarbeiter auch wirklich eine Mittagspause machen.

Denn Liebe geht durch den Magen.

Und es fällt sofort auf, wenn diese Liebe fehlt. Horst zumindest. Unserem Kameramann. Der schwenkt suchend seine geschulterte Kamera umher. »Hast du einen gesehen?«, fragt er mich. Nö, ich habe noch keinen entdeckt! »Schlechtes Unternehmen!«, so Horst, und ich gebe ihm eine Schnute ziehend recht: »Ganz mies.«

Das allerdings lässt kein schwedisches und, wie ich später lernen soll, auch kein dänisches oder norwegisches Unternehmen auf sich sitzen. Jedes hat einen oder mehrere. Es gibt ihn profan: Bananen, Mandarinen, Äpfel und Birnen. Und es gibt die Luxusvariante mit Kiwis, Mangos und anderen exotischen Vitaminbomben. In welcher Konstellation auch immer, es gibt kein Unternehmen, bei dem er nicht auf der Empfangstheke beim Eingang, im Büro, im Baucontainer oder sonstwo steht. Es ist der Obstkorb! Und wer seinen Mitarbeitern keine Vitamine zur Verfügung stellt, handelt aus nordischer Sicht grob fahrlässig.

Auch deutsche Unternehmen. Später stehe ich mit einem

Glas Rotwein in Matthias' Küche. Ausnahmsweise, denn in Norwegen trinkt man unter der Woche nicht. Schweigend schauen wir zu, wie seine Frau Gitte bereits um 17.20 Uhr einen Berg voller Pfannkuchen backt. Ich kann es nicht lassen und fordere Matthias grinsend heraus: »Ich habe euren Obstkorb vermisst bei Siemens!« Das würde doch jetzt gut ins Bild passen, dass ausgerechnet ein deutsches Unternehmen keinen Obstkorb anbietet. Doch zu früh gefreut: »Nein, nein, der ist schon da!«, entgegnet Matthias. »Der steht jetzt in der Kantine.«

»Jaja, der Obstkorb, das ist so ein nordisches Ding ...«, fährt er, sein Weinglas gedankenvoll kreisend, fort. »Das wollen die Deutschen immer gleich abschaffen, wenn sie hierher kommen.« Wusste ich's doch! »Unser neuer Finanzvorstand ist damals auch hierher gekommen und hat erst mal geschaut, wo er einsparen kann. Irgendwann hat er dann mal den Vorschlag gemacht, die Obstkörbe abzuschaffen.« Und ist damit gnadenlos auf die Nase gefallen. Der Obstkorb blieb, nur die Mangos flogen raus. Denn Früchte sind so heilig wie schwedischer Kaffee.

Eine Menge Kaffee.

Nach Finnland konsumieren die blau-gelben Vertreter Skandinaviens in Europa den meisten Kaffee. Dicht gefolgt von den Norwegern. Und eine Tasse dieses Heißgetränkes hätte ich jetzt gerne. Denn ich stapfe immer noch neben Beatrice auf dem Betriebsgelände von Scania um den gefrorenen See. »*Fika* ist der eigentliche Grund für unsere wahre Größe!«, sagt die Kompetenzbeauftragte und weist mit einer Hand gen Himmel. Weiße Kältewolken begleiten ihre pathetischen Worte. Und sie meint das tatsächlich ernst! Na ja, warum auch nicht. Auch ich bin mit dem Ausdruck Fika inzwischen so sehr vertraut, dass ich es später als Titelvorschlag für dieses Buch an Verlag und Freunde sende: »Glück im Job ist mehr als Fika!« Nun, die Reaktion ist verhalten. Doch, wo immer Sie in Schweden unterwegs sind, wenn Sie wissen, was Fika bedeutet, dann sind Sie ganz vorne mit dabei. Haben Sie doch verstanden, was den Schweden privat und im Job wahrhaft wichtig ist. Und mit der liberalen Haltung der Schweden gegenüber Sexualität hat das beileibe nichts zu tun. Sondern mit der den Schweden allerliebsten Angewohnheit: Kaffeetrinken en masse. »Ska vi fika?« bedeutet einfach: »Sollen wir einen Kaffee zusammen trinken?« Klingt als Glücksbringer jetzt nicht so spannend, und Fika ist auch viel mehr als das, erklärt mir Beatrice. »Es geht darum, zusammen zu sein und zu reden, sich außerhalb des Kontextes einer Aufgabe zu unterhalten. Dann kommen die großartigen Ideen. Nicht, wenn du in einem Meeting sitzt oder das tust, was du zu tun hast. Sie kommen während der Fika.« Denn Fika ist eine Art der Kommunikation mit integrativem Charakter und eine faire Chance für Ihre introvertierten Kollegen. Denn auch, wenn die Decken hoch sind, streckt nicht jeder ständig den Finger in die Luft. Manche bleiben stiller. Beatrice nickt: »Sie sagen in formellen Meetings nicht so viel. Sie sagen es hinterher, während der Fika. Ich bekomme alle Informationen, die ich benötige, um erfolgreich zu sein, während der Fika. Fika, ja, Fika ist der Weg zur Digitalisierung«, sagt sie und hebt wieder die Hand gen Himmel, bevor sie in schallendes Gelächter ausbricht.

Total ineffizient, denken deutsche Unternehmen allerdings häufig, wenn sie eine Dependance in Pippi Langstrumpfs

Land errichten, und setzen auch hier gerne den Rotstift an. Fürs Kaffeetrinken wird man schließlich nicht bezahlt! Vor allem, wenn man da auch Privates bespricht. Zwei Mal täglich 20 Minuten lang. »Ja, wir bezahlen private Gespräche. Und wir bezahlen sogar auch, wenn die Leute aufs Klo gehen!«, kontert Ivar, der Papa von Ludwig lachend. Er hat auf allen drei Etagen seines Unternehmens offene Kaffee-Ecken eingerichtet, damit er sicher sein kann, dass die Leute auch über etwas anders reden, als nur den Job. »Plaudern ist ein Teil der Arbeit«, so Eisenbahn-Johan mit den blau-orangefarbenen Laufschuhen. »Wenn du in dem, was du tust, effizient sein möchtest, musst du dafür sorgen, dass du dich mit deinen Kollegen gut verstehst.« Vorsicht also! Finger weg! Fika ist ein schwedisches Heiligtum.

Denn Fika ist eine Art, Nähe unter Menschen im Unternehmen aufzubauen, über Abteilungen und Hierarchien hinweg. »Dieses Engagement! Wie willst du diese starke Verbindung zu der Marke, dem Arbeitgeber und dem Arbeitnehmer herstellen?«, fragt A-Capella-Kent mich, während er engagiert mit beiden Händen auf sein Herz weist. Der globale Personalleiter bei Scania ist sachlich, freundlich, persönlich und, wenn es um *das* Thema geht, leidenschaftlich: »Und wie schaffst du es, diese emotionale Nähe auf der Arbeit herzustellen, wenn du dich nicht zu einer Tasse Kaffee triffst, schwedischem Kaffee, zweimal am Tag?« Und zwar jetzt nicht Abteilung per Abteilung, oder die Kollegen, die eh immer zusammen Kaffee trinken, nur das Management oder nur die Krankenschwestern gar. »Fika! Das ist ein so wichtiges Wort!«, findet auch Gabi, die Sechs-Stunden-Tag-OP-Schwester in Göteborg. »Zusammen zu sitzen mit dem

Professor oder Arzt, also wir sagen ja dann Björn oder Linda ...« Fika ist ein demokratisches Instrument und Ausdruck des schwedischen Gleichheitsgedankens: Jede Meinung ist wichtig. Und das Allerwichtigste ist, dass wir sie irgendwie hinterm Ofen hervorlocken. Wenn's sein muss mit einer Tasse Kaffee. Und deshalb sorgt der Chef persönlich dafür, dass hier auch wirklich jeder seinen Kaffee trinkt. Sofia, die Kommunikationsmanagerin der Star-Wars-Crew, dreht ihre Kaffeetasse verträumt in den Händen:»Niklas, unser CEO, läuft täglich an allen Tischen entlang und sagt: *Los, wir machen Fika! Es ist Fika-Zeit! Auf geht's! Pause!*« Tatsächlich hat Niklas heute morgen dafür unser Interview unterbrochen. Denn auch eine Buchautorin braucht ihre Fika.

Im Hintergrund ist auch noch Platz

Okay, kann jetzt jeder einfach mal glücklich sein
und sich auf die Arbeit konzentrieren?
Pauline, Opernsängerin, Stockholm, Schweden

»Äh ja. Und bei einem Teil meiner Recherche-Reise begleitet mich ein Filmteam des deutschen Fernsehens, also der WDR. W-D-R. W-e-s-t D-e-u-t-s-c-h-e-r Rundfunk«, artikuliere ich noch einmal deutlich. »Und eventuell – also ich kann da nichts versprechen – aber die Chance ist groß, dass dein Unternehmen dann Teil des Dokumentarfilms wird«, spreche ich langsam und deutlich ins Telefon.

Schwedisches langgerecktes Åhhh. Stille.

»Das Ganze wird dann in einer Themenwoche der ARD ausgestrahlt. Also ARD. Kennst du? Seriöses deutsches Fernsehen?«, versuche ich krampfhaft die Pause mit Worten zu füllen.

Schwedisches langgerecktes Åhhh. Stille.

Wie jetzt? Ist das jetzt nicht superinteressant? Werde ich jetzt nicht gleich weiter verbunden? Reißt sich da jetzt keiner ein Bein aus? Auch wenn es nur der WDR ist, immerhin schauen im Schnitt 500 000 Menschen die Sendung. Und die wird minimal einmal wiederholt. Hallo? Eine Million Mal!

Immerhin im Schnitt so viele Zuschauer wie ein Zehntel aller Schweden?

Gut.

Interessiert hier keine Socke.

»Aber deine Idee ist toll. Die gefällt uns. Da machen wir gerne mit!«

IKEA und die Optikerkette Smarteyes kommen nicht in die engere Auswahl, und Skanska später wird auch so gut wie aus dem Film geschnitten. 31 Minuten sind nun mal 31 Minuten. Mist! Und jetzt? Wer nicht ins Fernsehen kommt, der macht doch nicht mehr bei irgend so einem Buchprojekt von irgend so einer Glücksautorin aus irgend so einem Bonn mit. So meine Befürchtung. Ich sehe meine Fische schon von der Angel springen ...

Doch die Antwort bleibt unverändert:

»Deine Idee ist toll. Die gefällt uns. Da machen wir gerne mit!«

Es geht um die Substanz, nicht um den Putz. Auf den brauchen Sie im Norden also gar nicht erst zu hauen.

Willkommen in den Ländern, in denen Bescheidenheit eine Tugend und Understatement ein Geschäftsmodell ist.

»Wir sind hier sehr bescheiden. Wenn wir in etwas gut sind, dann reiben wir es anderen nicht unbedingt unter die Nase. Wir helfen ihnen lieber, so gut zu werden wie wir. Ich glaube, das ist ziemlich skandinavisch.« Åhhh. Stille. Und deshalb würde er, Björn, der jugendliche Team-Leiter der Endmontage mit orangefarbenem Scania-Shirt und Schutzbrille im Haar, dies den Deutschen für mehr Arbeitsglück verkaufen wollen: Bescheidenheit und Zurückhaltung. Das scheint auch in Bezug auf das Glück zu gelten, lerne ich irgendwann im Januar von Randi, der großen Blonden mit dem schwarzen Rock, als ich sie frage, welche Zahl sie sich selbst auf einer Glücksskala von 0 bis 10 geben würde. Lachen. »Jetzt sind wir wieder bei der typisch norwegischen Zurückhaltung. Wenn wir 8 sagen, dann ist das wirklich klasse, obwohl Leute in anderen Ländern in einem solchen Fall wahrscheinlich 9 oder 10 sagen würden. Wir entscheiden uns meist moderat Richtung Mitte.« Das muss dann ja echt ein Schock für die Norweger gewesen sein, beim World Happiness Report 2017 auf Platz eins zu landen. Wahrscheinlich haben sie sich deshalb 2018 schnell auf den zweiten Platz verkrümelt. Denn in Norwegen ist der zweite Platz der beste, der erste ist nun wirklich zu dekadent!

Wer bescheiden ist, der kann wichtig sein, muss sich aber nicht so wichtig nehmen und schon gar nicht so verhalten. Lektion Nummer eins beim Erlernen dieser Tugend lautet: einen Schritt zur Seite treten, um anderen den Vortritt zu lassen. Das hatte auch Christian, der Mädchenfußballpapa versucht. Bei TUI Deutschland organisierte er regelmäßige Informationsveranstaltungen, die über das Netz im ganzen Unternehmen gezeigt wurden. Doch anstatt selbst in den Mittelpunkt zu treten, hat er sich als Vorstandsvorsitzender an den Rand gestellt und einen Mitarbeiter sprechen lassen. »Denn in Skandinavien denken wir: Es stärkt mich, wenn ein Mitarbeiter seine Arbeit gut macht und das gut erzählen kann«, so Christian. Löblich im Prinzip, wäre da nicht anschließend der deutsche Betriebsrat auf ihn zugekommen, um ihn darauf hinzuweisen, dass er als schwacher Geschäftsführer wahrgenommen würde, wenn er nicht selbst auf der Bühne stehe. »Das ist in Skandinavien absolut anders.« Wieder einmal. »O Gott, nein!«, schmeißt sich Ninni lachend weg. »Das ist eins der schlimmsten Dinge, die man machen kann, dass man sich selbst hervorhebt! Deshalb sitzt man auch zu mehreren im Meeting.« Die Expertin für interkulturelle Kommunikation bei der deutsch-schwedischen Handelskammer wirft ihre blonden Korkenzieherlocken über ihre Schulter. »Dann kann man nämlich sagen: *Also meine Kollegin Kerstin hat echt einen super Job gemacht!* Dann kann ich etwas Gutes über Kerstin sagen und sie über mich. Weil selber geht das ja nicht.« Eine sympathische Art, sich selbst zurückzunehmen und stattdessen anderen Menschen regelmäßig Blumen zu schenken. Denn, so der bescheidene Gedanke »Menschen in meinem Team leisten einen bedeutsameren Beitrag zum Ergebnis, als ich es kann.« Zu dem Grübchen im Kinn der PR-Leiterin Jenny Babymetal gesellen sich jetzt noch zwei in den Wangen: »Ich muss einfach nur die Ergebnisse koordinieren, damit die gesamte Abteilung scheint. Ich scheine nur durch andere.«

Ungefähr so, wie IKEA-HANNA, die mich aus ihren strahlend blauen Augen anschaut: »Wenn die Leute in meinem Führungsteam besser sind als ich, dann mache ich meine Arbeit am allerbesten! Wir entscheiden gemeinsam, welchen Weg wir gehen wollen. Und ich bin nur ein Teil davon, dass uns das Ganze gelingt.« Kein Wunder also, dass das bekannteste blau-gelbe schwedische Unternehmen Bescheidenheit als einen seiner Kernwerte führt. »Rücksichtnahme und Respekt, Freundlichkeit und Großzügigkeit, Ehrlichkeit, seine Fehler zugeben, anderen zuhören können – das verstehen wir unter dem Begriff Bescheidenheit«, so steht es im 1976 von IKEAs Gründer Ingvar verfassten »Testament eines Möbelhändlers«. Im Übrigen bedeutet eine bescheidene Haltung nicht, dass man bescheidene Resultate abliefert. Deshalb lautet das Pendant zum Wert »Bescheidenheit« bei IKEA »Willensstärke«, der enorme Drang etwas wirklich zu erreichen, aber – und das ist wirklich Wikinger-like – auf die sanfte Tour. Auch, wenn das in der Wikingerzeit noch etwas anders war.

»Ich brenne darauf, neue Dinge zu entdecken und die Welt zu erobern, aber ich sehe auch, dass ich meine dänische Seite habe. Dass ich nicht der Typ bin, der allen zeigen möchte, dass wir die Besten auf der Welt sind«, Henrik, Gründer des Produktentwicklers, lächelt lausbubenhaft. Das, mit Verlaub, stelle ich mir etwas schwierig vor etwas zu verkaufen, ohne es zu verkaufen. Henrik lacht kurz auf. »Ja. Ein Däne in einem anderen Land zu sein, wie in China zum Beispiel, kann ziemlich schwierig sein, denn die wollen von all den Auszeichnungen hören, die du erhalten hast. Und es ist wirklich nicht dänisch zu prahlen. Wir lieben das Understatement.«
Diese Haltung hat der norwegisch-dänische Schriftsteller Aksel Sandemose in seinem Roman über eine fiktive Kleinstadt namens Jante 1933 gut beschrieben. So gut, dass die in Jante herrschenden Gesetze es auf wundersame Art geschafft haben, ein ständiger Teil der skandinavischen Lebensrealität zu werden: *Du sollst nicht denken, dass du etwas Besonderes bist oder besser bist als wir.* – Was für unsere Ohren etwas geringschätzig klingen mag, ist in Wahrheit recht angenehm und entlastend. Wenn man nicht besonders sein muss, dann

muss man auch nicht immer beweisen, dass man es besser drauf hat als andere. »Wenn du deinen Job gut machst, weiß das eh jeder«, so Björns logische Erklärung. Er setzt seine Schutzbrille ab und zieht noch mal sein orangefarbenes Scania-Poloshirt zurecht. »Wir mögen dich nicht, wenn du damit angibst, wie toll du bist, aber wir bewundern dich, wenn du kein Wort darüber verlierst.«

Frank, der deutsche Controller vom Felsen, stimmt dem entspannt zu: »Man muss gleichwertig sein. Du hast den gleichen Wert wie ich, die gleichen Möglichkeiten. Du kannst auch besser sein als ich, aber du darfst es nicht zeigen. Du kannst, aber erstens sehe ich dann doof aus und zweitens siehst du dann auch doof aus.«

Ein Blick auf die Uhr lässt mich zusammenzucken: »Mist Björn, ist es wirklich schon elf Uhr?« Und das, wo man in Schweden pünktlicher ist als in Deutschland! »Wo ist denn mein Fahrer? Vielleicht wartet er schon irgendwo auf mich?« Hastig räume ich meine Sachen zusammen. Björn ist die Ruhe selbst: »Vielleicht wollte er nicht stören?« Da müssen wir beide grinsen, und mir entwischt ein: »Åhhh, schwedische Bescheidenheit!«

Einfach nur nett

Ich hab's tatsächlich hinbekommen: Björn, Horst, Udo, Philine und ich, sprich das gesamte WDR-Filmteam, sitzen mit einem verzückten Lächeln auf der Empore der Folkoperan, Stockholms aufmüpfigem kleinen Opernhaus im angesagten Stadtteil Södermalm. Gegen den heftigen Widerstand unseres

Tontechnikers Björn, dessen Musikgeschmack eher Richtung Heavy Metal tendiert, und auch nur, weil ich unbedingt Paulines Auftritt sehen wollte, die ich ein paar Wochen zuvor zufällig in einem Straßencafé interviewt habe. Die große Blondine mit Korkenzieherlocken balanciert gerade singend auf einem drei Meter hohen, imaginären Wollknäuel. Eines ist klar, die Oper macht wahr, wofür sie steht: außergewöhnliche Produktionen. Jede Sekunde der Oper ein Kunstwerk! Selbst Björn ist platt.

Wie fügen sich die zurückhaltenden Schweden wohl ein in eine Welt, in der es von Diven, Don Juans und aufgepumpten Egos nur so wimmelt, frage ich mich, und bitte Pauline um ein Statement. Die lacht und nickt. Sie weiß genau, was ich meine: »Wir bringen nicht so viele schlechte Gewohnheiten in unsere Arbeit ein.« Was meint sie denn jetzt damit? »Wir kommen einfach und machen unseren Gesang. Das allein erfordert schon genug Energie. Du musst auf der Bühne wirklich fokussiert sein, sonst kannst du dich schnell verletzen.« Man könnte zum Beispiel von überdimensionalen Wollknäueln stürzen. Pauline nickt. »Wir streiten nicht mit anderen, wir leben nicht von Konfrontationen, wir haben mehr so etwas wie *Okay, kann jetzt jeder einfach mal glücklich sein und sich auf die Arbeit konzentrieren?*« Und das, so würde ich mal sagen, ist die Essenz Skandinaviens: einfach mal glücklich sein und sich auf seine Arbeit konzentrieren. Denn wer damit beschäftigt ist, sein Bestes zu geben, der hat keine Zeit für Konfrontationen oder Machtspielchen. »Die Deutschen könnten lernen, etwas mehr schwedisch zu sein. Ein bisschen offener vielleicht, ein bisschen weicher in den Abgrenzungen ... nicht immer so schroff und hart gegeneinander anzuklotzen«, findet auch Martin, der deutsche Auswanderer-Anästhesist. Ib, der hochemotionale Gründer des Übersetzungsbüros, weist nachdrücklich mit den Armen in meine Richtung und proklamiert in Dänendeutsch: »Man muss denken: *Mensch, ich mag dich, und ich möchte, dass du dich bei mir wohl fühlst.*« Strahlend greift Ib wieder in seine Schale mit Schokoladenbonbons. »Du musst das aussprechen. *Ich mag dich. Du bist so 'ne tolle Frau, du schaffst das!* Kannst du dir vorstellen, dass dann alle froh sind?« Und so entsteht Energie. Ganz ohne Reibung.

Wir halten immer den Atem an, wenn wir Aggressionen spüren, im Großen wie im Kleinen. Egal, ob wir direkt involviert sind oder nicht. Ob es der Kunde ist, der im Supermarkt ausfallend wird, der Autofahrer, der wild gestikulierend hupt, oder der Chef, der gerade einen Kollegen glattbügelt. Wir sind mit einem Sensor ausgestattet, der uns Konfrontationsbereitschaft wahrnehmen lässt. Er kriecht uns unter die Haut und knufft uns zwischen die Schulterblätter. Konflikte bedeuten potentiell die Gefahr einer Konfrontation und sorgen für die Ausschüttung des Hormons Adrenalin, damit wir es ganz sicher noch bis zum nächsten Baum schaffen, wenn's knallt. Das stresst und könnte der Grund dafür sein, dass wir uns in den skandinavischen Ländern spontan so entspannt fühlen, weil das Aggressionsniveau dort einfach niedriger ist. »Schweden sind so freundlich und so diszipliniert. So ruhig und geduldig«, schwärmt eine begeisterte Mitarbeiterin des Star-Wars-Logistikzauberers aus Indien. Und dafür strengen sich die Eislochhüpfer an, denn mal ehrlich, draufhauen kann doch jeder. »Das Arbeitsleben ist einfach ein wenig entspannter. Man gibt sich mehr Mühe damit, Sachen auch taktvoll zu formulieren«, findet zumindest die radelnde Deutsche Marion in Dänemark. »Die Dänen denken mehr darüber nach, wie man etwas vermittelt, damit der andere das auch versteht, ohne sich gekränkt zu fühlen.«

Dementsprechend leicht entsetzt sind die Nordländer, wenn sie über die Grenze hüpfen und in deutschen Unternehmen landen, wie Trine, die es nicht allzu lange bei einem deutschen Versandhandel in Berlin ausgehalten hat: »Für mich war das am Anfang sehr schwierig. Ich dachte, alle wären sauer auf mich«, fängt Trine aus Oslo an zu erzählen. »Die Deutschen können total böse aufeinander sein und schreien sich in einem Meeting gegenseitig an: *Wie kannst du so etwas machen!* Das war schon krass. Und sobald man dann draußen ist, sind sie wieder beste Freunde. Das ist für uns sehr schwierig. In Norwegen wollen wir immer Freunde sein.« Der Ton macht die Musik. Und leise Töne sind wiederum gewöhnungsbedürftig für Vertreter der Länder, die Tacheles reden, wie die Inder, wie Marc, der Produktentwickler aus Älmhult, der sich inzwischen über so Einiges in Schweden wundert. »Was mich an der schwedischen Kultur nervt? Sie ist zu nett!«, lacht er herzlich. »Wenn die Skandinavier einfach mal sagen würden: *Das ist Scheiße!* Aber sie sind einfach zu nett.« Auch für Österreicher, wie Romana. »Die Norweger versuchen, immer umgänglich zu sein. Sie vermeiden direkte Konflikte. Aber manchmal finde ich sie nicht kritisch genug, ein wenig zu sanft vielleicht.« Sanft ist ein gutes Stichwort, findet Ninni und wirft mit einer lässigen Armbewegung ihre goldenen Locken über ihre Schultern: »Wenn man die deutsche Formulierung nimmt und da eine Flasche Weichspüler drüber kippt, dann hat man ungefähr die schwedische Art der Formulierung. Man verwendet sehr viel Konjunktiv: *Es wäre schön, wenn du eventuell bis morgen das Papier auf den Tisch legen würdest, bitte.*« Sie lacht kurz auf, bevor sie fortfährt: »Das ist eine ganz klare Direktive – für Schweden. Der Schwede versteht das sofort. Der Deutsche denkt, das ist auf der Prioliste ganz unten und morgen liegt dann nichts auf dem Tisch.«

Jacob, dessen Name auf seiner Sicherheitsjacke steht, lässt seinen Helm immer noch um seinen Finger kreisen. »Die Leute sind immer höflich hier. Ich denke, das ist ein großer Teil der schwedischen Kultur. Mache Sachen nicht unnötig kompliziert. Motze nicht herum, werde nicht böse.« Konflikte durch Konfrontationen anzugehen, ist hier dementsprechend nicht gewünscht. »Schweden wollen nicht, dass sich jemand anderes schlecht fühlt, sie sind sehr fürsorgliche Menschen«, so Dino, der jugendliche Museumsteamleiter des IKEA-Museums in Älmhult. Ist das der Grund, weshalb die Leute in Schweden glücklicher sind, frage ich mich und Frank vom Felsen. »Auf jeden Fall! Leute sind umgänglicher. Leistung wird eher gelobt als Nicht-Leistung kritisiert. Man will immer freundlich sein und den Konsens finden, und das geht manchmal auf Kosten der Effizienz.« Denkpause. »Aber das ist auch okay. Das Leistungsniveau hier ist ja super.«

Warum auch nicht? Nett und Umsatz brauchen sich ja nicht zu widersprechen. Da gibt mir später auch Hans Olav, Gründer von Making Waves in Oslo, recht und fährt sich nachdenklich über seine weißen Stoppelhaare: »Es geht nicht *nur* darum, nett zu sein. Aber es ist auch nett, nett zu sein.« Da lächelt er. »Es lohnt sich auch. Wenn du Menschen ein gutes Leben bietest, dann hast du glücklichere und effektivere Mitarbeiter. Dann ist das ein gutes Geschäft für beide.« Nett sein, lachen, Umsatz machen. Klingt ganz einfach, doch *einfach* ist das beileibe nicht. Das ist harte Arbeit. Was macht Menschen glücklich auf der Arbeit? Petra, die Direktorin vom Plexiglaskugel-Hotel muss absolut nicht lange nachdenken: »Sage ›Hallo‹ und den Namen deiner Leute und lächle immer. Auch wenn ich morgens sauer auf meine Kinder bin oder was auch immer, sobald ich in's Auto steige, sage ich mir: ›*Okay, jetzt hab ich gute Laune. Jetzt werde ich glücklich sein.*‹ Beim Aussteigen lächle ich wieder. Und wenn ich dann eine positive Rückmeldung bekomme, denke ich: *Tsching! Hingekriegt!*«

Nett ist die kleine Schwester von Scheiße, so die deutsche Antwort. »In Deutschland ist das oft ein Zeichen von Inkompetenz. Wir denken, Direktiven haben mehr Kraft, wenn sie möglichst klar und ohne Firlefanz daherkommen«, fährt Ninni nachdenklich fort. Unter dem Deckmantel von Führungsstärke und Professionalität lässt sich erfolgreich so manche Nettigkeit verstecken. Wer jedoch einfach nur nett ist, vielleicht nicht immer eine felsenfeste Meinung proklamieren muss und zu allem Überfluss erst einmal den anderen den Vortritt lässt, dessen Kompetenz wird schnell angezweifelt. Nett rangiert ungefähr auf dem gleichen Platz wie naiv, gutgläubig oder blond. Doch ich finde, wir sollten dieses Wort als Tugend wieder einführen, weil es das Miteinander so einfach macht. Schadet ja nicht. Also ich fänd's – nett.«

Sag nicht nein, wenn du auch ja sagen kannst

Wie in einem kleinen Vorlesungsraum sitzen auf verschiedenen Ebenen Mitarbeiter konzentriert vor PC-Schirmen, einer geschätzt sieben Meter breiten schwarzen, konkav gebogenen Anzeigetafel gegenüber. Visal, der herzliche Mitdreißiger umarmt mich zur Begrüßung erst einmal. Er und seine Chefin Linda werden mir heute aus dem Leben der 115 Verkehrsführer Schwedens erzählen, und zwar auf ... tja ... Lindas Englisch ist so lala. Schwedisch? Mein Schwedisch ist mehr als so lala. Kein Problem. Visal lächelt und gibt mir freundschaftlich einen Knuff: »Wir übersetzen es für dich, dann hast du später zu Hause nicht die ganze Arbeit. So machen wir das hier. Wann immer jemand Hilfe benötigt, sind wir da und rufen: *Ja. Hier!*«

Skandis mögen ja wirklich versessen sein auf alles, was modern ist. Auf dem Gebiet des Nein-Sagens hinken sie dem Trend völlig hinterher. Wo doch das Nein-Sagen zurzeit so hoch im Kurs ist. Mehr *nein* – mehr Zeit. Lerne deine Grenzen zu ziehen! Vorsicht vor Manipulation, Helfer-Syndrom und Schmeichel-Falle. Die Autoren des Webs sind anscheinend noch kreativer als ich in der Worterfindung. Auch die Terminologie »Gefälligkeitsfalle« ist mir ziemlich neu. Die Ratgeber sind voll davon, und auch Google spuckt Unmengen an Artikeln darüber aus, wie Sie das Neinsagen lernen können. Wer nein sagt, der wird respektiert. Jawoll!

Entschuldigen Sie ...

Darf ich mal was fragen?

Was soll das?

Skandinavier sagen nicht Ja, um gemocht zu werden, oder

weil sie nicht Nein sagen können, sondern weil sie einfach *nett* sind, hilfsbereit, sorgsam, mitfühlend und solch antiquierte Attribute, die uns auf dem Weg ins Glück vermeintlich nur im Weg rumstehen. Dieser Weg sieht in Norwegen augenscheinlich anders aus, und er führt vorbei am ockergelb königlichen Schloss über gewundene schneebedeckte Pfade direkt zu Gro, einer Norwegerin, die bei Making Waves in Oslo meine Termine koordiniert hat. Sie denkt scharf nach und zieht dabei ihre hoch geschwungenen Augenbrauen zusammen. »Wenn es etwas gibt, das typisch norwegisch ist, dann ist es, dass wir immer das Beste füreinander wollen. Wir wollen einander helfen. Wir sind *Ja-Leute*«, lacht die blonde Mama im weinroten Rollkragenpullover. »Ja! Wir sagen echt oft ja.«

Selbstverständlich! Was denn sonst? Im Norden herrscht das Helfersyndrom, und das ist kein Problem, wenn es jeder hat. Denn dann stimmt unterm Strich die Bilanz zwischen Geben und Nehmen, und letztendlich gewinnt jeder, würde Maria sagen, die schwedische Unternehmen auf Mitarbeiterzufriedenheit prüft: »Wenn dein Kollege dir mit etwas hilft, dann freust du dich ja, wenn du der Person nächstes Mal helfen kannst. So entsteht eine gute Atmosphäre im Unternehmen.«

Auf nordischen Kühlschrankmagneten finden Sie keine Sprüche wie: »Sag nicht ja, wenn du nein sagen willst«. Sondern eher: »Sag nicht nein, wenn du ja sagen kannst«. Wer im Norden ein glattes Nein auf seine Anfrage präsentiert bekommt, dem fällt dementsprechend erst einmal die Kinnlade runter. »Das war echt ein Schock für mich!«, lacht Anne-Marit, die zurückhaltende Geschäftsführerin von Siemens

Norwegen. »Ich bin ja aus Norwegen gewöhnt, einfach immer zu meinen Kollegen gehen und um Rat und Hilfe bitten zu können. Die lassen dann alles stehen und liegen, um dir zu helfen, weil es eine Ehre ist zu helfen. Denn das bedeutet, dass du gebraucht wirst. Als ich vor ein paar Jahren in Deutschland gearbeitet habe, war das ganz anders: *Ja, okay, wenn ich meine Aufgabe fertig und noch Zeit habe, dann kann ich dir vielleicht helfen* – war hier die Reaktion.« Erst meins, dann deins.

Erst deins, dann meins, wäre da schlauer. Denn wenn ich Zeit schenke, erhalte ich Zeit zurück, wie eine Studie ergeben hat.[32] Das klingt jetzt vielleicht etwas befremdlich, doch Zeit ist mehr als 24 Stunden oder 86400 Sekunden pro Tag. Zeit nehmen wir äußerst subjektiv wahr. Haben wir Spaß, vergeht sie im Fluge, ist etwas mühsam, kann es gefühlt ewig dauern. Doch egal, ob sie schnell oder langsam verstreicht, meist empfinden wir unsere Zeit in unseren Gefilden als knapp bemessen. Das ändert sich allerdings schlagartig in dem Moment, in dem wir anderen helfen. Das Gefühl des Zeitdrucks scheint sich dann zu verringern, weil wir das Gefühl haben, aktiv etwas bewegen zu können und selbst wirksam zu sein. Kurz, wer Zeit gibt, bekommt Zeit zurück.

Helfen, großzügig sein, nett sein – all diese Dinge machen immer zwei Personen glücklich: den Empfänger und den Absender. Peter zum Beispiel, der für den Bau der Kopenhagener Metro verantwortlich war: »Einen jungen Kollegen einzuführen, jemandem bei einer Analyse für einen Kunden zu helfen, das gibt mir das Gefühl, für jemanden von Bedeutung zu sein.« Und dafür sorgt, was im Allgemeinen als

»helpers-high« betitelt wird, das warme Gefühl, das sofort Ihren Körper durchströmt, wenn Sie jemandem noch schnell die Fahrstuhltür aufhalten, wenn Sie der Mutter, die mit Kind und Einkaufstaschen jongliert, die heruntergefallenen Tomaten einsammeln oder Ihren sichtbar gestressten Kollegen mit einer Tasse Kaffee plus Zimtschnecke überraschen. Helfen tut einfach gut, denn es aktiviert das Belohnungssystem im Hirn, dem Effekt von Drogen nicht unähnlich. Es ist dieses wohlige Gefühl, das die Endorphine verursachen, die durch den Körper rauschen, sobald wir eine gute Tat vollbringen. Dabei ist nicht ganz klar, wie die Reihenfolge lautet, dass glückliche Menschen einfach nur hilfsbereiter sind oder Hilfsbereitschaft einfach nur glücklich[33] macht. Zerbrechen Sie sich darüber bitte nicht den Kopf. Viel wichtiger ist doch, dass es ein Ereignis ist, an das Sie sich immer wieder gern erinnern mögen. Dass der Effekt nicht gleich wieder aus Ihrem Leben verschwindet. Helfen hat einen Anflug von Nostalgie, und wann immer Sie daran zurückdenken, werden Sie das Gefühl wieder kosten können. »Man hört ja immer, man solle mehr *nein* sagen. Ich finde, man sollte den Menschen beibringen, mehr *ja* zu sagen«, lacht Hanna, eine lustige Finnin, die ich im Café des Skanska-Gebäudes zu einer Fika-Pause treffe. »Ich bekomme Energie von meinen Kollegen, und dann sollte ich ihnen ebenfalls Energie zurückschenken.« Wenn ich dir helfe, dann helfe ich damit auch mir, sprich uns. Und wo sieht man das besser, als auf dem Bau?

Zacharias, der Bauarbeiter der kleinen Baufirma MTA, brüllt gegen den Wind an, während ich die Kamera sichere. »Wenn du nicht weiter arbeiten kannst, kann ich auch nicht weiter arbeiten. Wir können das Gebäude nicht gemeinsam fertigstellen, ohne dass jedes Teil fertig ist. Also kommen alle zusammen und helfen mit.« Er weist auf seinen Kollegen Steve aus Neuseeland, der ihm gerade freundlich beim Vorbeigehen auf die Schulter klopft und in die Kamera grinst. »Uhm – Es macht echt Spaß, hier zu sein. Wenn du morgens zur Arbeit kommst, sind alle gut drauf. Wir sind alle glücklich hier. Wenn du jemanden um etwas bittest, dann tut er immer noch ein wenig mehr für dich.«

Menschen möchten grundsätzlich helfen, so die Grundeinstellung der Wikingerbande. Über alle Abteilungen hinweg, auf allen Gebieten, denn wie soll man denn sonst gemeinsam besser werden? Das Ziehen von klaren Grenzen ist etwas schwierig im Norden, denn wo soll man die auch ziehen? Wo hört meins auf und fängt deins an, wenn alle zusammen in einem Boot sitzen? Auf stürmischer See benötigen wir »all hands on deck«, denn es wäre ja auch echt nett, wenn wir zusammen den Hafen noch erreichen.

Ja-Sagen, helfen, teilen – alles Ausdruck derselben Freigebigkeit. Man gibt etwas weg. Wer das nicht möchte, weil er denkt, er verliere dadurch nur etwas, der verliert dadurch tatsächlich etwas: den Gewinn, dass ihm selbst jemand in gleicher oder anderer Form helfen wird. Ganz sicher aber verliert er das wertvollste Geschenk, nämlich die Steigerung seines eigenen Glücksempfindens. Auch um 7.30 Uhr. Auf einer Baustelle irgendwo in Stockholm. »Ich habe immer eine gute Zeit auf der Arbeit, denn hier gibt es immer etwas, womit ich jemandem helfen kann.« Vor mir sitzt Joakim, der mit seinen weißblonden, fesch zur Seite gescheitelten Haaren glatt als Mitglied einer Boygroup durchgehen könnte, doch er hat etwas anderes im Sinn: »Auch, wenn es um fünf

Uhr morgens ist, denke ich: *Okay, raus aus den Federn! Ich werde gebraucht!*«

Sie haben's gehört: Raus aus den Federn! Sie werden gebraucht.

Das Wort Teilen ist unsagbar wichtig

Was sollte ich absolut nicht vergessen zu schreiben? Kjetil, der Architekt, denkt nach, während er sich mit einer Hand über die Bartstoppeln streicht, dass es nur so in meinem Mikro knistert: »Ich glaube, der Wert des Nordens liegt darin, dass wir es vertragen, dass Prozesse nicht linear sind. Im Gegenteil. Du streust deine Ideen. Wenn du teilst und aufrichtig bist, dann bekommst du eine Menge Dinge zurück. Und dadurch begreifst du dein eigenes Tun im Kontext des Ganzen.« Er nickt. »Du befindest dich nicht in einem künstlich abgeschotteten Raum, sondern du bist Teil des Ganzen, den anderen ganz nahe. Du kriechst praktisch unter die Haut des Offensichtlichen.« Das war jetzt eine sehr tiefgehende Umschreibung dafür, warum Sie im Norden eine Vielzahl der sogenannten »open spaces« oder der »activity based« Arbeitsumgebungen antreffen. Weil man teilen, sich vermischen und gegenseitig befruchten soll. »Wie glaubst du, überleben zu können, wenn du nicht teilst?«, fragt Kjetil mich ernst und weist mit seiner Hand von der Galerie, auf der wir stehen, über die offene Fabrikhalle, in der an die 100 Architekten, Designer, Künstler, Juristen, und wer sonst noch so in einem Architekturbüro arbeitet, wild durcheinandergewürfelt zwischen nackten Betonpfeilern sitzen. »Wir setzen Leute nicht in Gruppen zusammen. Oder Abteilungen. Und das tun wir, weil wir an den Zufall glauben. Leute reden über Dinge, die jemand anderes aus einem total anderen Projekt oder einer anderen Berufssparte auffängt und nutzen kann«, so der sanfte Bär weiter. »Wir sind vom Zufall abhängig. Und das ist wesentlich, denn vielleicht sind Zufälle gar nicht so zufällig. Vielleicht werden sie durch einen Zeitrahmen kreiert oder durch etwas, was schon eine Weile in der Luft liegt«, fügt Kjetil sinnierend hinzu. »Du musst dem Zufall auf die Beine helfen.«

Und das tut man im Norden. Offene Bürolandschaften sind ein Ausdruck dieser Philosophie, dass Energie immer frei fließen sollte. »Meistens sitze ich hier auf der *trappa*, der zentralen breiten Treppe aus tiefen Holz-Stufen und bunten Kissen oder im Café«, erzählt mir Daniel, während ich dem Mitarbeiter der Kommunikationsabteilung mit meiner Kamera durch Hubhult folge. »Du kommst morgens rein und fragst dich, an was arbeite ich heute oder mit wem, und dann suchst du dir den dazugehörigen Ort.« Er zeigt auf das *Wohnzimmer* mit Hockern in Kuhfell und gemütlichem Lammfell über den Sesseln vor den Bücherregalen. Oder lieber ein gewöhnlicher Schreibtisch? Vielleicht auch eine Workshopbox, die aussieht wie ein umgekippter Karton mit Laschen als Türen? »Meistens sind sie offen, denn wir wollen Ideen bei IKEA teilen. Menschen, die vorbeikommen, sollen sich einbringen: *Oh, das ist interessant, was macht ihr da?* Und dann teilen sie ihr Wissen. Wir wollen transparent und offen sein, denn wir wollen *ein* IKEA sein.« Und eins sein kannst du nur, wenn du teilst. Und so bietet IKEA Sverige in seinem neuen Hauptquartier alles, was das Teilen fördert, aber auch erträglich macht. Denn manchmal ist es einfach genug mit Inspirieren, Teilen und Befruchten. Klappe zu, Affe tot. Dafür gibt es dann schallgedämpfte Boxen und Ruhebereiche mit absolutem Störverbot, auch wenn die Hütte brennt oder der CEO im Quadrat springt.

Wie man sie auch nennt, Arbeitsplätze sollten von Oslo über Kopenhagen bis nach Stockholm möglichst fröhliche Tummelplätze sein, »Orte, an denen sich Menschen besonders gern aufhalten, an denen sie sich wohlfühlen, sich frei entfalten, sich ihren Bedürfnissen entsprechend verhalten können«, so ungefähr umschreibt der Duden meine Übersetzung von »Meetingplace«. Egal, ob es um Unternehmen mit 194 000 oder nur mit 850 Mitarbeitern geht, wie das Ingenieursbüro vom glucksenden Christian: »Wir wollten einen Ort schaffen, wo du einander die ganze Zeit sehen und treffen kannst, an dem du Informationen teilen kannst.« Tatsächlich sind auch hier alle Etagen zu einem luftigen Atrium hin offen gestaltet und gehen in verschiedenen Halbebenen ineinander über, so dass man irgendwie immer jeden sehen kann. Solche Tummelplätze funktionieren allerdings nur, wenn die Stimmung stimmt. »Was mich glücklich macht? Eine gute Arbeitsumgebung, eine positive Atmosphäre. Ich sitze in einer offenen Landschaft, also ist es extrem wichtig, dass wir gut zusammenarbeiten und eine gute Beziehung zueinander haben«, so Robert, ein junger Global Planer beim Pflanzenfütterer Yara in Oslo – mit Krawatte übrigens, weil die neu ist und er sie so schick findet, wie er mir auf meine Stichelei hin antwortet. Jetzt also von heute auf morgen alle Wände niederzureißen, in die Hände zu klatschen und zu sagen »So, wir machen jetzt auch mal auf skandinavisch und modern«, wird nicht funktionieren, wenn die Beziehung untereinander nicht stimmt und man nicht bereit ist, sich auf einander einzulassen. Offene Kultur kommt vor offener Architektur.

»In Norwegen ist es irgendwie natürlich, zu teilen. Sei offen, inspiriere, motiviere«, stellt Sunniva klar, die Schneemobilfahrerin mit der Zahnlücke auf der Insel im Westen Norwegens. »Es sind all die kleinen Dinge. Hilf Menschen, wenn sie Hilfe benötigen, nimm anderen Arbeit ab, wenn sie überlastet sind. Jeder fühlt sich verantwortlich, auch wenn es nicht dein Job ist, dann machst du es, weil es gut für die Firma ist, und das ist ja dann auch wieder gut für dich.« Ihre Kollegin Hanna stimmt ihr heftig nickend zu: »Du musst deine Entdeckungen teilen. Wenn du etwas Interessantes entdeckt oder etwas Neues gelernt hast, teile es, damit andere davon profitieren können.«

Sunniva: »Ja, dann bist du stolz.«

Hanna: »Auch wenn du das Logo nicht selbst gemacht hast, dann bist du trotzdem ein Teil davon, weil du etwas dazu beigetragen hast.« Nickend lachen die zwei Kolleginnen einander an, während ihre identischen locker hochgesteckten Dutts hin und her wackeln. Einer in Blond, einer in Braun.

Und dazu bedarf es einer gewissen Gelassenheit und des Muts loszulassen. Denn das ganze Geteile macht es mitunter etwas unstrukturiert, das geben die Skandinavier zu, und kann auch schon mal nerven. Doch sie mögen nun einmal keine klaren Zuständigkeitsbereiche, abgesteckte Aufgabenbereiche oder geschlossene Räume. Ideen müssen ungehindert fließen können. Und das geht nur, wenn es keine Staudämme gibt, die sie aufhalten, ihrer Neugierde zu folgen.

Weil das nicht Ihre Befugnis ist oder nicht Ihr Aufgabenbereich, oder weil so etwas der Chef entscheidet oder Ihr Kollege sonst angefressen ist. Nur – der ist leider heute nicht da. Und jetzt? Jetzt sind in Skandinavien halt Sie zuständig! Weil Sie da sind. Weil Sie auch im Bilde sind, weil Ihr Kollege alle nötigen Infos mit Ihnen geteilt hat. Auf jeden Fall tun Sie eins nicht: Sie – verbinden – nicht – weiter! Informationen teilen, heißt nämlich auch Verantwortung zu teilen. Wer als Erster den Hörer in der Hand hat, ist zuständig. Auch für die Aufgaben von jemand anderem.

Nervt das?, muss ich Trine einfach fragen, die mir das norwegische Zuständigkeitsprinzip gerade erklärt hat. Sie schaut mich etwas verdutzt an: »Das ist doch gut. Dann bekommt man ja auch neue Ideen! Dieses Wissen-ist-Macht-Prinzip, wie ich es in Deutschland erlebt habe, das ist sehr unskandinavisch. Ich will immer alles zeigen, was ich mache, und ich will auch immer, dass die Leute mir zeigen, was sie machen.« Von Grund auf neugierige Menschen lassen sich nun einmal nicht gerne etwas verheimlichen und sind auch echt schlecht im Fürsichbehalten.

»Wenn ich dir mein Rezept verrate, bekomme ich in sehr vielen Fällen etwas zurück: *Oh, das ist cool, aber ich habe das hier ausprobiert*«, so Fredrik, das sportliche Energiebündel von Tobii aus Stockholm. »Das Wort teilen ist unsagbar wichtig. Sei nicht einfach alleine leidenschaftlich! Teile, wie du die Sachen machst. Teile dein Lächeln. Beziehe andere Leute mit ein, deine Kollegen, damit du sicher sein kannst, dass du das, was du tust, auf eine schlaue Art und Weise tust.«

Auf Informationen besteht in Skandinavien also absolut

kein Hoheitsrecht. Sie sind nur dann wertvoll, wenn sie jeder hat, nicht, wenn nur einer sie hat. Denn dann können sie nicht dazu verwendet werden, im gegenseitigen Wechselspiel etwas Sagenhaftes entstehen zu lassen. Tillsammans! Je mehr Info, desto besser die Entscheidung. Egal wo, im Unternehmen, so Christian, der auch gerne seine Fehler teilt. »Das ist ein großes Problem bei traditionellen, deutschen Unternehmen, dass man Informationen nicht teilen möchte, auch nicht auf dem Niveau der Geschäftsführung«, so der ehemalige Vorstandsvorsitzende von TUI Deutschland. »Aber das ist nicht das Beste für ein Unternehmen. Man muss auf allen Ebenen offen Informationen teilen. Sonst ist ja die Geschäftsführung teilweise dysfunktional. Wenn nicht alle, die um einen Tisch sitzen, dieselben Infos haben, wie soll man dann die besten Lösungen finden?«

Wissen ist Macht. Dieses Sprichwort ergibt nur in Gesellschaften Sinn, in denen die Ambitionen Einzelner wichtiger sind als die der Gemeinschaft. »Ich denke, dass Führungskräfte oft Angst haben, Macht abzugeben. Für mich als schwedischer Geschäftsführer war es genau anders herum. Ich wollte so viele Informationen wie möglich im gesamten Unternehmen verteilen.« Denn nur wenn jeder Zugang zu nötigen Informationen hat, kann jeder sich dazu entscheiden, ethisch zu handeln, und das ist besonders bei Bauunternehmen wichtig, erfahre ich von Veronika, der weltweiten Personalleiterin bei Skanska: »Deshalb ist es wichtig, dass alle Bescheid wissen können, denn nur so können wir unsere Menschen motivieren. Wenn es negative Presse gibt, dann werden wir darüber sofort reden. Was ist los? Was ist unser Standpunkt? Was können wir tun?« Auch Veronika wedelt durch die Luft, weil sich das Licht wieder in den Stromsparmodus verzogen hat, und konkludiert: »Ich denke, es gibt nur sehr wenig Informationen, die man nicht teilen kann.«

Wissen fließt rauf und runter, Panta rhei. Alles fließt in Skandinavien, damit jeder genug Wasser bekommt, um zu wachsen. »Ich glaube, das ist ziemlich schwedisch, Informationen und Wissen zu teilen, um andere größer werden zu lassen.« Emma, die blasse Schwedin mit dem rotbraunen Zopf, die die Kommunikation bei der innerschwedischen Fluglinie BRA leitet, schaut mich ernst an: »Wenn du anderen nicht erlaubst zu wachsen, dann wirst du sie verlieren. Oder sie werden zumindest nicht ihre gesamte Kapazität einbringen.« Vielleicht ist es unsere Angst, dass andere über uns hinauswachsen, die dafür sorgt, dass wir unser Wissen lieber nicht teilen. Doch auch dafür gehen beide Daumen hoch, zumindest bei Petra, der Hoteldirektorin meines Lieblingsschreibhotels mitten in Stockholm: »Wenn ein Food & Beverage-Manager meine Funktion haben möchte, dann suche ich nach diesem Job für ihn in der Hotelkette. Und das ist einfach nur: …« Petra streckt ausgelassen beide Daumen in die Höhe. »Ich liebe es, Menschen dabei zu helfen, sich zu entwickeln. Es ist einfach das Beste!«

Warum teilen wir also nicht? Ist es unser fehlendes Bewusstsein, dass wir in unserer Einzigartigkeit schon phänomenal genug sind? Denn wer das Gefühl hat, genug zu sein oder genug zu haben, der teilt eher als Menschen, die das Gefühl haben, es mangle ihnen an allem. Und dann rechnen wir, wie hoch wohl die Verluste sind, wenn wir teilen: Verlust an Macht, Sicherheit, Status. Was wir oft vergessen, ist auch der Verlust am Gewinn des Teilens. Und dieser Gewinn ist positiv, positiv, positiv.

»Hört mal, wenn wir jetzt mal den Fußball außen vor lassen ...«, beginne ich zaghaft in Oslos IT-Beraterfirma meine Frage zu formulieren. »Warum denkt ihr, dass ein skandinavisches Team gewinnen würde?« Die zwei Entwickler Anfang dreißig, die sich eine acht und eine neun auf der Job-Glücksskala gegeben haben, denken lange nach. Echt lange. Verlegenes Lachen. Stille. Miese Frage an die Nordländer, ich weiß, denn wie soll man hierauf nordisch bescheiden antworten, wo doch in Norwegen der zweite Platz der Beste ist.

Jonathan, der schwedische Neu-Norweger mit sichtlich lateinamerikanischen Wurzeln, in seiner Freizeit übrigens Thai-Boxer, ergreift als Erster das Wort. »Es ist die Offenheit, die uns einen Vorteil verschafft. Du bist nicht der Beste, sondern wir sind als Team am besten. Ich habe eine Idee, Matias hat eine Idee und dann sparren wir miteinander, wie mentale Boxer.« »Und dann ...«, fällt Matias ein, »lassen wir etwas Neues entstehen.«

Jonathan übernimmt den Staffelstab wieder: »Ja, und das wird immer besser sein, als wenn ich einfach nur hier sitze und er da drüben. Und dann reden wir mit anderen darüber, die anfangen, sich für unser Projekt zu interessieren ... und dann – es ist wie positiv, positiv, positiv.« Jonathan macht eine kreisende Aufwärtsbewegung mit seiner Hand. »Es gibt absolut nichts Negatives an Offenheit.«

Gott sei Dank!

Mein Interview wurde nicht gecancelled! Heute steht Peder auf dem Programm. Er ist der CEO der Biotech-Firma Novoyzmes in Bagsværd, einem Vorort von Kopenhagen. Eine Firma, deren Wissenschaftler von Berufs wegen in Dänemarks Natur auf Pilzejagd gehen, um aus ihnen neue Enzyme zu gewinnen. Damit wird die Leistung von Waschmitteln verstärkt, die Umwandlung von Pflanzenabfällen in Kraftstoff beschleunigt oder die Qualität von beinahe jedem Brotteig in Deutschland verbessert, solche Dinge eben. Die Welt verbessern mit biologischen Lösungen. Bei der Herstellung von industriell genutzten Enzymen sind sie Weltmarktführer. Peder hat über 6400 Mitarbeiter in Europa, Amerika und Asien, die alle zusammen einen Jahresumsatz von mehr als zwei Milliarden Euro generieren. Nebenbei ist Peder, ein umgänglicher Mann mit vergnügten Augen, auch noch ein gefragter Meinungsmacher in Dänemark und dem Rest der Welt, wie mir René, sein PR-Manager, zuraunt, der mich heute von einem ins nächste Interview geleitet. Statt Steuern zu senken, sollte man in Bildung investieren, wäre so eine von Peders Ansichten. 2016 wurde er von Forbes zu einem der weltweiten »Game Changer« ernannt. Wann immer etwas in der Welt passiert, klopft die Presse für ein Statement an Peders Tür.

Und ausgerechnet heute Nacht ist es passiert: Donald Trump wurde zum Präsidenten gewählt. Und Maike kommt zu Besuch! Auch ein denkwürdiges Ereignis. Dafür steht allerdings keiner Schlange.

Doch weder weicht unser Treffen wichtigeren Dingen,

noch wird es auf dezente zehn Minuten heruntergestutzt. Entweder Peder hat überhaupt keinen Sinn für Prioritäten, oder ich werde genauso respektvoll behandelt wie die Weltpresse.

Letzteres. Trump hin oder her, wenn Maike für ein Interview bis nach Dänemark reist, dann bekommt sie das auch. Und nach einer Stunde sitzt er immer noch mit dieser unbekannten Buchautorin im Büro, schlürft Kaffee, erzählt von seinen Enkelkindern, seiner Unternehmensvision und von seiner Sicht auf die Welt, die heute Nacht, so muss er zugeben, etwas erschüttert wurde. Der freundliche Mann im blaugestreiften Hemd ohne Krawatte schaut fokussiert durch die Glaswände seines Büros, das skandinavisch offen allseits einsehbar ist. »Ich glaube, es ist ein Teil unserer skandinavischen Wurzeln, dass wir hier weniger hierarchisch – na ja, du kannst schon beinahe sagen, ein egalitäres Unternehmen sind. Meine Rolle ist es, der Beste unter Gleichen zu sein, aber es ist nicht meine Aufgabe, den Leuten zu erzählen, wo sie langgehen sollen. Ich erwarte von ihnen, dass sie das selber entscheiden. Ich erwarte von ihnen, dass sie ihre eigene Peitsche sind und sich selber antreiben können. Ich muss lediglich die Dinge zusammenbringen und dafür sorgen, dass das Ganze gut funktioniert. Jeder ist hier gleich wichtig.«

Auch Maike. Mindestens so wichtig wie der Präsident von Amerika.

Mit Respekt behandelt zu werden, ist eines unserer Grundbedürfnisse und ein wichtiger Baustein im Konstrukt der Gemeinschaft. Er sollte deshalb auch keinem Menschen verwehrt bleiben. Anna, die Personalleiterin für all die Bauarbeiter und Ingenieure der Stockholmer Baufirma Skanska, packt flugs ihre Sachen zusammen, denn wir werden von einer Horde jüngerer Mitarbeiter aus dem Besprechungsraum vertrieben. »Wir respektieren hier jeden. Du bist echt kein Superheld, weil du im Büro arbeitest. Du bist ein Superheld, weil du auf der Baustelle arbeitest. Das sind unsere Helden, das ist absolut so. Die überleben auch ohne uns, aber wir nicht ohne sie.«

Morgens früh um 7.00 Uhr verneige ich mich dann tief vor ungefähr 15 dieser Helden bei deren obligatorischer Morgengymnastik mitten auf der Baustelle. »Für mich ist es total wichtig, dass Menschen eine gute, respektvolle Beziehung zueinander haben«, sagt Jasmin und stolpert wieder vom Schwedischen ins Englische und zurück: »Deshalb ist dieses Ritual auch so wichtig für mich. Wir kommen zusammen und kalibrieren uns irgendwie. Das macht mich wirklich glücklich.« Frank vom Hotel, der meinem ungelenken Small-Talk-Versuch mit einem nüchternen »Nein – Warum?« ein schnelles Ende breitet hat, ist auch weiterhin glasklar in seiner Meinung: »Du musst einfach diesen tiefen Glauben haben, dass Menschen wichtig sind.« Wieder schätzt er mich mit seinem scharfen Blick genau ab. »Wenn du denkst, der Job eines Zimmermädchens ist nur ein Job irgendwo da unten in der Pyramide, dann irrst du dich. Das ist ein Knochenjob: 18 Zimmer, 18 Bäder zu putzen. Tagein, tagaus. Alleine, ohne Kollegen.« Deshalb haben jetzt alle Putzteams im Scandic Hotel ein Tablet bekommen, damit sie das Gefühl haben, mit den anderen Mitarbeitern im Hotel verbunden zu sein, ein Teil vom Ganzen zu sein. »Das ist ein riesenwichtiger

Job, und du bist engagierter, wenn du weißt, dass dein Unternehmen das genauso sieht. Dass du weißt, wie bedeutend es für uns ist, wie du die Zimmer putzt oder das Essen kochst, wie die Rechnungen bezahlt werden oder was immer du tust. Es macht mich wirklich glücklich, wenn ich sehe, mit wie viel Herzblut hier jeder seinen Job macht.« Warum ich ihm das abnehme? Ganz einfach, weil er weiß, wovon er spricht. Frank hat weder eine kaufmännische Ausbildung noch BWL studiert. Sein erster Job war der eines Zimmermädchens, pardon Roomboys. 18 Zimmer, 18 Bäder. Tagein, tagaus.

Die wichtigen Menschen im Unternehmen stecken nicht da, wo wir sie vermuten, oben im Dunst der Erhabenheit. Die wichtigen Menschen sind da, wo das Telefon klingelt, das Geschirr klappert und sich die Maschinen drehen. Natürlich ist es beeindruckend, mit den Visionären wie Frank an der Spitze eines erfolgreichen Unternehmens zu sprechen … aber, wo sind denn die ganzen wichtigen Leute hier? Zimmermädchen? Köche? Menschen an der Rezeption? Nach einer kurzen Reklamation dieses Missstandes meinerseits werde ich vom Hauptquartier der Hotelkette kurzerhand in ein Taxi verfrachtet und in das Scandic Hotel Anglais mit der Plexiglaskugel im Fenster gefahren. Hier treffe ich Gifti, ein Zimmermädchen aus Ghana, und Michaela, die an der Rezeption arbeitet. Endlich! Angekommen bei den High-Potentials!

Atemberaubend hübsch, schokoladenbraune Haut mit strahlenden Augen und einer sehr kunstvollen Frisur, so sitze ich zehn Minuten später Gifti in einer »ihrer« Suiten gegenüber, peinlich darauf bedacht, nichts anzufassen, damit sie es hinterher nicht wieder herrichten muss. Gifti kommt ursprünglich aus Ghana und findet die Schweden entgegen meiner Wahrnehmung äußerst gestresst. Immer müsse man sich beeilen, um rechtzeitig zur Haltestelle zu kommen, und dann warten die Menschen auf den Bus. In Ghana warte der Bus auf die Menschen. In gebrochenem Englisch lässt sie mich später jedoch unbeabsichtigt wissen, dass das mit der Integration in Schweden aber ansonsten ganz gut geklappt hat: »Wenn mein Chef etwas entscheidet, was ich nicht richtig finde, dann habe ich die Freiheit zu sagen: Ich finde die Entscheidung nicht gut. Ich möchte, dass wir sie ändern. Jeder hat diese Freiheit. Von dir wird erwartet, dass du so etwas ansprichst, damit wir zusammen das Problem lösen können.« Also keine Angst vor Mobbing oder so? »Nein!«, antwortet Gifti brüskiert und winkt heftig mit dem Zeigefinger wedelnd ab. »No, no! Ich weiß, dass du mein Chef bist, und ich respektiere dich, also erwarte ich, dass du mich ebenfalls respektierst. Es ist wichtig, dass jeder versucht, sein Bestes zu geben, damit wir alle glücklich sind.«

Und das möchte Anne-Marit uns deshalb aus Oslo als Glücksbringer für das Arbeitsleben mit auf den Weg geben. »Die Distanz zwischen Management und den Leuten in der Produktion. Werdet das los! Das wäre mein Rat. Du bist keine bessere Person, weil du der Chef bist, und auch nicht, weil du Fabrikarbeiter bist«, findet die Vierfachmutter-Geschäftsführerin bei Siemens. Ein wichtiger Punkt, denn wir haben schon mal die Neigung, Schuld nach oben zu drücken zu den »bösen« Managern, die etwas verändern sollen, während wir uns in unserer heiligen Hilflosigkeit suhlen. In Skandinavien geht es immer nur zusammen, gegenseitig, gleichwertig.

Und das ist für deutsche Importnorweger erst mal gewöhnungsbedürftig. Vor allem dann, wenn Sie gleich in einer sogenannten Führungsposition anfangen, wie Matthias, der Pfannkuchen-Jurist von Siemens: »So ein Organigramm interessiert hier wirklich überhaupt kein Schwein! Du bist in Kontakt mit den Leuten, weil sie dir helfen können, aber was für eine Funktion sie im konkreten Fall haben und wo sie in der Hierarchie stehen, spielt überhaupt keine Rolle.« Nachdenklich fährt seine Chefin Anne-Marit fort: »Vielleicht ist es weniger Respekt, sondern mehr Gleichwertigkeit. Die Gleichheit ist wichtiger als die Hierarchie. Die Gleichheit zwischen einem Manager und einem Mitarbeiter in der Fertigung. Wenn ich jetzt in das Betriebsrestaurant gehe und irgendetwas verkünde, wird es keiner machen, wenn er nicht damit einverstanden ist. Ich muss wirklich auf Menschen aus allen Unternehmensebenen hören.« Und bei Siemens Norwegen wären das dann 1450 Menschen.

»Gleichheit bedeutet, Anerkennung dafür, dass jeder etwas Wertvolles beitragen kann«, so umschreibt es Tommy, mit dem Ziel der »arbetsglädje« für all seine Kumpels. Und Loffe, sein Vorarbeiter, der mit seinem »Swenglish«, wie die Schweden die Mischung aus Schwedisch und Englisch nennen, meine Schwedisch-Für-Anfänger-Kenntnisse extrem strapaziert, sagt – dasselbe: »Unsere Firmenleitung schätzt die Leute hier wirklich, und dadurch sind wir glücklich und engagiert.« – Schwedische Pause – »Wir zählen genauso viel wie sie. Wenn nur einer unserer Leute einen schlechten Job macht, macht das Unternehmen einen schlechten Job. Jeder ist gleich wichtig für das Unternehmen, ob Zimmerleute, Büroangestellte oder Fliesenleger ...« Putzfrau, Chirurg oder Anästhesist. Alle zählen gleich viel und jedem gebührt deshalb derselbe Respekt, bestätigt mir Martin, einer dieser Anästhesisten. »Keiner von uns kann fehlen. Wir können die OP nicht durchführen, wenn die Putzfrau den Saal nicht ordentlich gereinigt hat, wenn der Chirurg nicht da ist oder die OP-Schwester fehlt.«

Respekt ist im Norden angesagt. Dafür, was du bist, als Mensch. Gerne dürfen Sie dann auch nebenbei noch Professor sein, findet Marina, die Leiterin der OP-Schwestern mit dem Sechs-Stunden-Tag: »Nur – bloß weil du einen Titel hast, hast du keinen Respekt verdient. Aber ich respektiere dich sofort als Person, so, wie du bist.« Also entspannen Sie sich. Sie müssen sich gar keinen abstrampeln, um respektiert zu werden. Kein Grund, Ihr Leben lang irgendwelchen Titeln, Statussymbolen oder angesehenen Positionen hinterherzujagen. Denn egal wo Sie hinwollen, der Respekt war schon vor Ihnen da.

Deutsche mit einschlägigen Kontakten in der Wikingerwelt müssen jedoch erst einmal tief durchatmen, ob der Unverfrorenheit, die die Wikinger so an den Tag legen. Titel werden missachtet, geschlossene Türen sowieso. Insignien der Macht sind sinnlos oder werden höchstens mit einem geduldigen Lächeln quittiert. Wenn Sie etwas bestimmen, wird zurückbestimmt, frech hinterfragt und im schlimmsten Falle schlichtweg nicht gemacht.

Wo bitte schön ist da der Respekt?

Kjetil wäre nicht Kjetil, würde er nicht auch diesem Thema eine ganz besondere Note verleihen. »Respekt ist für mich nicht grundsätzlich notwendig. Wir existieren weniger durch

354

Menschen, die einander respektieren, als durch Menschen, die sich gegenseitig akzeptieren.« Er sucht in meinen Augen nach einem Zeichen des Erkennens. »Sei vorsichtig mit Respekt, denn er hat für uns in Skandinavien einen negativen Beigeschmack. Denn wenn ich vor dir Respekt habe, ist die Grenze zu übermäßigem Respekt schnell überschritten, und dann bist du mir übergeordnet. Wir mögen keine Menschen über uns.« Vorsicht also, Respekt und Gleichheit sind ein eng ineinander verschlungenes Liebespaar. Man kann sie schlecht trennen, ohne dass sie schrecklich leiden.

»Wir haben hier eine Menge Manager aus dem Ausland, die versuchen, Norwegern zu erzählen, was sie zu tun haben. Und das funktioniert nicht wirklich gut«, lacht Tove, 47, Executive Vice President Supply Chain und Mitglied des Topmanagements bei Yara. Wer sich mit norwegischen Namen nicht so gut auskennt, eine Frau, mit Master of Science in Physik und Mathe, verantwortlich für zwei Kinder und Tausende von Mitarbeitern. Und ansonsten ist die Frau mit blonden, schulterlangen Haaren einfach nur skandinavisch nett und nahbar: »Unsere Mitarbeiter fühlen sich dann bevormundet und haben das Gefühl, nicht ernst genommen zu werden. Und dann machen sie ihre Aufgabe nur so lala.« Und das macht dann niemanden glücklich. Denn wenn wir nordisch denken, dann gehen wir davon aus, dass jeder sein Bestes geben möchte. Kein Mensch will wirklich Dinge nur »so lala« machen. Menschen tun dies, wenn ihnen die Motivation fehlt oder geraubt wurde. Und Respektlosigkeit ist ein wahrer Motivationsfresser. Ein Monster mit einem Bärenhunger, das Lebensgeister frisst.

Erinnern Sie sich an das Jante-Gesetz? Du sollst nicht denken, dass du etwas Besonderes bist oder besser bist als wir. Im Norden bekommen Sie Respekt als Basisration, alle die gleiche Menge, aber erwarten Sie bitte keine Extraportion. Jörg mit den Sneakern grinst immer noch. Überhaupt grinst er die ganze Zeit im Glücksland Dänemark: »Respekt gewinnt man für die intelligente Lösung und nicht durch zwei, drei oder vier Sterne auf der Schulter.«

Matthias grinst. »Am Anfang ist das ein Kulturschock! Man kommt hierher, man hat eine gewisse Funktion und denkt, dass die Leute einem zuhören oder interessiert sind, an dem, was man so tut, bloß, weil man eine bestimmte Position hat. Aber das interessiert hier überhaupt keinen!« Jetzt lacht Matthias mit den Pfannkuchen darüber. Nach acht Jahren kann er das inzwischen auch. Vielleicht liegt es daran, dass in Skandinavien alle Kinder gemeinsam in die gleichen Kindergärten und Schulen gehen, sinniert Sofia, die Personal-Managerin von Scania weiter. Denn die Eislochhüpfer wechseln erst nach der neunten Klasse in eine weiterführende Schulform. »Natürlich sehen wir, dass Leute später verschiedene Positionen einnehmen und unterschiedlich viel verdienen, aber tief im Herzen fühlen wir uns alle gleich.«

Und deshalb können Sie einfach mal wieder runterkommen oder aber sich aufrichten, je nachdem, wo Sie sich in der Rangordnung befinden, entspannt ausatmen und sich ganz normal miteinander unterhalten, auch mit dem CEO von Scania, mit beinahe 50 000 Mitarbeitern. Wenn er mit Gästen die Fertigung betritt, entsteht keine ehrfurchtsvolle Stille. »Er kann sich ganz normal mit jedem unterhalten. Es besteht hier ein natürlicher Dialog zwischen den Menschen«, so Sofia. Wenigstens weiß die, worüber ich rede, als ich sie zu Hierarchien befrage. Ihr Kollege Simon Husky-Blauauge weiß das nämlich nicht. Er erzählt mir gerade, dass es in der Fertigung keinen Manager gebe, der mehr als 20 Mitarbeiter hätte, damit sich jeder involviert fühle. Woraufhin ich ihm unterstelle, dass es dann ja wohl eine Menge Hierarchieebenen gebe. Seine Antwort begleitet ein fragender Blick: »Was meinst du mit Hierarchie?« Ich liefere ihm die gängige Definition. »Oh nein! Es ist genau anders herum. Es gibt natürlich viele Niveaus bis zum CEO, aber jeder kann mit jedem reden, und das passiert hier auch. Vor ein paar Wochen war hier ein sehr hoher Boss in der Fertigung zu Besuch. Er hat sich nicht an die Sicherheitsbestimmungen gehalten, denn er lief außerhalb der Sicherheitsmarkierungen herum, und innerhalb weniger Sekunden war ein Maschinenbediener bei ihm und hat ihn wieder zurückgeschickt.«

Nordmenschen sind Waagerecht-Gucker. Sie schauen nicht nach unten und nicht nach oben, sondern geradeaus, parallel zur Erdoberfläche, einander direkt in die Augen. Immerhin sind es stolze, selbstbewusste Wikinger. Natürlich gibt es in Schweden unterschiedliche Positionen in Firmen und Chefs, die das letzte Wort haben, doch sie prallen nicht mit dieser enormen Wucht auf Menschen nieder.

Denn die Eislochhüpfer bekommen es einfach nicht hin. Sie können es nicht begreifen, dass eine Person an der Kasse nicht so wichtig sein soll wie der Topmanager des Multinationals. Dass dem Herrn Doktor mit der Mission, Menschen zu heilen, mehr Respekt gebühren müsse als dem schweißbedeckten Bauarbeiter mit der Mission, Menschen ein Heim zu bauen. Noch mal zum Mitschreiben, liebe Wikinger: Wer mehr verdient, von edler Abstammung, hoch studiert, vielleicht noch Mann ist oder einfach nur die richtigen Freunde hat, dem zolle man lieber den nötigen Respekt. Deutschland ist recht gut darin, Respekt für Dinge abzuverlangen, die an gesellschaftliche oder wirtschaftliche Stellungen gekoppelt sind. Funktion geht vor Person. Diese Argumentationsfolge erschließt sich einem Wikinger leider so gar nicht. Trine von der Handelskammer in Oslo beißt sich nachdenklich auf ihre Unterlippe: »Du bist genauso freundlich und respektvoll gegenüber unserem Hausmeister wie gegenüber irgendeinem Top-Manager. Wir haben dieses Gefühl der Kollektivität, dass wir alle zusammenleben. Wir kennen hier nicht diese Abgrenzung und deshalb haben wir die Freiheit zu schauen, was uns Spaß macht. Denn alle sind hier gleich. Auch die Mitarbeiter im Supermarkt verdienen ja gar nicht so viel weniger als ich. Und die werden auch nicht anders behandelt. Und deshalb hast du die Freiheit, dich zu fragen: Was möchte ich wirklich tun? Was macht mich glücklich? Und dann macht man das auch.«

Die Kraft der Nähe

Jens erzählt ihn immer wieder gerne, seinen dänischen Aha-Moment, bei dem er auch nach beinahe zehn Jahren noch verschmitzt lächeln muss. Der heutige Geschäftsführer der Ingenieursfirma Rambøll in Kopenhagen, damals noch bei Siemens tätig, wechselte abrupt von London nach Jütland im Westen Dänemarks. »Ich bekam am Sonntag den Anruf, dass der CEO in Dänemark zurückgetreten sei, und wurde gefragt, ob ich bereit wäre zu übernehmen, wenn man sich für mich entscheiden würde. Und tatsächlich hielt ich Montag in der Innenstadt von London eine Rede, als mir der Zettel zugeschoben wurde: *Mit sofortiger Wirkung sind Sie Vorstandsvorsitzender von Siemens Windpower. Flieger steht bereit.*« Noch am selben Tag hielt der Familienpapa seine Antrittsrede vor 7000 Mitarbeitern in Jütland. »Als ich dann zum ersten Mal mein Büro betrat, dachte ich: *Puh, was für ein Zug hat mich denn hier überfahren?* Da klopfte es plötzlich an der Tür, und vor mit stand ein Mann im blauen Overall und sprach: *Hallo Jens, ich bin Søren von der Produktionslinie Nummer 3.* Und ich sagte: *Hallo Søren, was kann ich für dich tun?* Da antwortet der: *Nach deiner Rede saßen wir zusammen und haben uns überlegt, Mensch, der hat alles stehen und liegen lassen, um hier den Betrieb aufzufangen, und dann gleich eine so persönliche Rede gehalten. Das fanden wir echt gut. Und da dachten wir: Der kann es jetzt auch bestimmt gebrauchen, das zu hören. Und deshalb bin ich hochgekommen, um's dir einfach mal zu sagen.*« Der Anfang 50-Jährige mit freundlichem, breiten Gesicht dreht gedankenverloren seine Kaffeetasse. »Und in der Tat konnte ich das gebrauchen! Aber vor allem fand ich es unglaublich bewegend, dass ein Mitarbeiter von der Produktion ins Verwaltungsgebäude hochgeht und dann an der Tür des Vorstandes klopft, um ihm das zu sagen. Ich glaube nicht, dass das in Deutschland jemals passiert wäre.« Für Jens bleibt das sein ganz persönlicher Welcome-to-Denmark-Augenblick. »Das verbinde ich mit der dänischen Arbeitskultur und dem Verhältnis zwischen Mitarbeiter und Geschäftsführung ...«

Es ist die Nähe der Menschen zueinander, die die Hierarchien überbrückt. Denn natürlich gibt es die auch in den Kaltländern, doch das ist nicht der springende Punkt. Denn, wie immer gilt im Norden: Wichtiger als das, was uns trennt, ist das, was uns verbindet. Hierarchien sind nicht mehr als ein Instrument, verschiedene Aufgaben und Verantwortungsbereiche sinnvoll aufzuteilen. Auf skandinavisch mehr oder weniger strukturiert. Auf das Zwischenmenschliche hat es jedoch keinerlei Einfluss. Und das ist auch gut so, findet Frank, der Nein-Warum-CEO, der seinen Schreibtisch irgendwo im Open-office-space zwischen seinen Kollegen hat. »Ich glaube, diese Nähe zwischen Menschen ist einer der Gründe, weshalb die Nordics als so erfolgreich wahrgenommen werden. Es ist wirklich ein Wettbewerbsvorteil, dass Leute sich einbezogen fühlen und dass sie das Gefühl haben, an etwas teilzuhaben.« Und wenn Sie Jens fragen, dann führt das auch zu mehr Glücksgefühl. Tove, die nette und nahbare Supply-Chain-Norwegerin beim Pflanzenfütterer Yara in Oslo stimmt dem zu: »Ich glaube, die Tatsache, dass wir miteinander reden können, egal, ob es der CEO ist oder der Hausmeister, ist ein großer Teil des Glücks der Menschen im Norden. Es wird immer gut aufgenommen mit einem: *Danke, dass du deine Ideen mit mir teilst.*«

Hierarchien sind ein notwendiges Übel, das Abstand kreiert, wie es alle möglichen anderen Statussymbole ebenfalls tun. Auch sie sind deshalb im Norden äußerst verpönt. Zumindest, wenn ein Schwede sie von außen betrachtet, wie Christian, der Fußballpapa. Er wurde 2012 zu Hilfe gerufen, um die starren Hierarchien bei TUI in Deutschland aufzuweichen. Sein erster Streich: die Vorzimmertüren aufreißen, die ihn in der Vorstandsetage vom Rest des Unternehmens abschnitten, und geflissentlich die Geschäftsführerkantine ignorieren. »Ich war mir total bewusst darüber, dass ich sonst die falschen Signale setzen würde«, erzählt er weiter in seinem bezaubernden Schwedendeutsch. »Also ging ich mit verschiedenen Mitarbeitern essen, weil ich auch wissen wollte, was in unserem Kundenservice passiert. Und auf einmal fing das ganze Unternehmen an zu quatschen. Was ist jetzt los? Wird das der nächste Chef? Geht jetzt essen mit dem Vorstand.«

Entspannt euch! Natürlich geht ein Vorstand mit den Arbeitern aus der Fabrik essen oder ein Arzt mit dem Putzpersonal. Es ist einfach das Bedürfnis nach Kontakt und ein tiefes Interesse an den Menschen unabhängig davon, welchen Rang man zufällig bekleiden mag. Martin, der Anästhesist, der mir gerade in seiner grünen OP-Tracht gegenübersitzt, würde das sofort unterschreiben. Eigentlich war er ja nur zum Geburtstag eines Freundes nach Göteborg gereist, so beginnt er von seiner Liebesgeschichte zu Schweden zu erzählen, doch dann ließ er sich breitschlagen und folgte der Einladung eines anderen Geburtstagsgastes, doch mal im Krankenhaus vorbeizuschauen. »Auf dem Krankenhausflur kam uns dann so ein Typ entgegen in Holzschuhen, Jeans mit kariertem Flanell-Hemd und einem weißen Kittel oben drüber.« Die Ärmel waren hochgekrempelt, und der »snus« war deutlich unter der Oberlippe zu sehen. Genau wie die Farbreste auf seinen Händen.« Alles klar. Der Hausmeister. »Er lächelte freundlich, kam auf uns zu und sagte: *Hallo, wer bist denn du?* Und begleitete uns ein Stück mit den Worten: *Schön, dass du da bist und Interesse zeigst. Schau dich ruhig ein wenig um*. Und als er weiterging, raunte mir der Kollege zu: *Das war unser Chefarzt*. Und das war für mich eine völlig neue Erfahrung, dass Chefärzte, die in Deutschland wie die Unantastbaren weit weg schienen, sich hier ganz nahbar gezeigt haben.« Das letzte Staatsexamen in der Tasche, zog er ein halbes Jahr später nach Schweden, ohne ein Wort Schwedisch zu sprechen.

Wenn Sie keine Ahnung haben, mit wem Sie gerade reden, außer dass er oder sie Björn, Lotta oder Göran heißen und eigentlich ganz nett sind … dann sind Sie wahrscheinlich in Skandinavien gelandet. Dort, wo dementsprechend die erste Frage auf Partys nicht lautet, was du machst, sondern, wie viele Kinder du hast, erzählt HANNA, die Chefin von 570 Mitarbeitern, während sie ihre Hände an der weißen IKEA-Kaffeetasse wärmt: »Für mich ist das eine Herzensangelegenheit, dass ich wissen möchte, mit wem ich arbeite. Und dann spielt es keine Rolle, ob es jemand ist, der hier putzt oder sich in der Führungsebene befindet. Ich brauche diese persönliche Begegnung mit den Menschen. Ich will wissen, mit wem ich arbeite.«

So kalt der Norden, so warm die Beziehungen.

Hallo, wer bist denn du? Ich bin Maike – charmantes Lächeln – ich probiere es ja immer mal wieder holländisch naiv in Deutschland aus. Doch im Tausch für meinen Vornamen erhalte ich meist nur einen langweiligen Nachnamen zurück, den ich mir eh nicht merken kann. »Das würde ich exportieren!«, ruft Binia, die Deutsche vom dänischen Übersetzungsbüro. »Das mit dem Duzen und Siezen. Ich finde, das Siezen schafft eine künstliche Distanz. Duzen macht einfach die

Zusammenarbeit etwas entspannter.« Oder, wenn Sie Rune, den Vorstands-Gewerkschaftsvertreter aus Oslo fragen: »Diesen höflichen Blödsinn, wie ihr Leute ansprecht, schafft das ab. Das ist eine Katastrophe, denn bereits mit dem ersten Wort legst du einen riesigen Filter auf die Kommunikation.« Michael, sein deutscher Kollege, gibt ihm recht. »Wir hatten einen Kollegen in Deutschland, der einen Brief an einen Direktor nach Oslo schicken wollte und dann ewig überlegt hat, wie er ihn titulieren soll. Da kam von uns die Empfehlung: *Schreib einfach lieber Joe und konzentriere dich auf den Inhalt.* Das ist eindeutig ein Wettbewerbsvorteil. Schnelle Kommunikation, nicht zu viele Hürden.«

Warum auch Hürden? Information soll doch frei fließen. Das haben wir inzwischen gelernt. Ohne Umwege. Malin, die Wertehüterin bei Skanska, lächelt mich wieder bezaubernd an. »Die Zugänglichkeit der Menschen, das, würde ich sagen, ist auch typisch Schwedisch. Ich werde nicht von einem Assistenten abgehalten. Ich kann in den offenen Kalender des Führungsteams schauen und fragen: *Ich sehe, das du eine halbe Stunde unbesetzt hast. Können wir zusammen einen Kaffee trinken?* Und sie würden alle ja sagen. Sie interessieren sich für die Dinge, die wir zu sagen haben. Man schenkt sich Aufmerksamkeit, ich denke, das ist typisch schwedisch.« Und sie tun gut daran. Denn Mitarbeitern nicht zuzuhören, kann gefährlich sein, erklärt mir wenig später Christian leidenschaftlich. Wie es der Zufall will, besuche ich ihn just an dem Tag in seinem Stockholmer Büro, an dem sein ehemaliges Kabinenpersonal von TUIfly sich in Deutschland massenhaft krank meldet. Christian hat schon vom »wilden Streik« gehört und schaut ein wenig verdrießlich drein. Nach seinem

Weggang scheint das Unternehmen wieder in seine starren Hierarchien zurückgefallen zu sein: »Wenn ich mit meinen Kollegen im engen Dialog stehe und ein gegenseitiges Vertrauen besteht, sollten solche Dinge nicht passieren.« Ich muss vorher wissen, was sie irritiert. Christian kommt gerade von einem Treffen mit seinen Piloten und dem Kabinenpersonal seiner neuen schwedischen Fluglinie. »Für mich ist es so unglaublich wichtig zu zeigen, dass ich hundertprozentig interessiert bin: Was bewegt meine Kollegen? Ich mag das Wort *Belegschaft* übrigens nicht«, schiebt er kurz ein. »Das ist der Unterschied gegenüber vielen deutschen Unternehmen, in denen die Geschäftsführung hinter verschlossenen Türen in der eigenen Etage sitzt. Sie sind zu weit weg vom Tagesgeschäft.« Die Informationen, die dann letztendlich über all die Hierarchien oben ankommen, wurden dann schon durch zahlreiche Filter bereinigt. »Ich habe so oft erlebt, dass man nur das sagt, wovon man denkt, dass ich es hören möchte.« Allein der komplizierte Satzbau wäre für das skandinavische Verständnis von Offenheit eine kleine Katastrophe. »Projekte sind im grünen Bereich, sagt man, aber eigentlich gibt es Probleme. Ich finde das total gefährlich, dass ich als Vorsitzender einer Geschäftsführung nicht weiß, wie es läuft.« Denn damit wächst die Gefahr einer »ethischen Explosion«, von der man vorgibt nichts gewusst zu haben, wie bei Volkswagen, fügt Anna, die angenehme Personalleiterin vom Bauriesen an. »Wenn Menschen sich nicht trauen vorzutreten, dann kann das ein Unternehmen vernichten. Das ist simples Risikomanagement für Unternehmen, dass Menschen sich trauen, den Mund aufzumachen. Diese Offenheit ist überlebenswichtig.«

Flache Hierarchien, mit denen manche Unternehmen in Deutschland werben, sind so lange eine leere Worthülse, wie sie nicht mit echter Liebe zu den Menschen und wahrhaftigem Interesse am Gegenüber gefüllt wird. Ein Lächeln huscht über Trines Gesicht: »Ich habe ja auch bei einem sehr bekannten Schuhversandhandel in Deutschland gearbeitet. Das ist ein sehr junges Unternehmen, das damit wirbt, dass sie total flache Hierarchien haben.« Da musste Trine echt ein wenig lachen, gesteht sie. »Das stimmt absolut nicht. Du kannst immer nur den Schritt zu deinem direkten Chef machen, und der kann das dann weitergeben an den nächsten und der an den nächsten und den nächsten … Du kannst nicht einfach zum CEO der Firma gehen, wenn du etwas besprechen möchtest, wie in Skandinavien. Bei manchen riesengroßen Firmen haben sie vielleicht etwas weniger Zeit, aber theoretisch könntest du das.« Der Versandgroßhandel, bei dem Trine gearbeitet hat, hatte 2016 immerhin auch 12 000 Mitarbeiter in Europa. Schwierig.

»Ich stehe an der Spitze der Hierarchie eines Unternehmens mit 14 000 Leuten, und trotzdem denke ich, dass zwischen den Menschen nur eine kurze Distanz herrscht. Wenn ich unsere Hotels besuche und den Tellerwäscher, den Rezeptionisten oder ein Zimmermädchen treffe, dann habe ich wirklich – und das ist skandinavisch – ich habe *wirklich* das Gefühl, dass wir Kollegen sind«, so der Nein-Warum-Frank der Scandic Hotels mit dem fixierenden Blick. »Ich habe einfach nur diesen Job, und sie haben einen anderen. Und das sieht man überall in Skandinavien, dass auch das Königshaus und die Regierung dem Rest der Bevölkerung sehr nahe stehen. In Skandinavien besteht in der gesamten Gesellschaft nur eine sehr kleine Distanz zwischen den Menschen. Und das zieht sich bis in die Unternehmen hinein.«

Ob Präsident oder König, sie sind nicht mehr als ein Teil des Ganzen. Auch in Malmö, wie mir Daniel während meiner Führung durch die IKEA-Bürowelt einige Wochen später erzählt. Daniel grinst: »Wir hatten letztens 20 Politiker zu Besuch.« Und anstatt sie in einem Besprechungsraum zu hofieren, wurden sie einfach auf die breite, mit Kissen versehene Lounge-Treppe mitten im Gebäude gesetzt, an der jeder Mitarbeiter vorbeikommt. »Sie fanden es phantastisch!«, so Daniel. Sowohl die Mitarbeiter als auch die Gäste. Denn das Zeichen war eindeutig: Wir sind alle gleich und uns deshalb nahe.

Schweden mögen das.

Skandinavier finden ihre Sicherheit in der Nähe zu anderen Menschen, wir hingegen in der Distanz, so scheint es. Eine Distanz, die wir erschaffen durch Strukturen, Zuständigkeiten, Verhaltensnormen, die Art der Ansprache, die Vergabe von Privilegien und so weiter und so fort. Denn das macht das Leben und das Verhalten des anderen vorhersehbar. Doch es torpediert das Gefühl der Gleichheit und zerstört damit die Nähe. Menschen im Norden mögen das nicht und schenken ihren Mitarbeitern lieber den Vortritt. Christian, der glucksende Eislochhüpfer des Ingenieurbüros MOE, weist aus dem Fenster auf einen beliebigen Parkplatz. »Bei unserem vorigen Bürogebäude hatten wir nicht genug Parkplätze auf dem Gelände, und zu den übrigen musstest du wirklich, wirklich weit laufen.« Grinsen. »Und dann habe ich gesagt: *Okay, hier parkt ab jetzt auch das Management.*«

Spontan muss ich an eine Aussage von Astrid Lindgren denken: »Wenn Pippi Langstrumpf jemals eine Funktion gehabt hat, außer zu unterhalten, dann war es die, zu zeigen, dass man Macht haben kann und sie nicht missbraucht. Und das ist wohl das Schwerste, was es im Leben gibt.« Christian schließt das Thema ausnahmsweise ernst ab: »Wir sollten die gleichen Pillen schlucken, die wir unsere Mitarbeiter schlucken lassen.«

Kommen Sie einfach wieder runter. Von Ihrem hohen Ross. Oder aber, wie mein Vater – gebürtiger Hamburger – immer so schön sagt: »Die schietern alle nur aus demselben Loch.« Menschen in deinem Unternehmen sind einfach nur wie du. Es könnten alle deine Freunde sein, oder besser noch, deine Familie. So empfinden Skandinavier die Menschen, die sie täglich auf der Arbeit umgeben. Und ebenso freundlich und familiär ist auch der Ton. Kent, der A-Capella-Executive Vice President fürs Personal beim Brummibauer, erklärt's noch mal: »Du bist nicht nur Teil eines Lastwagenherstellers, du bist auch Teil der Familie. Die Mitglieder des Topmanagements treffen die Leute aus der Produktion in derselben Kantine, und unsere Familien treffen sich auf gemeinsamen Festen. Wir treffen Menschen, schauen uns in die Augen, wir sprechen mit ihnen als gleichwertige Partner.« Auch Tommy, der bodenständige Geschäftsführer mit Glatze in kariertem Hemd, geht so mit seinen Leuten im Baubetrieb um. Immerhin ist Arbeitsglück sein Unternehmensziel. »Ich habe eine persönliche Beziehung zu all meinen Arbeitern.« Die im Hintergrund gerade verschwitzt durch das Sicherheitsdrehtor das Baugelände eines Einkaufszentrums verlassen. »Und natürlich möchte ich, dass sie wissen, wer ich als Person bin.

Wir unterhalten uns über alles. Ich hoffe, dass sie mich als Freund sehen und als Boss, auf den sie sich verlassen können, wenn sie Probleme haben.« Tommy geht einen Schritt zur Seite. Es ist Mittagspause, und die Bauarbeiter strömen an uns vorbei in den Baucontainer und streifen sich ihre Schuhe von den Füßen, bevor sie den Aufenthaltsraum betreten. In Skandinavien trägt man zu Hause keine Schuhe.

Und weil auch der Chef sich zu Hause fühlen möchte, versteckt er sich nicht hinter geschlossenen Türen. Nein! Er läuft Ihnen ständig vor den Füßen herum. In der Produktion spricht er Sie an, in der Kantine sitzt er plötzlich neben Ihnen, im Fitnessstudio strampelt er mit Ihnen und sein Schreibtisch steht – einfach irgendwo, vielleicht sogar neben Ihrem.

Henrik lächelt mich wieder unsagbar verbindlich an, als er über seine Schulter auf die Bürolandschaft weist, die uns nur durch eine Scheibe trennt: »Ich habe den allerkleinsten Tisch inmitten meiner wundervollen Kollegen. Ich kann mich also nicht verstecken«, lächelt er sanft. »Es gibt auch nichts zu verstecken.« Eine Horde Mitarbeiter bricht zum Essen auf, klopft an die Glasscheibe und bedeutet uns mitzukommen. »Manche Leute sind zu schüchtern und trauen sich nicht, mich anzusprechen, wenn ich meine Anzugjacke anhabe, also ziehe ich sie aus.« Weg damit! Bloß loswerden, den ganzen formellen Kram, der Unterschiede zwischen Menschen andeuten könnte.

Weg mit allem, was Abstand kreiert, findet auch Petter aus Norwegen, Leiter des gesamten Produktionsbereiches von Yara, dem Pflanzenfütterer. Unter ihn fallen 60 Prozent der 12 000 Mitarbeiter in 150 Ländern. Er trägt die Verantwortung für 80 Prozent des Unternehmenswertes. Und sitzt auch einfach irgendwo mittendrin. »Wenn du vertrauliche Gespräche führen musst, dann suchst du dir halt einen Raum dafür. Aber ehrlich? Wie viele geheime Dinge gibt es pro Tag? Ich glaube nicht, das irgendjemand so wichtig ist, dass er ein eigenes Büro benötigt, das ist nur eine Ausrede.« Und da haben Sie ja auch nichts zu suchen, denn Führungspersonen sollten in Skandinavien ihren Mitarbeitern dienen. »Wie sieht denn dann so ein Arbeitstag von dir aus?«, frage ich zögerlich. »Du gehst also morgens in dein Büro«, ... Schwups werde ich schon unterbrochen. HANNA, die fröhliche Chefin in Malmö, lacht auf: »Ich habe kein Büro, damit fängt es ja schon an. Meine Aufgabe ist es nicht, am Schreibtisch zu sitzen, sondern bei meinen Mitarbeitern Energie und Motivation zu fördern, so dass sie ihren Job gut machen können. Und wenn sie motiviert und glücklich sind, hier jeden Tag herzukommen, dann habe ich meine Arbeit gut gemacht.«

Schlechtes Wetter ist 'ne schlechte Ausrede

Die Dunkelheit sorgt dafür,
dass wir das Licht mehr zu schätzen wissen.
Wenn es im Winter richtig dunkel ist,
dann ist das eine ganz besondere Atmosphäre.
Julie, Kommunikationsmitarbeiterin, Snøhetta Architekten,
Oslo, Norwegen

Kleiner Auszug aus dem Mailverkehr für die Planung meines Besuches bei Yara, einem weltweit führenden Produzenten von Pflanzenernährungsmitteln in Oslo. Michael, der sehr engagierte deutsche Manager für Qualität und Sicherheit, organisiert meinen Besuch und schreibt mir als Schlusszeile: »Falls du Tennis spielst … Wir haben in der Firma eine Tennisgruppe :-). Ich könnte anbieten: Zwangloses Kennenlernen mit einer Stunde Tennis von 17 bis 18 Uhr am Sonntag, 22. Januar. (Schläger und Bälle haben wir hier.)«

Meine Antwort: »Ich spiele beschämend Tennis.«

Seine Antwort: »Super – Platz ist schon gebucht – don't worry. (Hatte doch geahnt, dass da Tenniskenntnisse vorliegen.)«

Moment mal! So war das nicht gemeint! Ein paar Monate später überlege ich, Yara noch einmal zu besuchen, um ein paar Interviews nachzuholen. Daraufhin Michaels Antwort: »Super! Oslo im Schnee wäre natürlich auch ein Erlebnis. Langlaufskier / -schuhe lassen sich organisieren.«

Wer im Norden lebt, kommt an körperlicher Ertüchtigung

partout nicht vorbei. Denn hier wohnen nicht nur die glücklichsten Menschen der Welt, sondern auch die sportlichsten Europas. 70 Prozent der Schweden machen mindestens einmal pro Woche Sport, 68 Prozent der Dänen. Aber auch in Norwegen bleibt Ihnen keine andere Wahl: Klimmzüge oder Weichei. Ich entscheide mich für Klimmzüge und schwitze mich während meiner Forschungsreise durch die drei größten Sportstudios Skandinaviens, wenn ich nicht gerade über Outdoor-Fitnesspfade renne und dabei lerne, dass Joggen im Schnee ohne Spikes echt doof ist. Nordlinge sind beängstigend sportlich, und wer hier keinen Sport macht, gehört irgendwie nicht so recht mit dazu. Denn die Wikinger haben ein Ding gelernt: dass sich mit schlaffen Gliedern keine Schlachten schlagen lassen. Weder auf dem Schiff, wie früher, noch im Büro, wie heute.

Womit füllen Sie Ihre Zeit?

Sie ahnen es schon. Die Lebensbalance hängt nicht nur davon ab, wie *viel* Zeit wir auf dem Spielbrett oder besser auf dem Sportfeld des Lebens einsetzen können. Sondern auch, *wie* wir diese Zeit einsetzen. Ob wir uns dafür entscheiden, eine Serie auf dem Sofa zu schauen, auf Facebook zu surfen oder uns lieber die Sportschuhe überstreifen. Nicht nur die Arbeit selbst, sondern auch, wie Sie die wertvollen Stunden oder Minuten dazwischen verbringen, beeinflusst Ihr Lebensglück. Wie Sie diese nutzen, bestimmt, ob sie Ihnen Kraft geben oder heimlich rauben. Und das ist Ihre ganz persönliche Verantwortung Ihre Entscheidung und Ihr Glück.

Nun, die meisten Deutschen entscheiden sich nach der Bewegungsstudie der Techniker Krankenkasse 2016 dafür, ihre Zeit auf der Couch zu verbringen. Aus nordischer Sicht eine schlechte Wahl, wie ich in einer typischen Freitag-Abend-Bar in Kopenhagen von Alex, einem Unternehmens-berater um die 30, lerne: »Wenn du auf der Arbeit glücklich sein möchtest, dann sorge dafür, dass du so energetisch wie möglich bist! Dafür musst du körperlich in Form sein. Treibe genug Sport, damit die Endorphine durch dein Blut rasen. Auch emotional und mental musst du fit sein.« Wir sitzen im Gebäude der dänischen Unternehmensberatung ICG an der Balustrade und schreien gegen die laute Musik an. Klar, emotional, körperlich und mental fit sein. Alles zur gleichen Zeit! Ich sehe mich nach getaner Arbeit zum Krafttraining spurten, 'ne halbe Stunde meditieren und nebenbei meiner Tochter bei den Hausaufgaben helfen. Kochen nicht verges-sen. »Okay!«, schreie ich deshalb zurück. »Aber du hast nur 24 Stunden pro Tag!«

»Das musst du anders sehen«, entgegnet Alex. »Es gibt gewisse Dinge, die müssen einfach stimmen, damit du dein Bestes geben kannst. Und das kannst du nicht, wenn du nicht genügend schläfst, wenn du dich nicht richtig ernährst, ge-nug Sport treibst, all diese Basisdinge, die der menschliche Körper braucht, um zu funktionieren. Und wenn du auf die-se Dinge achtest, dann kannst du in weniger Zeit viel mehr schaffen.« Das haben wir doch schon einmal gehört. Akkus laden sich nicht auf, wenn sie rumliegen. Energie entsteht durch Bewegung. Wenn Sie sich bewegen, werden Sie nicht müde, im Gegenteil, Sie werden munter.

Leider lauert um die nächste Ecke bereits die passende

Entschuldigung, dann doch die Beine hochzulegen. Zum Beispiel: Das Wetter ist schlecht. Nach der TK-Bewegungsstudie nennt jeder dritte Deutsche das Wetter als Grund dafür, sich nicht sportlich zu betätigen.

Mach das Beste aus dem Wetter

Doch wer sein Aktivitätsniveau vom Wetter abhängig macht, der hat in Skandinavien sowieso schon verloren. Vor allem im Winter. Und Winter haben die Dänen nach eigenen Angaben sogar zwei: einen weißen und einen grünen. Norwegen hat nur einen. Der allerdings reicht völlig, um das Land vollständig in Schnee und auch in Dunkelheit versinken zu lassen. Kerstin grinst breit. Sie ist die Freundin einer Freundin, oder? Eigentlich weiß ich gar nicht mehr so recht, wo ich die quirlige, deutsche Wahlnorwegerin herhabe, die nach drei Jahren Stockholm jetzt seit 2008 mit ihrer Familie in Oslo lebt. Was macht man, wenn man sich noch nicht so gut kennt? Man redet über das Wetter. Und in den Glücksländern damit über den Puls des Lebens: »Die Leute haben hier eine total andere Einstellung zur Natur. Die gehen raus. Bei jedem Wetter. Du wunderst dich selbst, was du nach einem Jahr hier an Funktionskleidung im Schrank hängen hast.«

Was nicht tötet, härtet ab. Wundern Sie sich deshalb nicht über Kinderwagen, die in Skandinavien bei Minusgraden vor Cafés oder Restaurants stehen, während die Eltern gemütlich drinnen sitzen. Frischluft tut gut. »Ich erinnere mich noch an unseren ersten Elternabend im schwedischen Kindergarten«, fährt Kerstin fort, »da sagt die Kindergärtnerin doch glatt:

Wir gehen raus bis minus 25 Grad. Da bin ich fast vom Hocker gefallen, aber keiner der Anwesenden hat auch nur mit der Wimper gezuckt!« Die normalste Sache der Welt. Gegen Dreck, Matsch, Schnee und Kälte gibt's doch Thermoanzüge. Und Trockenschränke. Mannshohe Edelstahltrümmer, in die abends die nassen Overalls samt Schuhen geschoben werden. Skandinavier sind Pragmatiker. Und Kinder müssen raus. Bei welchen Minusgraden Sie auch immer an einem Kindergarten vorbeikommen, sie werden die dick vermummten Trolle draußen sehen. Anstatt sich um die Gesundheit zu sorgen, wenn die Kinder bei klirrender Kälte draußen sitzen, ist man hier eher besorgt, wenn sie drinnen im Warmen schwitzen.

Und das ist klug. Denn wer von klein auf draußen ist, der sitzt auch als Erwachsener eher selten drinnen auf der Couch.

Tone, blonde Haare und Babybauch, Teamleiterin bei Making Waves in Oslo, nickt zustimmend: »Wir sind hier alle ziemliche Sportfanatiker. Die Leute kommen hier joggend oder mit dem Rad zur Arbeit und duschen dann unten im Keller. Ich radle jeden Tag ins Büro, weil ich mich dann gut fühle. Im Winter habe ich Winterreifen mit Spikes.« Tone wirft sich vor Lachen nach hinten. »Und Laufschuhe mit Spikes. Das ist auch etwas, das wir lieben: Uns dem Wetter entsprechend zu kleiden.« Und deshalb kann ich nicht nur in Kindergärten interessante Entdeckungen machen, auch Garderoben in Unternehmen sind echte Schätze für Hobby-Kulturwissenschaftler. Nebst Skiern findet man hier nämlich auch Laufschuhe, Gummi- und Thermostiefel, Ski- und Regenjacken, Schlittschuhe und Fahrradhelme. Was man halt so braucht, wenn man zur Arbeit »fährt«, läuft oder schlittert. Wie auch immer wir alltägliche Strecken zurücklegen, Muskelkraft ist dabei der beste Antrieb für's Glücksempfinden.

Die Weltgesundheitsorganisation WHO empfiehlt mindestens 30 Minuten mäßige sportliche Bewegung an fünf Tagen oder mindestens 20 Minuten intensive Betätigung an drei Tagen die Woche. 20 Minuten! Wie lange dauert Ihre TV-Serie, die Pause beim Spiel Bayern München gegen Arsenal? Ihre Mittagspause oder Ihr Weg zur Arbeit mit dem Rad?

Was den Norwegern ihre Skier sind, ist den Dänen ihr Drahtesel, obgleich das natürlich schändlich untertrieben ist, ob all der trendigen Lastenfahrräder, die mit Kindern oder Einkäufen gefüllt durch die Stadt cruisen. Ähnlich wie in Amsterdam sind die Radfahrer in Kopenhagen »King of the Road«, und man kommt ihnen besser nicht in die Quere, weder als Fußgänger, noch als Autofahrer. Die haben in Kopenhagen sowieso ganz schlechte Karten. Denn die »grüne Welle« in Kopenhagen wurde zugunsten der Radler auf das Tempo von 20 km/h geschaltet. Darüber hinaus gibt es »Cycle Super Highways« für schnelles Pendeln mit dem Fahrrad über längere Strecken. Marc nutzt sie auch. Der französische Wissenschaftler radelt täglich 30 Kilometer zu seinem Arbeitgeber Novozymes. »Ich benötige mit dem Rad ungefähr 30 Minuten zur Arbeit, und ich fahre 99 Prozent der Zeit mit dem Fahrrad.« Laut einer schwedischen Studie ist Fahrradfahren aber auch allgemein besser für das Klima, vor allem das gesellschaftliche. Denn Autofahrer zeigen weniger Vertrauen zu anderen Menschen und nehmen auch weniger häufig an sozialen Events teil. Und wie Sie bereits wissen, sind das beides wichtige Glücksbringer. Was will uns die Studie damit sagen? Dass Autofahrer einen Hang zur sozialen Isolation haben? Nun, werfen Sie mal einen Blick in deutsche Autos. Wer die meiste Zeit in seiner Blechbüchse vor sich hin motzt … Also schälen Sie sich aus dem Auto und schwingen Sie Ihren Hintern aufs Rad.

Sie tun damit auch der Gesellschaft etwas Gutes, denn laut einer Studie der Universität Lund[34] kostet Autofahren die Gesellschaft 15 Eurocent pro gefahrenem Kilometer, allein durch Dinge wie Verschmutzung, Straßenabnutzung und die Schädigung der Gesundheit. Fahren Sie hingegen mit dem Rad, verdienen Sie 16 Eurocent für ihre Mitmenschen. Wenn das für Sie kein Ansporn ist!

Sunniva, die charmante Schneemobilfahrerin von der Insel Ålesund, stützt träumend ihr Kinn in die Hand: »Wir gehen hier als Team oft zusammen langlaufen. Dreieinhalb Stunden.« Die zwölf Frauen des Designbüros nehmen ihre Skier morgens mit zur Arbeit und fahren dann direkt nach Feierabend los in die Wildnis. »Die Langlaufloipen sind beleuchtet, aber irgendwann biegen wir dann ab, entzünden ein Feuer, braten Würstchen und trinken heiße Schokolade im Dunkeln. Das sind echte Glücksmomente.« Skandinavier nutzen Bewegung und Natur als Gegenpol zu einem hektischen Arbeitsalltag. Im Frühling zu Wandertouren in den Wäldern. Für Bootstouren auf dem Fjord. Zum Schlittenfahren in den Bergen. Segeln in den Schären, Jagen auf Bären. »Ist das richtig auf Deutsch? Heidelbeeren, Blaubeeren, Pilze und so weiter«, fragt Christian, der Mädchenfußballpapa.

»Ich bin echt gut im Verschwinden«, lacht Tone und

streicht sich über ihren weichen, blauen Pullover, unter dem sich ihr Babybauch verbirgt. »Ich glaube, die Menschen sind hier glücklich, weil sie nach der Arbeit einfach auf die Skier steigen und in die Wälder abzischen und weit weg sein können von allen und allem.« Ole, der stille Feminist und Manager beim Plastikentwickler Norner, stimmt ihr zu: »Wir lieben die Stille. Einfach von der Hütte aus in die Berge zu gehen, rauf zu klettern und den Blick zu genießen. Das einzige, das du hörst, ist der Wind. Nichts anderes«, schwärmt der Mitte 50-Jährige genießerisch. »An solch einem Ort zu sein in einer Mittsommernacht, wenn es sogar hier im Süden taghell ist oder in einer Winternacht, wenn eine Trillion Sterne am Himmel leuchten, das bewegt unsere Herzen.« Und deshalb fahren Tone und Ole beinahe jedes Wochenende auf eine der oft zwei Hütten, die Norweger entweder am Meer oder in den Bergen besitzen, mit oder ohne Komfort. Aber ganz bestimmt mit einem Feuer, dessen Schein den kalten Schnee vorm Fenster in warmem Licht erleuchten lässt. Beim Gedanken an den dunklen Winter bekommen die meisten Deutschen einen Anflug von akuter Winterdepression. Die Dänen hingegen bekommen funkelnde Augen und murmeln begeistert »hygge«, »hygge«. Sie freuen sich auf lange Abende mit lieben Menschen und einem ordentlichen Heißgetränk. »Und Kerzen! Kerzen ohne Ende!«, steuert Kerstin begeistert als norwegische Information bei. Deshalb scheinen dort oben nach Aussage des europäischen Kerzenverbandes während des dunklen Winters vier bis fünf Kilo Kerzen pro Person. Doppelt so viele wie in Deutschland. »Oh ja, den Kamin anzünden, Tee trinken und miteinander reden, das ist die andere Seite der Dunkelheit und die ist wunderschön. Also ich liebe den Winter«, schwärmt auch Tonje, die das Personal bei Yara managed.

Es gibt sie wirklich, die Menschen, die den Winter lieben und die beinahe in eine Depression verfallen, wenn er vorüber ist. Und sie nicht mehr abends spät im Takt ihrer Skier allein durch unberührte Wälder und den glitzernden Schnee gleiten können.

Eine Studie in der Stadt Tromsø,[35] hoch oben im Norden Norwegens, hat tatsächlich ergeben, dass der negative Einfluss von Winter auf psychische Störungen mehr Mythos als Tatsache ist. Je weniger die Sonne scheint, desto mehr muss man sie halt nutzen. Passen Sie deshalb auf, dass Sie nicht aus Versehen in einen Skandinavier laufen. Denn die sind wie Sonnenblumen: Sobald die Sonne rauskommt, bleiben sie spontan mitten auf der Straße stehen, schließen die Augen, wenden das Gesicht gen Himmel und tanken Sonnenstrahlen.

Also raus! Denn selbst ein wolkenverhangener Himmel produziert mehr Helligkeit als jede noch so LUX-starke Lampe[36] am Frühstückstisch. Fangen Sie die Sonnenstrahlen hinter den Wolken ein. Auch in der Mittagspause. Vor allem dann. »Sun to go« gibt's an jeder Straßenecke. Auch im Winter.

Gesund und glücklich

Heute steht Kopenhagen auf dem Programm, neben Interviews mit einem dänischen Arbeitsmarktspezialisten und Steingrimmur, dem Komponisten, habe ich einige Straßen-Interviews geplant. Also Rucksack mit Kameraausrüstung und Übernachtungszeug für eine Nacht gepackt und ab zum Flughafen Köln/Bonn. Diesmal entschließe ich mich spontan, mit dem Rad ins Zentrum zu fahren und dann den Flughafenbus zu nehmen. Die Sonne scheint und gesünder ist es auch. Relaxed nähere ich mich dem Busbahnhof. Mist! Aus der Ferne sehe ich: Der Bus steht schon da! Vorbei mit entspannt. Völlig »unhygge« schließe ich 50 Meter entfernt fahrig mein Fahrrad an und setze zu einem sensationellen Sprint auf der Busfahrbahn an.

Busfahrbahn mit Bodenwelle, um genau zu sein. Bevor ich merke, wie mir geschieht, knickt mein Fuß zur Seite, und ich fliege filmreif einen Meter weit leicht gedreht durch die Luft. Aus dem Augenwinkel sehe ich noch, wie meine Kamerastative mich überholen, bevor ich auf Händen und Knien lande. Bereits zwei Sekunden später stehe ich wieder aufrecht und klopfe mir den Staub aus meiner Kleidung. Gott sei Dank kein Loch in der Jeans.

Entsetzte Wartende reichen mir meine verstreuten Sachen. Eine Frau, die neben mir zum Flughafen-Bus läuft, hält noch immer ihre Hand auf ihr Herz, während sie mir erzählt, wie furchtbar mein Sturz ausgesehen hat. Ach ja? Meine Handballen schmerzen ein wenig und mein linkes Knie, ansonsten ist alles paletti.

Ich bin mir sicher, wäre ich nicht in so enorm guter körperlicher Verfassung gewesen, ich hätte meinen Körper nicht abfedern können und wäre höchstwahrscheinlich im Krankenhaus gelandet. Jetzt kann ich humpelnd den Bus betreten und schmeiße mich mit gutem Gewissen gleich vorne auf den Sitz mit dem Krückstockzeichen und dem Kreuz. Erst geschlagene zehn Minuten später fährt der Bus los.

Die Vorteile sportlicher Betätigung sind im Allgemeinen bekannt und durch zahlreiche klinische Studien belegt. Ich fasse es noch mal kurz für uns alle zusammen, als Gedächtnisstütze: Wer Sport treibt, hat ein verringertes Risiko für Kreislauferkrankungen, Bluthochdruck, Diabetes, Herzinfarkte, Knochenschwund und ist auch vor vielen chronischen Erkrankungen geschützt. Und für gewöhnlich fallen Sie auch seltener schmerzhaft auf die Nase.

Kurz: Sport ist gesund. Und Gesundheit macht glücklich. Pernilla, die andere äußerst gut gelaunte Flugbegleiterin, die ich während des Fluges interviewen darf, schreit fröhlich: »Meine Antwort darauf, wie du glücklich sein kannst: Gehe jeden Tag ins Fitnessstudio, mach dein Training. Das macht dich glücklich. Dann wirst du eine starke Persönlichkeit.« Sport bekämpft nicht nur Symptome von Depression, Stress und Angststörungen, sondern steigert auch das Selbstbewusstsein. Glück und Gesundheit stehen in starker und positiver Beziehung zueinander. Sprich, je mehr Glück, desto mehr Gesundheit und anders herum,[37] so die Wissenschaft. Personen, die ihre Gesundheit als gut bezeichnen, sind um 0,4 Punkte zufriedener[38] als eine Person, die ihre Gesundheit als nur zufriedenstellend beschreibt. Eine ganze Traumhochzeit Unterschied. Und dies scheint sowohl auf individuellem wie auch nationalem Niveau der Fall zu sein[39]. Die wilden Wikinger sind hierfür der beste Beweis. Sie gehören nicht nur zu den glücklichsten Menschen der Welt, sondern fühlen sich auch topfit. Und dafür tun sie einiges, gesunde Ernährung, viel Bewegung und wenig Qualm. Auch wenn ich mir jetzt tendentiell keine Freunde mache. Rauchen ist in Schweden und Norwegen echt »out«. Die 21 Prozent der deutschen

Bevölkerung, die rauchen, müssten spätestens jetzt genervt das Buch weglegen. Nach der OECD Health Statistics 2017 rauchen in Schweden nur elf Prozent der über 15-Jährigen.

Vielleicht auch deshalb antworten an die 80 Prozent der befragten Schweden auf die Frage »Wie beurteilen Sie Ihren allgemeinen Gesundheitszustand?«[40], es gehe ihnen gut bis sehr gut. In Deutschland hingegen sagen das nur 64,5 Prozent. Natürlich sagt die subjektive Einschätzung nichts über den tatsächlichen Gesundheitszustand aus, doch passend zum Gesundheitsgefühl sucht ein Schwede im Schnitt nur drei Mal im Jahr einen Arzt auf.[41] Wir hingegen klopfen im Schnitt zehn Mal pro Jahr an Doktors Tür.

»Gesundheit ist gewiss nicht alles. Aber ohne Gesundheit ist alles nichts«, so bereits Arthur Schopenhauer. Wenn es also hapert mit Ihrem Glücksgefühl, dann fangen Sie einfach schon mal bei Ihrer Gesundheit an und bewegen Sie sich ein wenig mehr. Egal wo und wie und in welche Richtung. Hauptsache nicht in Richtung Couch.

Gesundheit braucht Ihre Zeit

Um 4.30 Uhr bin ich aus dem Hotelbett gefallen und steige jetzt einigermaßen wach und gut gelaunt plappernd mit Coffee to go und belegtem Brötchen in der Hand ins Taxi. Heute geht es mitten rein in den Lärm und Dreck unter Baulampen, auf die größte Baustelle Stockholms: Das Karolinska-Krankenhaus. Sicherheitsinstruktionen, Unterschrift, Arbeitsschuhe, Signaljacke, Schutzhelm und Schutzbrille, jetzt bin ich bereit. Wenig später stehe ich im ersten Stock eines unfertigen Hotels auf dem Krankenhausgelände mit ungefähr 15 Skanska-Bauarbeitern und ihren Kollegen aus dem Büro im Kreis. Ich möchte unbedingt einmal die obligatorische Morgengymnastik mit dem Namen »Stretch & Flex« miterleben. Sie findet seit 15 Jahren täglich auf allen Skanska-Baustellen der Welt statt. Und diese Gymnastik hat es in sich. Im Gegensatz zu Jasmin, dem strahlenden Bauarbeiter, komme ich nicht mit meinen Fingern bis an meine Zehenspitzen. Doch die dunkle Frauenstimme, die aus den Boxen des tragbaren Stereorekorders tönt, ist unnachgiebig. Jetzt abwechselnd den Ellenbogen an das gegenüberliegende Knie. »Ett, twå, tre.« Jasmin ist gelenkig wie eine Katze. Schlank, glatzköpfig und mit breitem Grinsen geht er völlig in den Übungen auf und legt sogar noch eine extra Stretch-Runde ein, während die anderen Bauarbeiter wieder ihre Helme richten und sich über die verschiedenen Etagen verstreuen.

»Persönliche Sicherheit ist sehr wichtig auf der Baustelle«, erzählt er mir später unheimlich wach. »Deshalb machen wir die tägliche Morgengymnastik, weil das die Chance auf Verletzungen reduziert. Du kannst nicht direkt aus dem Bett kommen und dann gleich schwere Sachen heben!«

In Skandinavien haben Sie die Verpflichtung, gut auf sich selbst acht zu geben! Und der Arbeitgeber gibt Ihnen dazu das Rüstzeug. Denn auch er hat ein Interesse daran, dass es Ihnen so gut wie möglich geht. Auch, um bessere Ergebnisse zu erzielen, sicherlich. Doch was ist dagegen einzuwenden, wenn alle gewinnen in den Ländern ohne Verlierer?

»Wenn du Sport treibst, hast du mehr Sauerstoff im Blut und kannst bessere Entscheidungen treffen. Wie du für deinen Körper sorgst, was du isst, wie du schläfst oder mentale

Ruhepausen kreierst, das ist superwichtig für uns als Unternehmen! Wir sind interessiert daran, dass du dich um dein Wohlergehen kümmerst«, so Fredrik, Chef von Tobii Dynavox, sichtlich durchtrainiert. »Ich habe ein ziemlich gutes Gewissen, wenn ich das tue!«, lacht das Energiebündel, denn er ist davon überzeugt, dass eine gute körperliche und mentale Kondition seinen Leuten hilft, auch außerhalb der Firma ein glücklicheres Leben zu führen.

Was Unternehmen im Norden Sie wissen lassen möchten ist: Du bist uns nicht egal.

Und das möchte man auch bei Scania, dem Truckhersteller. Es ist stockdunkel und bitterkalt, als Jonas mich netterweise in seinem Auto mit nach Stockholm nimmt. Der 27-jährige Schwede ist Leiter der IT-Entwicklungsabteilung bei Scania Sales and Marketing. »Was macht Scania, um Leute glücklich zu machen?«, will ich von ihm wissen, während er das Auto vom Fabrikgelände lenkt. »Wir kümmern uns auch um das Privatleben der Mitarbeiter. Das erste, was ich frage, ist: Macht dir die Arbeit Spaß? Läuft alles oder hast du Probleme zu Hause? Fühlst du dich gesund? Wenn jemand findet, der Arbeitsdruck sei zu hoch und er habe zu wenig Zeit zum Trainieren, dann sagen wir einfach: *Okay, dann versuche, zweimal pro Woche deine Mittagspause auf zwei Stunden zu verlängern und geh zum Training.*«

Johan, der Chef vom Hogwarts Express, kann dem nur beipflichten. Er hat ja seine blau-orangefarbenen Sportschuhe bereits an. »Wenn du gute Arbeit abliefern möchtest, musst du auch einen guten Lebensstil haben. Wenn jemand, der acht Stunden arbeitet, eine Stunde zum Laufen benötigt, dann glaube ich, dass er in den verbleibenden sieben Stunden effizienter ist als in den acht Stunden ohne Sport. Es ist eine win-win Situation.«

Nicht nur, dass es gesund ist, die Arbeit mal zu unterbrechen und den Kopf frei zu bekommen. Es ist auch einfacher, den Sport in den Tag einzubauen. »Ich habe zwei Kinder, da kann ich abends oft nicht mehr weg.« Es ist einfacher, mittags zu laufen und falls nötig, abends noch eine Stunde im Wohnzimmer zu arbeiten, während die Kinder nebenan schlafen. Gesundheit sollte schließlich kein zusätzlicher Stressfaktor im Leben sein. Frank vom Felsen, der alle drei Tage fünf bis zehn Kilometer während der Arbeitszeit laufen geht, findet das klug: »Klar geht das von der Arbeitszeit ab, aber ich bin glücklicher, motivierter, und ich habe einen Grund hier zu arbeiten. Ich setze mich nicht für 1000 Euro mehr in irgendein Hamsterrad in einem anderen Unternehmen.«

Der Trick lautet, Sportangebote ohne Ende zu organisieren. Ein paar davon haben Sie ja bereits als soziale Aktivität der Firmen kennengelernt. Sie werden teilweise vom Arbeitgeber gesponsert und auch vom Staat durch steuerliche Vergünstigungen gefördert. Meist werden sie während der Arbeitszeit genutzt. Zu Tobii kommt mal ein Lauftrainer, mal gibt es Outdoor-Yoga, Reiten, regelmäßig Beach-Volleyball oder Kochkurse. IKEA hat ein eigenes Aktivitätszentrum, Scania sowieso, und der Bauriese Skanska hat im Keller des Bürogebäudes einen eigenen Indoor-Fußballplatz, inklusive Kursangeboten von Samba bis zu Pump-up über den ganzen Tag verteilt. Wer nichts im Haus hat, bietet Vergünstigungen bei den lokalen Sportstudios an. Zur Not tut's aber auch einfach nur ein Tischfußballkicker wie bei

World Translation, mit gehäkelten Trikots in rot-weiß gegen schwarz-rot-gelb.

In Ländern, in denen Gesundheit einen hohen Stellenwert genießt, gehören Sport und Pausen zum Arbeitsalltag wie selbstverständlich mit dazu, auch bei Sissl, der 57-jährigen Leiterin der Personalabteilung bei Siemens Norwegen, der absoluten Radrennfanatikerin mit vier Weltmeisterschaften im Straßenradrennen auf dem Buckel. Der hausinterne Spinning-Kurs bei Siemens freitagmittags um 15.30 Uhr ist deshalb für die zierliche Norwegerin mit Kurzhaarschnitt heilig. Weiß auch jeder, denn es stand ja schon im Kalender: »Ich muss hier spätestens um 15 Uhr weg. Und das ist auch vollständig akzeptiert. Wenn die Geschäftsleitung einen Termin auf Freitagmittag legen möchte, dann kann ich einfach sagen, *Das ist schwierig, weißt du, ich habe doch dann den Spinning-Kurs.*«

Sie erinnern sich? In Skandinavien sollten Sie Ihr Leben lang halten. Und jedes Unternehmen sollte seinen Mitarbeitern auf den Knien danken, wenn sie statt dumpf zu arbeiten, eine Pause einlegen, um eine Runde auf dem Trimmpfad zu drehen, am internen Yoga teilzunehmen oder sich eine Massage zu gönnen.

Unternehmen wie Tobii in Stockholm oder Making Waves in Oslo haben ihren eigenen Masseur, der jede Woche in die Firma kommt. Auch Michaela, die Rezeptionistin von Scandic Hotel, nutzt ab und an das Massageangebot, welches das Hotel jeden zweiten Mittwoch während der Arbeitszeit zur Verfügung stellt. Aber können Sie sich einen mobilen Massageservice vorstellen, der die Baustellen abfährt? Desto mehr staune ich, als Mihai mir seine ausklappbare Massage-Liege im Kofferraum zeigt, mit der er die Baustellen der Firma MTA im Radius von 200 Kilometern um Halmstad abfährt, um Bauarbeiter zu massieren, die sich verhoben haben. Jeder Bauarbeiter habe hier seine Telefonnummer, so erzählt er mir, und kann einfach anrufen, wenn es zwickt. Er behandelt ihn dann während der Arbeitszeit. »Vor einer Stunde hat mich gerade einer angerufen. Ich fahre jetzt zu ihm. Das ist eine gute Sache, dass sie sagen, wir investieren jetzt lieber eine halbe Stunde, als dass unser Mitarbeiter in einem Monat eine Woche lang mit Rückenproblemen zu Hause liegt.« Mihai schließt die Kofferraumklappe und macht sich auf den Weg. Ich gehe wieder zurück in den Baucontainer, streife mir brav meine Arbeitsschuhe von den Füßen und stelle sie ordentlich neben die in Größe 44. Auf Socken betrete ich den wohnlichen Aufenthaltsraum und nehme mir einen Apfel. Pause! Und Vitamine!

Kein Bestseller ist einen Stützstrumpf wert

Wer sich in Schweden oder Norwegen umblickt, der sieht vorwiegend schlanke, durchtrainierte Menschen mit rosiger Haut. Der Mythos schöner nordischer Menschen erklärt sich letztendlich vielleicht durch regelmäßigen Sport, gute Ernährung und genügend Schlaf.

Sind das jetzt die Länder der Sport- oder Gesundheitsdiktatur? Ich muss an Professor Alex Michalos denken, den ich bei der Recherche für mein erstes Buch in Kanada getroffen hatte. Er ist eine weltweite Koryphäe auf dem Gebiet der Lebensqualitäts-Forschung. »Wenn du in einer guten Gemeinschaft lebst, ist es sehr viel einfacher, ein guter Mensch zu sein. Wenn du zum Beispiel aufhören willst zu rauchen, dann ist das einfacher in einer Gemeinschaft, in der wenige Menschen rauchen.« Sprich, es ist einfacher auf seine Gesundheit zu achten in einer Gesellschaft, in der Gesundheit einen hohen Stellenwert einnimmt. Denn dann greift man quasi automatisch in den Obstkorb und zur Hantel.

Öffnen Sie die Augen und schauen Sie sich die Menschen um sich herum an. Auch wenn das Vergleichen der Totengräber des Glücks ist. Sie haben die Wahl zu entscheiden, *mit wem* Sie sich umgeben und mit wem sie sich vergleichen. Mit Ihrem Nachbarn, dem Sie jeden Morgen mit einer Tasse Kaffee in der Hand aus dem Fenster nachschauen, wenn er seine sieben Kilometer joggt? Oder Ihrem sichtbar bewegungsarmen Kollegen, der trotzdem jeden Morgen ein Schoko-Croissant verputzt? Also, für wen entscheiden Sie sich? Für die Jogger? Wunderbar.

Und auch da haben Sie wieder die freie Wahl. Sie lassen sich demotivieren, seufzen und denken: »Schaff ich eh nicht!« Das ist eine Möglichkeit. Oder Sie denken: »Wow, das will ich auch!«, schieben Ihre Ausreden zur Seite, kramen statt dessen Ihre Laufschuhe hervor und schmeißen sie schon mal für die Mittagspause in den Kofferraum. Oder Sie nehmen lieber gleich das Fahrrad.

Mein Erstlingsbuch »Wo geht's denn hier zum Glück?« kam im April 2015 raus und wurde ein Bestseller. Ich hatte auch wirklich alles dafür gegeben. Um sieben Uhr aufstehen und bis zehn Uhr abends durcharbeiten. Mal eine halbe Stunde Pause hier und da, abschalten, Serie gucken. Ich war davon überzeugt: »Ich kann das. Ich will das. Ich mach das.« Je näher der Abgabetermin des Manuskripts rückte, desto länger wurden meine Arbeitstage. So what! Ein wahrer Schriftsteller schreibt auch nachts. Bei einem Glas Rotwein. Wie Hemingway. Leider bin ich ein Morgenmensch und kann nachts gar nicht gut arbeiten. Schon gar nicht mit Rotwein. Aber wenn ich Pausen streiche, kann ich tagsüber noch mehr schaffen. Auch wenn auf einmal mein Bein schmerzte und ich zum nahegelegenen Schreibcafé humpeln musste. Ich legte mein Bein hoch und schrieb weiter.

Die Schmerzen wurden jedoch unerträglich, widerwillig suchte ich einen Arzt auf. Diagnose: Thrombose, ein Blutgerinnsel in einer Vene, das, wenn es losschießt, durch die Adern schwimmt und dann dort hängenbleibt, wo es am engsten ist: an den Lungen. Folge: potentiell lebensbedrohliche Lungenembolie.

Jetzt ist meine Vene für immer zerstört, und das Blut hat sich einen Feldweg durchs Bein gesucht. Bis ans Ende meines Lebens muss ich deshalb regelmäßig Stützstrümpfe tragen. Die nerven, die jucken, die sind nicht sexy, schon gar nicht für eine Frau im besten Alter, die sich einbildet, ihr ganzes Leben noch vor sich zu haben.

Glauben Sie mir, kein Bestseller ist einen Stützstrumpf wert!

Und kein Job ist es wert, dass Sie Ihre Gesundheit oder Ihr Leben dafür opfern. Jobs gibt es viele, aber nur eine Gesundheit. Und Schäden hieran sind meist nicht umkehrbar. Bewegung ist immer ein Kampf gegen die Schwerkraft. Und wann immer wir ihn gewinnen, kommen wir dem Lebensglück ein kleines bisschen näher. Fangen Sie einfach an mit irgendetwas, was Ihnen Spaß macht. Zumindest ein wenig.

Studien zeigen[42], wer erst einmal Blut geleckt hat und eine Verbesserung der Gesundheit und seiner Zufriedenheit feststellt, der ist von der Fährte nicht mehr abzubringen.

Bei diesem Buch bin ich schlauer. Ich treibe Sport. Ich bewege mich. Ein wenig stolz bin ich schon, dass ich mich zu den 14 Prozent der deutschen Freizeitsportler rechnen darf, die drei bis fünf Stunden pro Woche Sport treiben. Bin ich jetzt ein Sportfanatiker geworden? Nein, ich würde mich noch nicht einmal als besonders sportlich bezeichnen. Ich habe einfach angefangen, mich zu bewegen und nicht mehr damit aufgehört.

Schlusswort

Was am Ende bleibt ...
Partys für Kinder gehen vor! :-)
Für Erwachsene aber auch

Wie beim ersten Buch überlasse ich das letzte Wort im Buch meinen Protagonisten. In diesem Fall Martin mit den leuchtenden Augen, mit dem ich eine Abendstunde neben Frosta-Hockern im leergefegten IKEA in Malmö verbracht habe: »Du musst dir Zeit nehmen, zu erklären, warum es für uns wichtig ist, Dinge so zu tun, wie wir sie tun. Warum ist Gleichberechtigung so wichtig für uns? Warum bilden wir homosexuelle Paare im Katalog ab? Warum gehen Männer in Elternzeit? Warum finden wir es wichtig, dass Menschen ein Leben haben? Weil wir das alles als gesund ansehen, als fortschrittlich. Wenn du dir ein wenig Zeit nimmst, dann wirst du die Dinge in kleinen Schritten ein wenig in die Richtung bewegen können, die du als positiv empfindest. Und vielleicht nächstes Mal ein wenig mehr. Und dann, denke ich, können wir gemeinsam ein besseres Leben in der ganzen Welt erschaffen.«

Danksagung

Dir, Elisa, danke ich für deine Tapferkeit, Geduld und dein Lachen. Und ja, versprochen, ich schreib jetzt erst mal kein doofes Buch mehr. Dank euch, Mami und Papi (Gera und Hans-Peter Breypohl) dass ihr mich, wie immer, bei all meinen schrägen Plänen unterstützt. Danke, dass ihr immer für uns da seid.

Dank dir, meine liebe Freundin und Kollegin Isabel (Garcia), für die Korrektur des Buches im Eiltempo. Danke dir Joana (Schulz), mein zuverlässiger Büroengel, dass du mit viel Charme alle Anfragen zu Reden oder Interviews um meine Reisen und mein Schreibexil herum platziert hast.

Ich danke allen Menschen, die sich die Zeit genommen haben in irgendeiner Weise an diesem Projekt mitzuwirken, ganz besonders natürlich all den 297 Menschen, die ihre sehr persönlichen Gedanken über das Leben und ihre Art zu arbeiten mit mir geteilt haben. Ohne euch hätte ich meine Idee nicht verwirklichen können. Nicht alle haben es bis ins Buch geschafft, denn ich musste kürzen. Dank dir, Martina (Seith-Karow) für das ausgezeichnete Lektorat. Danke Petra (Hermanns) von den Buchagenten für die gute Begleitung.

Ich danke allen Unternehmen, die mir einen Einblick in ihr Innerstes gewährt haben, denn sie haben sich auf meine Prämisse eingelassen, völlig frei schreiben zu dürfen, auch wenn es weh tut oder am Image kratzt. Danke, für eurer Vertrauen und euren Mut.

All denjenigen, die darüber hinaus oft im Hintergrund einen persönlichen Einsatz geleistet haben, möchte ich jetzt noch einmal einen literarischen Knutscher verpassen.

Angefangen bei Henrik (Jeppesen) von der Attention Group, Ib (Brandt Jørgensen) von World Translation A/S, Tine (Rørvik) von Norner AS, Tommy (Zyrd) von MTA Bygg och Anläggning AB, Helge (Steg) von Arta Plast AB und Jan (V. Jørgensen) von LINIMATIC A/S; euch allen sei gedankt für eure persönliche Koordination der Interviews in euren Firmen. Danke auch für die zahlreichen herrlichen Mittagessen und »Ich hol dich ab-« und »Ich bring dich hin«-Dienste. Christian (Clemens), dank dir für die vielen Interviews und nicht zu vergessen die Koordination der Spielverabredungen unserer Töchter. Birgitta (Lundquist), dank dir für die Organisation aller Interviews bei BRA Airlines am Boden und in der Luft. Sofia (Emanuelsson), danke für die tolle Organisation des Drehs und meiner Besuche bei Centiro Solutions. Lena (Vatne Bjørlo), dank dir für einen lebendigen Tag bei ELLE mELLE. Kenneth (Pedersen), ich danke dir nicht nur für die Orga der Interviews bei der Implement Consulting Group, sondern auch für all die vergnüglichen Einladungen zu den Firmen-Events. Dank an dich, Josefin (Thorell), und besonders an dich, Johanna (Iritz), dass du meine ewigen Rückfragen zu IKEA ertragen hast. Kaisa (Lykdal), dir dank für die Spende des ersten Satzes in diesem Buch. Dank dir, Gro (Kjellén) für zwei unvergessliche Tage bei Making Waves. Dir meinen Dank, Lars (Kjeldgaard), dafür, dass du als Protagonist des ersten Buches den Kontakt zu deiner Firma MOE A/S Rådgivende Ingeniører gelegt hast. Rikke (Gemzøe), danke für die nachfolgende Organisation aller Interviews vor Ort. Åsa (Elm), für die bahnbrechende Organisation des TV-Drehs und meines Besuches bei MTR-Nordic AB und MTR-Express. Ivar (Algvere), dass du ganz spontan bereit warst, über Multisoft zu erzählen. Dank euch, Gernot (J. Abel) und René (Tronborg), für die Organisation meines Besuches bei Novozymes und das superschnelle Antworten auf die vielen Nachfragen. Marc (Dominique Morant) und Anne, euch, sowie der kleinen Caroline und Laura, danke ich für euren persönlichen Einblick in euer Familienleben. Anne (Persen), dank dir für die Organisation meines Besuchs bei Rambøll und dir, Jens-Peter (Saul), für meine absolute Lieblingsgeschichte. Dank an das Team des Sahlgrenska Universitetssjukhuset und dir, Mathias (Hård af Segerstad) und deiner Frau Lisa sowie Vidar und Vera für den Besuch bei euch am Abendtisch. Und dir, Martin (Hubrich), für die Beantwortung all meiner Zusatzfragen. Dank dir, Lena (Mattsson), für die Organisation des Besuchs bei der 6-Stunden-Tag-Abteilung. Henrik (Dider) und Marie (Eckefjärd), dank euch für die Einblicke in die Scandic Hotels in Stockholm. Michel (Schutzbach), dir danke ich für dasselbe beim Scandic Hotel, Berlin Potsdamer Platz. Und ganz besonders danke ich dir, Suzanne (Rådell Kjellberg), für deine Engelsgeduld bei meinen Rückfragen am Fließband und der Erfüllung all meiner Extrawünsche beim Besuch der Scania CV AB. Sofia (Vahlne), dank dir, ebenfalls für dein Vertrauen in meine Arbeit. Und auch dem zweiten Unternehmen mit deutscher Mutter, der Siemens AS, gilt mein Dank. Vor allem dir, Gabriele (Gierke-Skofteby), die du meine ständigen »Eine-Frage-hab-ich-noch«-Mails mit einer Menge Humor beantwortet hast. Das gilt auch für dich, Matthias (Geiger). Dank auch deiner Frau Gitte sowie Emma, Jakob und Annie für das gemütliche Pfannkuchenessen. Bei Skanska AB möchte ich dir, Katarina (Grönwall), für die doppelte Organisation von Fernsehteam und Forscherin danken. Dank dir, Julie (Skogheim), für die erstaunlichen Menschen, die du bei Snøhetta für mich zusammengebracht hast. Danke Romana (Suitner), dass ich deine Kinder mit vom Kindergarten abholen durfte. Dank dir, Catarina (Olvenmark), für die Organisation meines Besuchs bei Smarteyes. Dank euch, Nils (Hellström) und Malin (Jeppsson), und auch der kleinen Klara für den Besuch im Kindergarten und zu Hause. Ich danke dir, Peter (Tiberg) und deiner Frau Anna, für die unvergesslichen Eindrücke auf eurer kleinen Insel in den Schären. Gerald (Heidemann), dank dir für phantastische Organisation des Drehs und meiner Besuche bei Tobii AB. Jim (Daniell), dir danke ich ebenfalls für die unterhaltsame Begleitung bei VELUX A/S, inklusive einer dreistündigen Autofahrt gen Norden. Und ja, Michael (Lehfeldt), was soll ich sagen, wir hätten schon beinahe eine Standleitung aufbauen können, ob meiner zahlreichen Detailfragen zu quasi allem, was Land und Leute betrifft. Danke.

Ich danke auch euch, die ich aus Zeitgründen nicht mehr besuchen konnte: Montana, Middelfart Sparekasse und TINE. Ebenso habe ich dich, Julia (Lindland), als Geschäftsführerin von Yara Brunsbüttel GmbH nicht mehr berücksichtigen können. Dank dir für das inspirierende Gespräch. Edith (Rian), danke für die zahlreichen norwegischen Kontakte. Danke dir Malin (Johansson) von der Deutsch-Schwedischen Handelskammer in Stockholm für dein Wahnsinnsengagement, Unternehmen für mich zu finden. Dank auch dir Thomas (Ryberg) für die vielen Tipps. Reiner (Perau), von der deutsch-dänischen Handelskammer, danke ich für die Kontakte zu Unternehmern wie Ib. Trine (Jess), von der deutsch-norwegischen Handelskammer, danke für die Hintergrundinfos. So wie du, Anna (Wachtmeister), sie mir auch im privaten Umfeld für Schweden gegeben hast. Dir, Cecilia (Malmström) von der Gewerkschaft Ledarna, danke ich für die politische Hintergrundinformation. Maria (Grudén), dir danke ich für die Kontakte zu den Great-places-to-work-Unternehmen Centiro, MTA und Smarteyes in Schweden.

Für alle Hintergrundinformationen, die es mir möglich machten, die nordischen Kulturen besser zu verstehen, danke ich: Dir, Kerstin (Kraas, von Cross-Cultural Human Development) und dir, Bent (Greve, Professor in Welfare State Analysis an der Roskilde University). Dir, Ola (Bergström, Professor an der University of Gothenburg, Department of Business Administration). Dir, Christian (Bjørnskov, Professor an der Aarhus University, Department of Economics and Business Economics). Dir, liebe Anne-Marie (Søderberg Glaser, Professor of Cross-Cultural Communication and

Management an der Copenhagen Business School). Dir, Lars (Trägårdh, Professor of History and Civil Society Studies am Ersta Sköndal Bräcke University College). Ich danke dir, Per (Kongshøj Madsen, Professor Emeritus an der Aalborgs Universitet, Department of Political Science). Danke Töres (Theorell, Professor Emeritus an der Stockholm University, Stress Research Institute). Und dir, Anna (Jonsson, Associate Professor an der Lund University, Department of Business Administration). Dir, Hans (Åkerblom, von der Hans Åkerblom AB) für die Einblicke in den skandinavischen Managementstil. Dank dir, Werner (Eichhorst, Coordinator of Labor Market and Social Policy in Europe am IZA – Institute of Labor Economics). Dank euch, Helmut (Steuer, Korrespondent Handelsblatt für Nord-Europa) und Tilmann (Bünz, langjähriger ARD-Skandinavien-Korrespondent), für den ständigen Strom an wertvollen Hintergrundinfos und den hoffentlich irgendwann einmal stattfindenden Segeltörn in den Schären.

Dank an all die Menschen, die immer wieder unerschütterlich an mich glauben …

Anmerkungen

1 Glückliche Mitarbeiter – Glückliche Unternehmen? StepStone-Studie über Glück am Arbeitsplatz 2012/2013 – Ergebnisse und Empfehlungen. StepStone Deutschland GmbH
2 Berufstätige, die mit ihrer Arbeit sehr zufrieden sind, weisen eine überdurchschnittliche Lebenszufriedenheit auf (8,02). Habe ich hingegen wenig Spaß an meiner Arbeit, sinkt die Lebenszufriedenheit auf unterdurchschnittliche 5,89 Punkte. (Siehe: *Schlinkert, Reinhard; Raffelhüschen, Bernd.* Glücksatlas 2015. Deutsche Post AG und Albrecht Knaus Verlag, München, 2015)
3 Bericht der Bundesregierung zur Lebensqualität in Deutschland. Presse- und Informationsamt der Bundesregierung, Berlin, Oktober 2016
4 *Oswald, Andrew J.; Proto, Eugenio; Sgroi, Daniel.* Happiness and Productivity. Journal of Labor Economics, 2015 33:4, 789–822
5 Geht doch! So gelingt Vereinbarkeit von Familie und Beruf. Ausgabe 6, Seite 29. Bundesministerium für Familie, Senioren, Frauen und Jugend, Oktober 2016
6 ebenda Seite 11
7 Statista 2018
8 Das Lucia-Fest findet am 13. Dezember statt. Santa Lucia zieht als Lichterkönigin mit ihrem Luciazug, bestehend aus Tärnor (Mädchen) und Stjärngossar (Jungs), in die Häuser, Schulen und Unternehmen Schwedens.

9 Eine Studie der Universität Notre Dame in den USA zeigte 2012, dass Probanden, die während einer zehnwöchigen Versuchszeit die Anzahl ihrer Lügen reduzierten, eine deutliche Verbesserung ihrer körperlichen und geistigen Gesundheit verzeichneten. Darüber hinaus offenbarte die Studie, dass sich ohne Lügen die persönlichen Beziehungen der Teilnehmer verbesserten und soziale Interaktionen viel geschmeidiger verliefen.

10 Die besten Länder für Frauen schnitten bei den folgenden Kriterien am höchsten ab: Menschenrechte, Geschlechtergleichheit, Einkommensgleichheit, Sicherheit und Progression.

11 Bericht der Bundesregierung zur Lebensqualität in Deutschland. Presse- und Informationsamt der Bundesregierung, Berlin, Oktober 2016

12 *Schlingert, Reinhard; Raffelhüschen, Bernd.* Glücksatlas 2015. Deutsche Post AG und Albrecht Knaus Verlag, München, 2015

13 OECD 2017. Education at a Glance 2017: OECD Indicators. OECD Publishing, Paris. DOI:http://dx.doi.org/10.1787/eag-2017-en

14 http://data.worldbank.org/indicator/SP.DYN.TFRT.IN

15 Zahlen von Professor Christian Bjørnskov

16 *Hofstede, Geert; Hofstede, Gert Jan; Minkov, Michael; Lee, Anthony.* Lokales Denken, globales Handeln: Interkulturelle Zusammenarbeit und globales Management. Beck-Wirtschaftsberater im dtv, November 2017

17 Tillid, mit -d auf Dänisch.

18 Namen geändert

19 Name geändert

20 *Schlingert, Reinhard; Raffelhüschen, Bernd.* Glücksatlas 2015. Deutsche Post AG und Albrecht Knaus Verlag, München, 2015

21 ebenda

22 *Hofstede, Geert; Hofstede, Gert Jan; Minkov, Michael; Lee, Anthony.* Lokales Denken, globales Handeln: Interkulturelle Zusammenarbeit und globales Management. Beck-Wirtschaftsberater im dtv, München, 2017.

23 Unsicherheitsvermeidung lässt sich definieren als der Grad, bis zu dem die Mitglieder einer Kultur sich durch uneindeutige oder unbekannte Situationen bedroht fühlen.

24 *Kahneman, Daniel*, Schnelles Denken, langsames Denken, Penguin Verlag, München, 2016

25 Der Chip hat keinen Sender und reagiert nur im Nahbereich,

ähnlich der Karte, die Sie zum Bezahlen oder Öffnen von Türen nutzen.

26 Die Telefonnummer können Sie übrigens getrost anrufen, denn in diesem Falle habe ich gemogelt. Diese Nummer ist keine Mobilfunknummer, sondern die Nummer Schwedens, +46 771 79 33 36, die beinahe drei Monate lang aktiv war, um den 250. Jahrestag zur Abschaffung der Zensur zu feiern. Wer 2016 diese Nummer wählte, bekam nach dem Zufallsprinzip irgendeinen Schweden an die Strippe. Leider geht jetzt nur noch der Anrufbeantworter dran »Thank you for calling Sweden«.

27 Special Eurobarometer 460, Attitudes towards the impact of digitisation and automation on daily life, Special Eurobarometer 460 – Wave EB87.1 – TNS opinion & social, May 2017

28 ebenda

29 ebenda

30 University of Southern California. Making a mistake can be rewarding, study finds: MRI study shows failure is a rewarding experience when the brain has a chance to learn from its mistakes. ScienceDaily. August 2015.

31 siehe »Testament eines Möbelhändlers«. www.ikea.com/ms/de_AT/pdf/reports-downloads/the-testament-of-a-furniture-dealer.pdf

32 *Mogilner, Cassie; Chance, Zoë; Norton, Michael I.* Giving time gives you time. Psychological Science. 2012 Oct 1; Volume: 23, issue: 19 1233–1238

33 *Lyubomirsky, Sonja.* The How of Happiness: A New Approach to Getting the Life You Want. Penguin. New York, 2007.

34 *Gössling, Stefan; Choi, Andy S.* Transport transitions in Copenhagen: Comparing the cost of cars and bicycles. Ecological Economics, Volume 113, 2015, Pages 106–113, ISSN 0921-8009

35 *Johnsen, Trude et al.* Is there a negative impact of winter on mental distress and sleeping problems in the sub-arctic: The Tromsø Study. BMC Psychiatry 2012

36 *Mårtensson, Björn; Pettersson, Agneta; Berglund, Lars; Ekselius, Lisa.* Bright white light therapy in depression: A critical review of the evidence. Journal of Affective Disorders. 2015 Aug 15. 182:1-7. doi: 10.1016/j.jad

37 *Pierewan, Adi Cilik; Tampubolon, Gindo.* Happiness and Health in Europe: A Multivariate Multilevel Model. Applied Research

Quality Life, (2015) 10:237-252, https://doi.org/10.1007/s11482-014-9309-3

38 Köcher, Renate; Raffelhüschen, Bernd. Glücksatlas 2011. Deutsche Post AG und Albrecht Knaus Verlag, München, 2015

39 *Pierewan, Adi Cilik; Tampubolon. Gindo.* Happiness and Health in Europe: A Multivariate Multilevel Model. Applied Research Quality Life, (2015) 10:237-252, https://doi.org/10.1007/s11482-014-9309-3

40 OECD (2017), Health at a Glance 2017: OECD Indicators, OECD Publishing, Paris. http://dx.doi.org/10.1787/health_glance-2017-en

41 ebenda

42 *Downward, Paul; Hallmann, Kirstin; Rasciute, Simona.* Exploring the interrelationship between sport, health and social outcomes in the UK: implications for health policy. European Journal of Public Health. Volume 28, Issue 1, 1 February 2018, Pages 99–104, https://doi.org/10.1093/eurpub/ckx063